机械工程前沿技术

洪　捐　编著

中国科学技术出版社
·北　京·

图书在版编目（CIP）数据

机械工程前沿技术 / 洪捐编著．-- 北京：中国科学技术出版社，2021.11（2023.8 重印）

ISBN 978-7-5046-9257-3

Ⅰ．①机… Ⅱ．①洪… Ⅲ．①机械工程 Ⅳ．①TH

中国版本图书馆 CIP 数据核字（2021）第 223373 号

责任编辑	罗德春
封面设计	郑子玥
责任校对	邓雪梅
责任印制	徐　飞

出　　版	中国科学技术出版社
发　　行	中国科学技术出版社有限公司发行部
地　　址	北京市海淀区中关村南大街 16 号
邮　　编	100081
发行电话	010-62173865
传　　真	010-62173081
网　　址	http://www.cspbooks.com.cn

开　　本	720mm × 1000mm　1/16
字　　数	259 千字
印　　张	15.5
版　　次	2021 年 11 月第 1 版
印　　次	2023 年 8 月第 2 次印刷
印　　刷	河北鑫兆源印刷有限公司
书　　号	ISBN 978-7-5046-9257-3 / TH · 71
定　　价	56.00 元

前　言

当今世界正经历百年未有之大变局，全球产业发展格局正在深刻调整。工业，作为当前大国竞争的重中之重，已经被置于无比重要的地位，而机械制造业作为工业的主体，其重要性不言而喻。当前和今后一个时期，我国机械制造业亟须增强产业基础能力，提高产业链水平，以应对国内外社会经济环境变化所带来的一系列新机遇、新挑战。

本书主要从当今机械工程领域重要的研究方向出发，着重介绍这些研究方向的发展历程及其行业发展状况，通过确切的数据让学生较全面地掌握机械工程热点领域的发展态势。另外，本书还增加了课程思政的元素，通过比较说明近几年来我国机械行业蓬勃发展的态势，增强学生制造强国的自豪感，同时了解我国目前机械工程专业发展的不足之处，激发学生投身制造强国伟业的热情。

本书共分 9 个章节。系统而深入浅出地阐述了全球及中国制造业的发展趋势，机械工程专业基础知识以及现代机械设计方法，先进制造技术、微机电系统、机器人、特种加工技术等研究领域的发展历程及近年来行业发展概况，使读者全面了解与机械工程专业相关的各重要行业的发展状况和最新研究进展。最后，结合目前课程思政的大环境，特别增加了制造强国的内容，让读者能深入了解我国制造业近几十年来取得的成就以及目前我国制造业自身存在的问题，同时介绍目前及今后较长的一个阶段我国制造业的发展方向，重点培养机械专业学生的专业自豪感和今后投身制造强国的理想信念。

本书由国家自然科学基金项目（No.51805466）以及盐城工学院研究生精品教材专项基金（No.JPJC—2021001）资助，由盐城工学院机械工程学院洪捐教授编写，南京航空航天大学机电学院田宗军教授主审。

由于编者水平有限，错误之处敬请读者指正。

编者

目录
Contents

第1章 绪论

工业，作为当前大国竞争的重中之重，已经被置于无比重要的地位；工业，作为经济命脉，正在新时期呈现出新的面貌；工业，作为国家崛起的唯一路径，已经形成了广泛的社会共识。作为国民经济的主导，机械制造业是工业的主体。如今机械制造业已经发展成为一个规模庞大、包罗万象的行业。机械制造是各种机械、机床、工具、仪器、仪表制造过程的总称。与机械制造业相关的产品，涵盖了家用电器、汽车零部件、建筑机械和工厂设备等诸多领域。机械制造业是国民经济的基础和支柱，是向其他各部门提供工具、仪器和各种机械设备的技术装备部。机械制造业是全社会基础物质生产和产业创新的“脊梁”，其重要性怎么强调都不为过。唯有实体经济，方是富国之基；唯有制造业，方是强国之本。

制造业提供人民生活必需，提供产业生产资料，提供国防武器装备，创造精神文明物质条件。发达的制造业为服务业提供先进的工具、装备和载体。先进信息及通信设备带动了年增加值约3.27万亿元的信息传输、计算机服务和软件业；汽车制造业带动了2倍于汽车售价的汽车后服务业。尽管已进入服务化社会，美国、德国、日本等世界工业强国仍高度重视工业，尤其是制造业发展。2019年，制造业增加值占GDP的比重，美国为11.1%，德国为19.4%，日本为19.5%，英国为8.6%。通过不断强化技术先发优势，设定产业标准，并利用全球化的生产和组织模式，发达国家占据产业价值链高端环节，建立了有利于自身的游戏规则和分工体系。2020年我国工业增加值由23.5万亿增加到31.3万亿，连续11年成为世界最大的制造业国家，制造业的占比比重对世界制造业贡献的比重接近30%，“十三五”时期高技术制造业增加值平均增速达到了10.4%，高于规模以上工业增加值的平均增速4.9个百分点，在规模以上工业增加值中的占比也由“十三五”初期的 11.8% 提高到 15.1%。

当今世界正经历百年未有之大变局，全球产业发展格局正在深刻调整。国内发展环境也在经历着深刻变化，我国社会的主要矛盾已经转化为人民日益增长的美好生活需要与不平衡不充分的发展之间的矛盾。当前和今后一个时期，我国机械制造业亟须增强产业基础能力，提高产业链水平，以应对国内外社会经济环境变化所带来的一系列新机遇、新挑战。

1.1 全球主要国家的工业发展战略

2021 年是我国“十四五”的开局之年。“十四五”是我国全面建成小康社会后乘势而上开启全面建设社会主义现代化国家新征程、向第二个百年奋斗目标进军的第一个 5 年，具有新的时代特征和继往开来的里程碑意义。在此关键的时间节点上，作者梳理了近几年来全球主要国家的工业发展战略，比较了相互之间的主要观点，发现智能制造在各国的中长期发展战略中占有非常重要的地位，智能制造成为全球制造业发展的大趋势。为巩固在全球制造业中的地位，抢占制造业发展的先机，主要发达国家积极发展智能制造，制定智能制造战略，如德国推出“工业 4.0”，美国积极布局“工业互联网”等。本节重点介绍各国在国家层面上对智能制造进行的总体布局及智能制造在各国的发展情况。

1.1.1 德国

2013 年 4 月，在汉诺威工业博览会上，德国最先提出“工业 4.0”的概念，德国政府正式推出《德国工业 4.0 战略计划实施建议》，对工业 4.0 的愿景、战略需求、有限行动领域等内容进行了分析，确保德国继续占领生产制造领域的制高点，在全球保持强盛的竞争力。具体而言，工业 4.0 是德国提出的智能工厂（smart factories）式的第四次工业革命。这一次技术变革，是指将生产流程与现代化的数字技术和智能技术相结合，实现人、机器、生产线、物流和产品的直接交流与合作，形成一个高度交互集成的物联网系统。它要实现的愿景包括：智能化生产设备与生产流程自主交流；服务类机器人自动帮助人们完成各种繁重的装配工作；无人驾驶交通工具自觉监管物流过程。2014 年 8 月，出台《数字化行动议程（2014—2017）》，这是德国《高技术战略 2020》

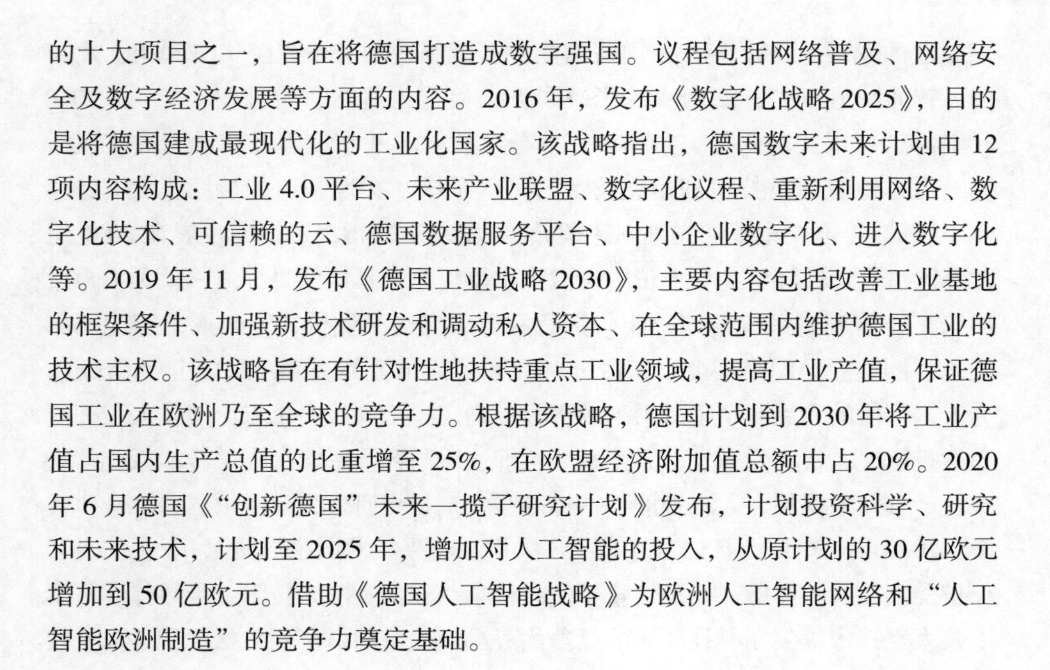

的十大项目之一，旨在将德国打造成数字强国。议程包括网络普及、网络安全及数字经济发展等方面的内容。2016 年，发布《数字化战略 2025》，目的是将德国建成最现代化的工业化国家。该战略指出，德国数字未来计划由 12 项内容构成：工业 4.0 平台、未来产业联盟、数字化议程、重新利用网络、数字化技术、可信赖的云、德国数据服务平台、中小企业数字化、进入数字化等。2019 年 11 月，发布《德国工业战略 2030》，主要内容包括改善工业基地的框架条件、加强新技术研发和调动私人资本、在全球范围内维护德国工业的技术主权。该战略旨在有针对性地扶持重点工业领域，提高工业产值，保证德国工业在欧洲乃至全球的竞争力。根据该战略，德国计划到 2030 年将工业产值占国内生产总值的比重增至 25%，在欧盟经济附加值总额中占 20%。2020 年 6 月德国《“创新德国”未来一揽子研究计划》发布，计划投资科学、研究和未来技术，计划至 2025 年，增加对人工智能的投入，从原计划的 30 亿欧元增加到 50 亿欧元。借助《德国人工智能战略》为欧洲人工智能网络和“人工智能欧洲制造”的竞争力奠定基础。

1.1.2　美国

美国是智能制造的重要发源地之一。早在 2005 年，美国国家标准与技术研究所提出“聪明加工系统”研究计划，这一系统实质就是智能化，研究的内容包括系统动态优化、设备特征化、下一代数控系统、状态监控和可靠性、在加工过程中直接测量刀具磨损和工件精度的方法。2006 年，美国国家科学基金委员会提出了“智能制造”的概念，核心技术是计算、通信、控制。成立智能制造领导联盟（SMLC），打造智能制造共享平台，推动美国先进制造业的发展。2009 年，提出《重振美国制造业政策框架》，支持高技术研发。2011 年，实施“先进制造伙伴计划（AMP）”。该计划认为智能自动化技术让很多企业获益，为避免市场失灵，应采用政府联合投资形式发展先进机器人技术，提高产品质量、劳动生产率等，所以要投资先进机器人技术。2012 年，发布《美国先进制造业战略计划》。该计划客观描述了全球先进制造业的发展趋势及美国制造业面临的挑战，明确提出了实施美国先进制造业战略的五大目标，加快中小企业投资，提高劳动者技能，建立健全伙伴关系，调整优化政府投资，加大研发投资力度，计划为推进智能制造的配套体系建设提供政策与计划保障。2014 年，美国国防部牵头成立“数字制造与设计创新中心”，以期推动美国数字制造的发展。2017 年，美国清洁能源智能制造创新研究院（CESMII）发布的《智能制造 2017—2018 路线图》指出，智能制造是一种制造方式，在 2030 年前后就可以实现，是一系列涉及业务、技术、基础设施及劳动力的实践活动，通过整合运营技术和信息技术的工程系统，实现制造的持续优化。2018 年 10 月，美国发布了《先进制造领导力战略》，并指出制造业发展在 20 世纪的美国占据全球经济主导地位中扮演了重要角色，具体的目标之一就是大力发展未来智能制造系统，如智能与数字制造、先进工业机器人、人工智能基础设施、制造业的网络安全。2019 年，发布《人工智能战略：2019 年更新版》，为人工智能的发展制定了一系列的目标，确定了八大战略重点。涉及人工智能研究投资、人机协作开发、人工智能伦理法律与社会影响、人工智能系统的安全性、公共数据集、人工智能评估标准、人工智能研发人员需求、公私合作关系。2020 年 10 月 15 日白宫发布了《关键和新兴技术国家战略》，旨在促进和保护美国在人工智能、能源、量子信息科学、通信和网络技术、半导体、军事以及太空技术等尖端科技领域的竞争优势。该战略的目标还包括优先考虑科技人员的培养，确保美国在制定关键技术国际标准方面处于领先地位，与盟国建立伙伴关系以及采取步骤保护关键技术的发展。

1.1.3 日本

日本在智能制造领域积极部署。积极构建智能制造的顶层设计体系，实施机器人新战略、互联工业战略等措施，巩固日本智能制造在国际上的领先地位。2015 年，发布《新机器人战略》。该战略提出要保持日本的机器人大国的优势地位，促进信息技术、大数据、人工智能等与机器人的深度融合，打造机器人技术高地，引领机器人的发展。2016 年 12 月，正式发布了工业价值链参考架构（IVRA），形成独特的日本智能制造顶层架构。该架构包括 3 个层级，即基础结构层、组织方式层、哲学观和价值观层。该架构包括产品维、服务维和知识维 3 个维度，企业在产品维和知识维上开展生产活动从而形成 4 个周期，即产品供应周期、生产服务周期、产品生命周期、工艺生产周期。2017 年 3 月，明确提出“互联工业”的概念，时任日本首相的安倍晋三发表《互联工业：日本产业新未来的愿景》的演讲，其中 3 个主要核心是：人与设备和系统的相互交互的新型数字社会，通过合作与协调解决工业新挑战，积极推动培养适应数字技术的高级人才。互联工业已经成为日本国家层面的愿景。在《制造业白皮

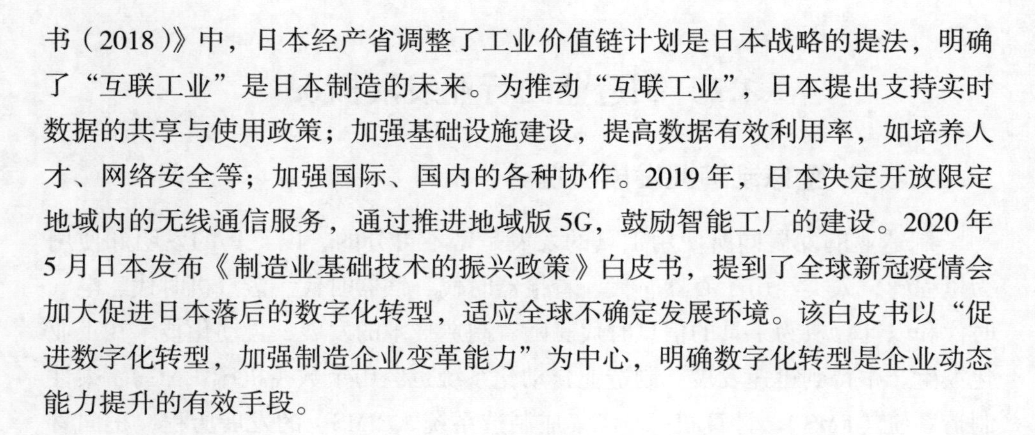

书（2018）》中，日本经产省调整了工业价值链计划是日本战略的提法，明确了“互联工业”是日本制造的未来。为推动“互联工业”，日本提出支持实时数据的共享与使用政策；加强基础设施建设，提高数据有效利用率，如培养人才、网络安全等；加强国际、国内的各种协作。2019 年，日本决定开放限定地域内的无线通信服务，通过推进地域版 5G，鼓励智能工厂的建设。2020 年 5 月日本发布《制造业基础技术的振兴政策》白皮书，提到了全球新冠疫情会加大促进日本落后的数字化转型，适应全球不确定发展环境。该白皮书以“促进数字化转型，加强制造企业变革能力”为中心，明确数字化转型是企业动态能力提升的有效手段。

1.1.4　中国

异于德美，身为制造业大国的中国目前尚未进入世界级的制造业强国，在发展时期上也处于西方国家已经经过了的工业 2.0 和工业 3.0 并行发展阶段。既没有德国在传统工业领域的雄厚基础，也缺乏如美国般引领世界信息技术发展的先进技术。因此，国务院于 2015 年 5 月提出了《中国制造 2025》。这是部署全面推进实施制造强国的战略文件，是中国实施制造强国战略第一个 10 年的行动纲领。从 2015 年到 2020 年的“十三五”时期，我国机械行业发展方式发生了转变，优化了产业结构，为完成中国制造强国战略目标打下了坚实的基础。中国的规划思路是在继续大力发展先进工业技术的同时，紧盯新的信息产业发展动向，实现二者共同进步，推进二者的深度融合。我们看到中国领先的家电企业、电子类高科技企业正在对工业 4.0 进行布局，一个切入点是“智能工厂”或是“互联工厂”。在企业内部统一的信息管理体系基础上，集成微机电系统（MEMS），计划、调度、生产，做到人和机器的高度匹配，从而可能在较低成本下实现大规模的定制化生产。但是中国距离全面有效的管理信息和综合使用信息、大数据还有相当大的差距。2021 年 4 月中国机械工业联合会发布机械工业“十四五”发展纲要，纲要指出到“十四五”末期，我国机械工业在质量效益明显提升的基础上实现持续健康平稳发展，全行业工业增加值增速高于制造业增速，为保持制造业比重基本稳定做出贡献；创新能力显著增强，产业基础高级化、产业链现代化水平明显提高，产业结构更加优化，在全球价值链中的地位稳步提升。

1.2 制造业的行业发展概况

1.2.1 全球制造业发展概况

制造业的发展同所使用工具的发展是密不可分的，以工具的发明和使用为里程碑，人类经历了石器时代、青铜器时代、铁器时代、蒸汽机时代、电气时代和以计算机为工具的信息时代。随着制造技术的发展，自动化技术在工业化大生产中得到迅速发展。制造业自动化系统也经历了数控机床（NC）、柔性制造系统（FMS）、计算机 / 现代集成制造系统（CIMS）的发展历程，正向着智能制造系统（IMS）迈进。20 世纪 90 年代，随着信息技术和人工智能的发展，智能制造技术引起发达国家的关注和研究，美国、日本等国纷纷设立智能制造研究项目基金及实验基地，智能制造的研究及实践取得了长足进步。进入 21 世纪尤其是 2008 年金融危机以后，发达国家认识到以往“去工业化”发展的弊端，制定了“重返制造业”的发展战略，同时大数据、云计算等一批信息技术发展的前端科技引发制造业加速向智能化转型。

由于目前国际上对智能制造业所涵盖的具体行业领域没有一个明确的概念，无法从整体上获取智能制造业发展的相关数据。因此，本节将以智能制造装备行业，包括工业机器人、3D 打印设备、数控机床等，来考察智能制造业目前发展的总体情况。

1.2.1.1 工业机器人

工业机器人是智能制造业最具代表性的装备，其发展始于 20 世纪 60 年代的日本。目前日本的工业机器人在销量和保有量方面被中国超越，但其使用密度和技术方面仍占据世界首位。据国际机器人联合会（IFR）统计，1998 年以来全球新装工业机器人年均增速达 9%。IFR 2021 年 2 月 17 日于德国法兰克福报道，在近 10 年（2010—2019 年）内，工业机器人的年度安装量增长了两倍多，在全球工厂中达到了 381 000 台。IFR 展示了塑造全球机器人产业的五大发展趋势。IFR 秘书长 Susanne Bieller 博士表示：“将‘传统生产’与‘走向数字化战略’相结合的使命使机器人处于领先地位。”机器人技术的进步正在促进机器人应用的增加。机器人自动化可提高生产力，提高使用的灵活性和安全性，在医院里，使用机器人送药、消毒、安防已经为机器人的应用带来了

很好的示范。

1.2.1.2　3D 打印设备

美国是 3D 打印技术的主要推动者。20 世纪 80 年代 3D 打印技术在美国得以发明并运用，经过几十年的发展与不断改进，3D 打印技术逐渐趋于成熟，应用领域不断扩展，成本也不断降低。目前 3D 打印已成为智能制造业发展的前沿领域。根据全球 3D 产业研究机构 Wohlers 报告，2013 年全球 3D 打印产业产值为 30.7 亿美元，比 2012 年增长 34.9%，创近 17 年来最高增幅。2014 年和 2015 年全球 3D 打印市场规模分别为 41 亿和 52 亿美元，2016—2018 年分别增至 60.6 亿、73.4 亿、83.7 亿美元。2019 年，全球 3D 打印产业规模达 119.56 亿美元，增长率为 29.9%。2020 年全球 3D 打印市场规模达到 127.58 亿美元，相比 2019 年增长 7.5%。当前，欧美等发达国家在 3D 打印技术应用方面总体居于领先地位，无论 3D 打印设备的生产还是安装量，美国、欧洲、日本等都占据绝对优势。3D 打印产业排名前 4 位的企业占据全世界近 70% 的市场份额，形成了寡头垄断的市场竞争格局。2017—2020 年，我国 3D 打印产业规模逐年增加，增加速度要略快于全球整体增速，使我国 3D 打印产业占全球的比重不断上升。根据 2020 年 3 月赛迪顾问发布的《2019 年全球及中国 3D 打印行业数据》，2019 年中国 3D 打印产业规模为 157.5 亿元，较上年增加 31.1%。

1.2.1.3　数控机床

机床作为制造业工具始于 18 世纪工业革命时期，并在 20 世纪初的汽车制造业中获得大规模运用，第二次世界大战结束后机床进入了自动化的数控机床时代。近年来，随着信息技术和制造业的不断发展，数控机床不断向高端化、智能化发展，成为未来智能制造业的重要组成部分。如图 1-1 和图 1-2 所示的 Gardner Intelligence 的数据显示，2020 年全球机床产量为 716 亿美元，与 2019 年相比减少了 126 亿美元，降幅为 14.9%，是 2010 年以来的最低水平。2019 年，全球机床产量为 842 亿美元，比 2018 年减少了 104 亿美元。中国是世界上最大的机床生产国，2019 年产量为 194 亿美元，占全球产量的 23.1%。

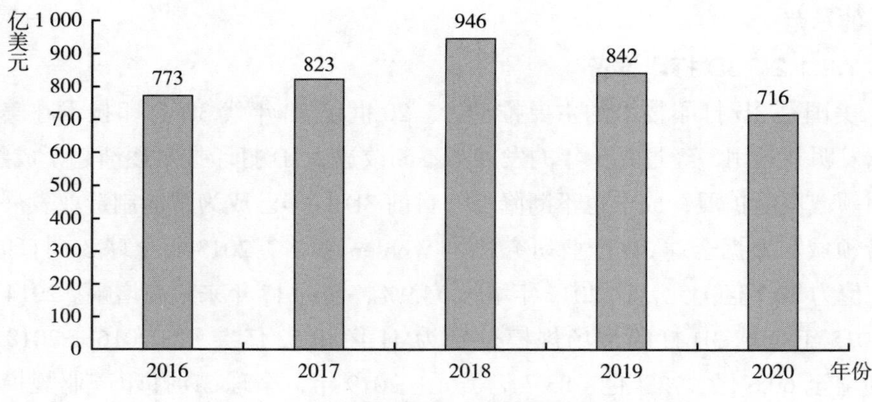

图 1-1　2016—2020 年全球机床总产值

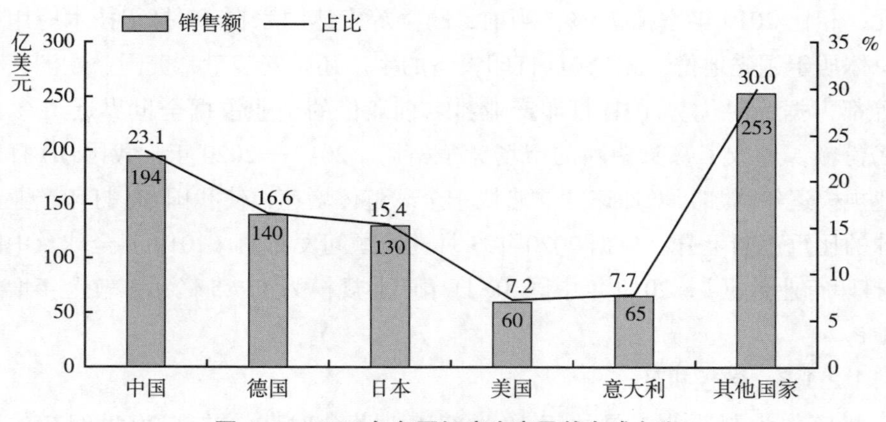

图 1-2　2019 年各国机床生产及其全球占比

2008 年国际金融危机爆发后，制造业全球布局发生了重大调整，新一轮国际制造业转移趋势显现并呈现新的特点。一方面，东南亚新兴经济体凭借低成本、高回报的优势，在全球价值链中释放出极大的吸引力和发展潜力，成为新一轮国际制造业转移的重要舞台；另一方面，欧美等工业发达国家纷纷反思“去工业化”导致的经济结构失衡、高失业率等问题，相继推出“再工业化”战略和制造业重振计划，以尽快走出危机，恢复经济增长。

1.2.2　中国制造业的发展概况

1.2.2.1　规模增速平稳

近 5 年来，我国机械工业经济运行总体平稳，产业规模增长，创新发展

不断推进，产业基础有所增强，转型升级步伐加快。“十三五”以来，我国机械工业经济规模持续保持增长态势。2016—2019 年，机械工业增加率分别为 9.6%、10.7%、6.3% 和 5.1%。2020 年，虽然受到新冠疫情的影响，仍保持同比 6% 的增长速度，且高于同期全国工业和制造业 3.2% 和 2.6% 的增长率。截至 2002 年年底，机械工业规模以上企业超过 9 万家，比 2015 年年末增加近 7 000 家，资产总额为 26.52 万亿元，比 2015 年年末增长 37.7%，年均增长率为 6.6%。

2020 年是新中国历史上极不平凡的一年。面对严峻复杂的国际形势，艰巨繁重的国内改革发展稳定任务受到新冠疫情的严重冲击，全年全部工业增加值为 313 071 亿元，比 2019 年增长 2.4%，规模以上工业增加值增长 2.8%；全年规模以上工业中，高技术制造业增加值比 2019 年增长 7.1%，占规模以上工业增加值的比重为 15.1%；装备制造业增加值增长 6.6%，占规模以上工业增加值的比重为 33.7%。

1.2.2.2　效益回落显著

受新冠疫情影响，2020 年规模以上工业企业利润为 64 516 亿元，比 2019 年增长 4.1%，增速放缓。分经济类型看，国有控股企业利润为 14 861 亿元，比 2019 年下降 2.9%；股份制企业利润为 45 445 亿元，增长 3.4%；外商及港澳台商投资企业利润为 18 234 亿元，增长 7.0%；私营企业利润为 20 262 亿元，增长 3.1%。分门类看，采矿业利润为 3 553 亿元，比 2019 下降 31.5%；制造业利润为 55 795 亿元，增长 7.6%；电力、热力、燃气及水生产和供应业利润为 5 168 亿元，增长 4.9%。全年规模以上工业企业每百元营业收入中的成本为 83.89 元，比上年减少 0.11 元；营业收入利润率为 6.08%，提高 0.20 个百分点。2020 年年末规模以上工业企业资产负债率为 56.1%，比上年末下降 0.3 个百分点。2020 年全国工业产能利用率为 74.5%，其中一、二、三、四季度分别为 67.3%、74.4%、76.7%、78.0%。

1.2.2.3　核心竞争力不足

制造业人才质量不高。首先，人才综合能力较弱。随着技术的进步，制造业企业需要具有高端综合能力的人才。目前国内制造业人才只具备部分专业知识，综合能力较弱。其次，人才创新能力较弱，缺乏具有创新能力的人才。我国要从中国制造迈向“中国智造”，进入高端产业链，人才创新能力是基础。制造业创新人才缺失导致制造业仍处于模仿多于创造阶段，距离智能制造差距甚远。最后，“工匠”精神严重缺乏。由于现代化制造业的发展，从业人员在惯性地使用基本技能的基础上，缺乏精益求精的创造精神，不利于制造业的技术进步。

世界发达国家专注价值高端的技术和销售环节，优化资源耗费结构，实现集约化增长。我国制造业承接价值链低端的生产环节。因此我国制造业发展建立在高强度消耗资源的基础上，以生态环境为代价，因此，要打破我国制造业经济发展恶性循环，要提高制造业附加值，摆脱处于价值链低端的困境，积极推进知识、人力和技术向资本密集程度高的高端环节发展。

我国制造业核心技术掌握在外资手里，制造企业只获得利润的小部分。制造业使用的品牌和技术标准，需依靠外资提供。一旦外资不提供技术来源，制造业就可能要停产。所以要独立发展制造业，要积极吸收国外经验，自主研发创新，依靠政府制定产业扶持政策，促使企业改变观念，长远计划，将中国制造升级为“中国智造”。2013 年我国装备制造业产值突破 20 万亿元，占全球比重超过 1/3，稳居世界首位。尤其是国产智能手机国内市场占有率超过 70%，已成为全球第一制造大国。但是，核心技术的对外依存度高，自主创新能力较弱，核心芯片技术缺失导致我国制造业处于全球价值链中低端的位置，促使我国制造业急需由大变强。

1.3　科技创新在机械领域中的重要意义

进入 21 世纪以来，以智能、绿色、泛在为特征的群体性技术革命将引发国际产业分工重大调整，颠覆性技术的不断涌现，正在重塑世界竞争格局、改变国家力量对比，创新驱动已成为许多国家谋求竞争优势的核心战略。在经济全球化和社会信息化的背景下，国际制造业竞争日益激烈，对先进制造技术的需求更加迫切。机械工业作为支柱产业，产业科技发展面临着全新形势。

1.3.1　全球科技创新概况

科技与创新始终是制造业发展与转型的关键所在。当今社会正处于生产和消费日益融合的阶段，科技转型带来的新商业模式正是其背后的主动力。在第四次工业革命的背景下，生产正处于由三大科技趋势驱动的范式转换关键时刻。2020 年，受新冠疫情的影响，全球经济发展遭受重创，而全球科技领域的创新活动却在严峻的市场环境下蓬勃发展。大数据、人工智能、无人自主技

术、生命科学等科技应用在各国的抗疫工作中，助力各国疫情防控工作。同时科技领域迸发出巨大的潜力，也使得科技成为各国从疫情的阴霾中走出来的重要抓手。在此背景下，世界主要经济体继续强化国家科技战略部署，全球科技竞赛也在疫情的推动下持续加速。表 1–1 所示为全球主要经济体的最新科技战略动态。

表 1–1 2020—2021 年全球主要经济体最新科技战略动态

国家	科技方面相关最新政策战略
美国	2020 年 10 月 15 日，美国白宫发布《关键和新兴技术国家战略》，重新定义 20 项关键和新兴技术，提出全力维护美国在量子、人工智能等尖端技术领域的全球领导地位
欧盟	2020—2021 年，欧盟发布《2021—2027 的年度财务框架》《塑造欧洲数字未来》《人工智能白皮书》《欧洲数据战略》等顶级科技战略文件，拟投入巨额资金支持人工智能、超级计算、量子通信、区块链等颠覆性和战略性技术发展
日本	2020 年 12 月，日本发布《第 6 期科学技术创新基本计划要点草案》，提出未来科学技术创新要点是发展数字技术、推动研究系统的数字化升级
英国	2020 年 10 月 19 日，英国国防部发布《2020 年科技战略》，提出至少将国防预算的 1.2% 直接投资于科技，着力发展人工智能、数字技术等，将科技融入国防建设发展
韩国	2020 年 1 月，韩国科技部启动《人工智能国家战略》，未来 10 年将投资 1 万亿韩元（约 59.4 亿元人民币）研发人工智能（AI）半导体技术
中国	2020 年 11 月，《中共中央关于制定国民经济和社会发展第十四个五年规划和 2035 年远景目标的建议》提出“十四五”期间要继续强化国家战略科技力量，加强基础研究、注重原始创新，优化学科布局和研发布局，推进学科交叉融合，完善共性基础技术供给体系。瞄准人工智能、量子信息、集成电路、生命健康、脑科学、生物育种、空天科技、深地深海等前沿领域，实施一批具有前瞻性、战略性的国家重大科技项目

1.3.1.1 装备制造业科技创新发展格局演化加剧

经济全球化对创新资源配置日益产生重大影响，人才、资本、技术、产品、信息等创新要素全球流动，速度、范围和规模都将达到空前水平，技术转移和产业重组不断加快，致使装备制造科技创新格局发生变化。

一是发达国家继续抢占科技领先优势。当前，以美国、德国和日本等为代表的工业发达国家，主导了全球智能制造装备市场，并引领智能制造的创新方向。同时，持续强化知识产权战略，把控国际标准制订，构筑技术和创新壁垒，并通过国家出口管制法律体系加强对高新技术出口的管制。美国无论在高端科学仪器、碳纤维材料、原材料等方面严格限制对华出口。德国西门子股份公司、日本三菱集团、美国通用电气公司拥有燃气轮机的最尖端技术，但对我国引进燃气轮机技术，却横加阻拦，以此维护他们的技术优势，企图长期把持控制权。

二是科技创新布局处在动态调整中。随着经济全球化进程加快和新兴经济体崛起，特别是金融危机以来，全球科技创新力量开始从发达国家向发展中国家扩散。近年来，美国研发投入占全球的比重由 37% 降至 30%，欧洲从 26% 降至 22%。同时，美国在全球专利授权和研发支出份额下降了 12 个百分点，其先进制造业与多个国家出现了贸易逆差。为此，美国、欧盟大幅调整实体经济发展战略，形成了新一轮争夺制造业优势之战。

三是全球科技创新中心逐步位移。目前，全球创新中心由欧美向亚太、由大西洋向太平洋位移。除了日本，新加坡、韩国等亚洲东部国家在高端装备制造业上发展得也较为迅速，特别是具备海洋工程总包能力，并占据大部分市场份额。中国高端装备制造产业也初步显示出集聚与集群化分布的特征，已形成了以环渤海、长三角地区为核心，东北和珠三角为两翼，以川陕为代表的西部地区为支撑，中部地区快速发展的产业空间框架。

1.3.1.2 西方主要国家创新投入体系

以美国为例，美国联邦政府高度重视科技研发投入，建立了多元主体的研发投入体系。在过去的 20 年里，美国各大行业的生产率增长了 47%，主要归功于科技的应用和创新。

（1）美国联邦政府重视基础和应用类研究，尤其是开发研究投入。

2018 年 2 月，美国联邦政府公布名为《效率、效果与责任》的文件，指出 2019 年美国联邦政府预算总额 4.4 万亿美元，占美国 GDP 的 21%。其中研发预算为 1 181 亿美元，研发结构也发生了较大的变化（表 1–2），开发研究的费用增加最为明显，增加了 121 亿美元，增长率为 27.3%，而其他方面的研发投入略有减少。国防安全领域研发预算增加了 181 亿美元。美国科研经费的投入规模变化和支撑创新战略的经费调整策略表明，美国高度重视科研机构的基础研究、应用研究和开发研究的经费投入，更加注重国防安全领域前沿技术、热点技术领域的探索和创新。因此，研发投入体系中经费投入占比最高的为开发研究领域，近乎基础研究和应用研究领域经费的总和，基础研究和应用研究领域的经费占比基本相当。2020 财年美国联邦政府机构的研究与开发（R & D）预算大约为 1 341 亿美元，较上年度增长了 13.5%，体现了美国对于研发投入的高度重视。

表 1–2　美国 2017—2019 年研发经费投入规模变化

	2017 年（$ Millions）	2018 年（$ Millions）	2019 年（$ Millions）	2018—2019 年变化	
				增加数量 /（$ Millions）	增长比例 /%
基础研究	34 327	34 409	27 341	–7 068	–20.5
应用研究	38 148	37 559	31 648	–5 911	–15.7
开发研究	50 363	44 550	56 696	12 146	27.3
研发设施设备	2 451	2 483	2 371	–112	–4.5
合计	125 289	119 001	118 056	–945	–0.8

（2）美国高等教育实力雄厚，助力科研创新。

英国泰晤士报（*THE TIMES*）和英国高等教育资讯和分析数据提供商夸夸雷利 · 西蒙兹公司（Quacquarelli Symonds，QS）每年对全球 1 000 多所大学进行综合竞争力排名，评价结果受到学术界、政府的认可。通过 2019 年发布的《泰晤士报高等教育 2019 年世界大学排名》（The Times Higher Education World University Rankings 2019）和《QS 2019 世界大学排名榜单》（QS World University Rankings 2019）发现，美国麻省理工学院、斯坦福大学、哈佛大学、加州理工学院、芝加哥大学竞争力一直保持前 10 的位置（表 1–3）。由此可见，美国在高等教育、科技研发、知识传播和国际交流等方面都处在全球领先位置。

表 1–3　2019 年全球大学综合竞争力排名

国家	学校	QS 排名	TIME 排名
美国	麻省理工学院	1	4
美国	斯坦福大学	2	3
美国	哈佛大学	3	6
美国	加州理工学院	4	5
英国	牛津大学	5	1
英国	剑桥大学	6	2
瑞士	苏黎世学院	7	11
英国	伦敦帝国学院	8	9
美国	芝加哥大学	9	10
英国	伦敦大学	10	14
美国	普林斯顿大学	13	7
美国	耶鲁大学	15	8

（3）美国企业重点推动应用研究，研发投入强度加大。

美国企业是研发活动的主要承担者。企业受经济利益驱动，创新意愿强烈，能够很好地顺应市场需求进行研发。据普华永道（Price waterhouse Coopers，PWC）《全球创新 1 000 强》报告，2019 年对 1 000 多家上市公司数据进行研究，美国有 300 多家公司进入 1 000 强，亚马逊、谷歌、英特尔、微软、苹果跻身研发前 5 强，其技术研发投入是中国阿里巴巴、腾讯、百度等公司的 6 倍之多。

2017 年 7 月至 2018 年 6 月的 12 个月中，普华永道统计的全球总研发经费投入为 7 818 亿美元。其中，美国企业的研发经费占据大部分（42.0%），较上年增长 9%，达 3 280 亿美元；日本增长 6%，达 1 160 亿美元；中国增长 21%，达 570 亿美元。

（4）美国非政府机构科研经费投入增加。

美国智库承担的前沿科技研发、技术评估、政策改革等的研究对美国政府决策层有深远的影响，比较有名的智库包括兰德公司、黑斯廷斯中心、战略与国际研究中心、遗产基金会和布鲁金斯学会等。其中，战略与国际研究中心（CSIS）受到国家立法和行政部门的青睐，具有影响力的举措是成立美国委员会，美国委员会报告为国家预算和税收改革提供教育和智力基础，同时为制定税收立法（S.722）奠定基础。

美国的智库大多都是由私人投资创立的。美国智库的成功取决于充足的资金及科学的资金运作。其主要科研经费来源为基金会、企业、国际合作、个人捐赠以及出版物收入和其他投资收入。例如著名的布鲁金斯学会，最初由慈善家罗伯特·布鲁金斯创办，之后又有高盛集团首席运营官约翰·桑顿巨资投入。布鲁金斯学会主要经费来源为企业资助，达到其总收入的约 50%，国外资助（约 20%）和个人捐赠（约 10%），政府部门的资助仅占其总收入的不到 20%。

1.3.2 中国科技研发投入状况

科研投入的持续增加是支撑科技创新发展的重要基础。近年来，全球科技飞速发展，关键领域持续取得新的突破，全球主要经济体加快科技发展战略部署，不断加大研发投入支出，全球科技竞争愈演愈烈。2018 年起，美国时任总统特朗普对中国华为等高科技企业展开狙击，中美“科技战”正式拉开帷幕。全球两大主要经济体科技博弈的本质是争夺未来科技主导权，而在全球科

技竞争赛道上，主要经济体都在加快各自科技的发展步伐，大力发展科技不仅是中美两国的战略布局，也是全球主要国家的重要发展战略。

以下是中国及世界上其他主要国家研发投入总体概况分析。

从研发投入国际比较可以清楚地看到不同国家的研发活动趋势、研发经费来源和研发活动特征等，是制定一个国家宏观科技政策的重要依据。近 10 年来，世界科学研究格局正发生重要转变，全球研发总投入持续快速增长，由 2009 年的 1.2 万亿美元增长到 2018 年的 2.1 万亿美元，增幅为 75%。尽管美国仍然是世界范围内科学和技术创新的领袖，但日本、中国等亚洲国家正在成为全球研发投入增长的重要引擎。考虑到用货币表示研发投入数据时会受到不同国家、不同时期货币值差异的影响，因此，国际经合组织（OECD）官方研发统计中普遍采用购买力平价作为首选国际标准。本部分将选取衡量研发投入的研发总投入、研发强度、经费来源构成、经费使用方向、研发人员数量等指标，采用购买力平价方法可消除通货膨胀和国别差异的影响，从而展现研究对象国的研发投入整体状况。

如图 1–3 所示中，美国研发总投入遥遥领先，且保持稳定的增长趋势；中国近年来研发投入保持强劲的增长态势，增长速度为全球最快，2018 年研发总投入已经逼近美国总量。美国和中国的投入量加在一起，占据全球 2018 年研发投入的 50%。日本、德国紧随其后，分别占全球研发总投入的 8% 和 7%。法国、韩国、英国研发总投入体量相当，约占全球研发总投入的 4%。

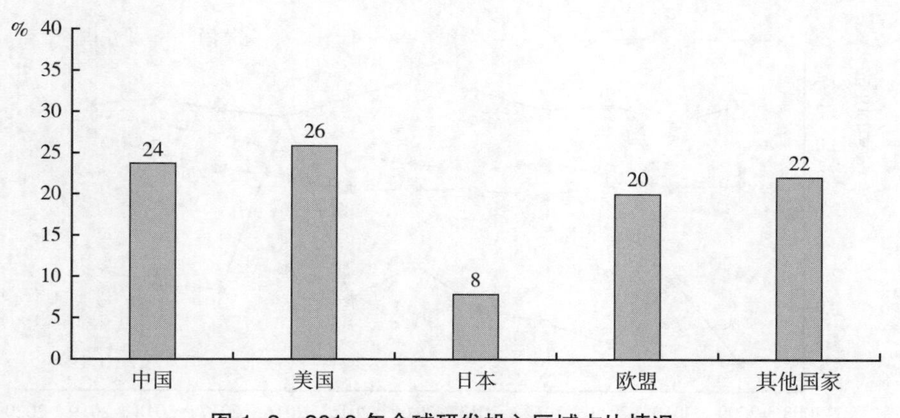

图 1–3　2018 年全球研发投入区域占比情况

研发投入占经济规模的比例常被用于衡量一个国家的创新能力。由图 1–4 和图 1–5 可知，从世界主要国家国内研发总投入占 GDP 的比例来看，自 2009 年起，日本研发投入强度跃居所选研究对象国榜首，且与其他国家差距逐渐增大，2014 年日本研发投入占 GDP 比例已经达到 3.4%；德国紧随其后，研发强度在 2.9% 左右；美国尽管研发投入总量超过任何一个工业化国家，但其研发投入占 GDP 的比例并不算高，且过去 10 年研发强度均在相对很小的范围内波动；中国研发强度小幅攀升，从 2009 年的 1.66% 提升至 2018 年的 2.19%，已超过英国，接近法国。

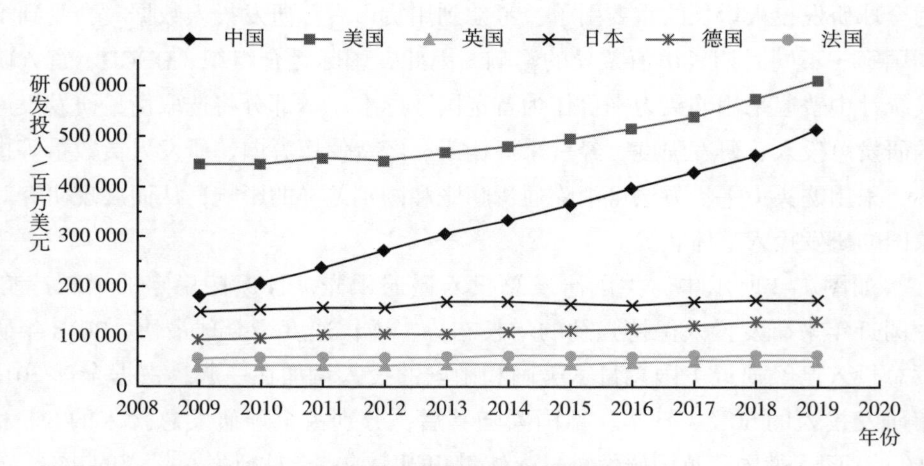

图 1–4　世界主要国家近 10 年国内研发总投入

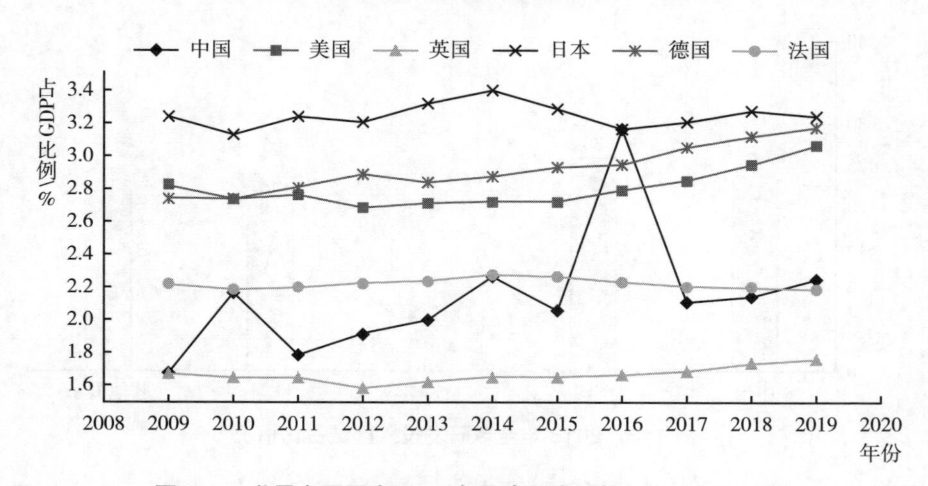

图 1–5　世界主要国家近 10 年国内研发总投入占 GDP 比例

企业作为科研体系的重要组成部分，其研发投入强有力地支撑了科研体系的运行，推动了全球科技的进步。2020 年 12 月，欧盟发布《2020 版欧盟工业研发投资记分牌》，根据报告公布的数据显示，2019 年全球研发投入 TOP2 500 家公司的研发投入合计达到 9 042 亿欧元，占全球商业部门研发投入的 90%，占全球总研发投入规模的比重超 60%。企业已然成为全球科技发展最为活跃的部门。如图 1–6 所示，2019 年全球研发投入 TOP2 500 家企业主要分布在美国、中国、欧盟、日本等主要经济体，其中美国以 775 家名列榜首，中国 536 家排名第二，欧盟 421 家，日本 309 家，世界其他地区共 459 家。

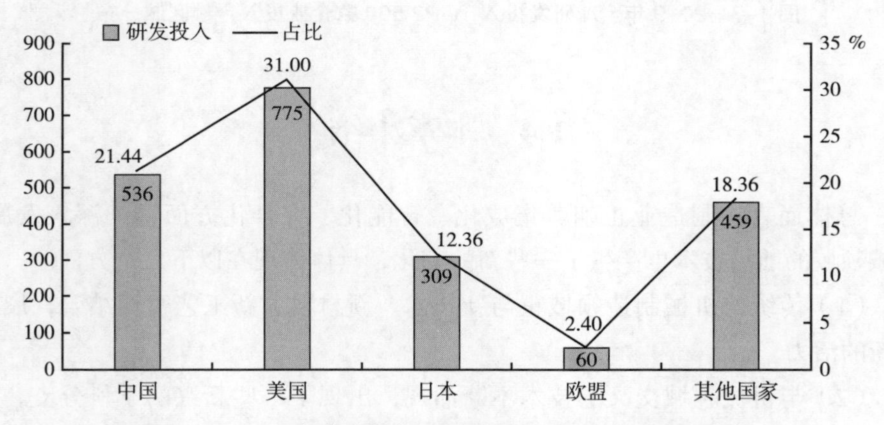

图 1–6　2019 年全球研发投入 TOP2 500 家企业区域分布

如图 1–7 所示，2019 年美国进入全球研发投入 TOP2 500 的 755 家企业的研发投入总额为 3 477 亿欧元，占比达 38.45%；欧盟进入全球研发投入 TOP2 500 的企业研发投入总额为 1 889 亿欧元，占比为 20.89%；中国进入全球研发投入 TOP2 500 的企业研发投入为 1 188 亿欧元，占比为 13.14%。日本进入全球研发投入 TOP2 500 的企业研发投入为 1 149 亿欧元，占比为 12.71%。

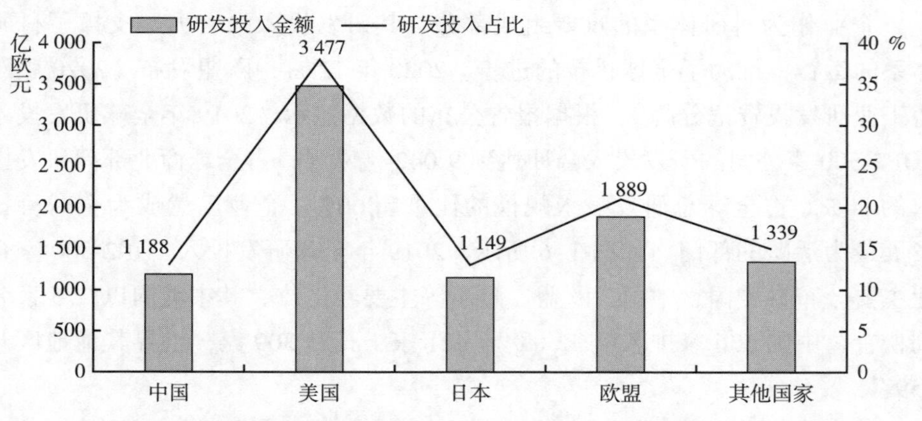

图 1-7　2019 年全球研发投入 TOP2 500 家企业投入金额区域分布

1.4　本章小结

总体而言，制造业正朝着集成化、智能化、综合化方面继续深入发展，机械领域的前沿技术也产生了一些新的变化，具体体现在以下几个方面。

（1）传统的机械制造领域正与新技术、新材料、新工艺密切结合，展现出新的活力。

（2）与机械领域交叉的技术不断涌现，出现了一些新兴的学科分支，高端机械制造研究、应用领域不断扩展。

（3）随着机械制造在数字化、微纳化方面的发展，物理、化学、数学等基础科学对于制造业发展的支撑作用日益重要，机械学科的研究领域正逐步从技术为主转变为技术、科学并重，科技正在塑造制造业的未来。在后工业化时代，机械制造技术的研究领域有了新的拓展，研究手段和方法在不断创新，但其仍然是支撑国民经济发展的重要支柱技术之一。

1.5　思考题及项目作业

1.5.1　思考题

1-1　试比较近几年来全球主要国家的工业发展战略，阐述它们的异同点。

1-2　“中国制造 2025”的方针、基本原则以及三步走战略是什么?

1–3　简述全球制造业发展态势的概况。

1–4　简述中国制造业的发展概况。

1–5　近 10 年来，新一轮国际制造业转移趋势显现并呈现哪些新的特点？

1–6　试分析科技创新在机械领域中的重要意义。

1–7　比较 2020—2021 年全球主要经济体最新科技战略动态，有什么启示？

1–8　装备制造科技创新格局发生变化主要体现在哪几个方面？

1–9　对比美国的创新投入体系，我国还需要在哪些方面进行改进？

1–10　比较近 10 年世界主要国家国内研发总投入占 GDP 的比例的情况，分析其变化趋势。

1.5.2　项目作业

作业题目：中国制造业面临的问题及对策

作业形式：研究报告

作业要求：（1）分组，每组总人数不超过 5 人。

（2）每人提交一份研究报告，中英文均可，中文不低于 1 500 字，英文不少于 1 000 个单词，按照研究论文格式进行撰写。引用部分必须标明出处。

（3）每组提供一份 PPT，选择 1 ~ 2 人进行讲解。PPT 讲解时间控制在 20 min 以内，以 15 页左右为宜。

作业内容：选择中国制造业面临的问题中诸如能源、产品成形、劳动力成本、贸易保护、研发投入、税收等方面中的某一个进行阐述，并提出可行的解决策略。

举例：中国制造业劳动力成本问题可从以下四方面进行阐述。

提纲：1. 国内外制造业劳动力成本概况；

2. 中国制造业劳动力成本状况；

3. 影响中国制造业劳动力成本的主要因素；

4. 降低中国制造业劳动力成本的解决措施。

第2章 机械工程专业概述

2.1 机械工程发展史

关于机械工程发展史，在许多研究机械工程史著作中将其分为3个阶段：古代机械工程史、近代机械工程史、现代机械工程史。

本书中所称的“古代”，是指从铜器时代开始直到公元14—16世纪的欧洲文艺复兴运动之间6 000多年的历史时代。根据制造工具的材料，古代人类使用工具的历史可以分为石器时代（Stone Age）、铜器时代（Bronze Age）和铁器时代（Iron Age）。人类使用石器的时间长达上百万年。公元前5000年左右，埃及人开始冶炼铜，并用铜制造工具和武器，最早进入了铜器时代。公元前1400年左右，冶铁技术出现在小亚细亚半岛。在铜器时代，世界上的铜铸造业集中在埃及和西亚、中国、南部欧洲（主要指古希腊、古罗马）3个地区，这些地区就成为人类古代文明发展的中心，也是古代机械发展的中心。人类从使用工具进化到使用简单机械的时间，大体与进入铜器时代的时间相近。因而，本书中所说的“古代”的起点便是从埃及在公元前5000年左右进入铜器时代算起的。几千年前，人类已创造了用于谷物脱壳和粉碎的臼和磨，用来提水的桔槔和辘轳，以及军船、武器。所用的动力，从人自身的体力，发展到利用畜力、水力和风力。古代机械发展的时期对应着人类社会发展的原始社会、奴隶社会和封建社会。古代机械中有很多巧妙的构思和辉煌的创造，至今仍令人赞叹并给人以启迪。但总体上看，古代机械发展速度缓慢。从纯技术角度讲，没有更先进的动力是原因之一。社会演变的加速、生产力发展的加速，也包括机械发展的加速，发生在资本主义生产方式出现以后。在资本主义生产

方式的萌芽已经产生的基础上，公元 14—16 世纪发生了欧洲的文艺复兴运动（The Renaissance Movement）。这是一场伟大的思想解放运动，它是后来包括资产阶级革命、工业革命在内的一系列伟大的社会变革的序幕。关于古代和近代的分界，学界有几种不同的看法。鉴于上述的理由，本书将欧洲文艺复兴运动作为古代和近代的分界线。

文艺复兴运动以后，科学和艺术获得了解放。17 世纪，出现了以经典力学的建立为代表的近代第一次科学革命。文艺复兴运动以后，又发生了宗教改革和启蒙运动两次思想解放运动，进而导致荷兰、英国和法国爆发了资产阶级革命。资产阶级革命为资本主义的发展扫清了道路。在这种背景下，欧洲在 18—19 世纪发生了两次工业（技术）革命。两次工业革命要解决的核心问题首先是动力。第一次工业革命使世界进入了蒸汽时代。强大的新动力的出现，极大地推动了机器的广泛使用和新机器的发明，铁路和轮船开始把世界连成一个整体。第二次工业革命使世界进入了电气时代，汽车和飞机更是改变了人类的生活。在此时期机械发明的热潮如火山般喷发，诞生了机械制造业并迅速地蓬勃发展起来。机械是促成两次工业革命的主要技术因素。机械工程从分散性的、主要依赖匠师们个人才智的一种技艺，逐渐发展成为有理论指导的、系统的和独立的近代机械工程学科。按照历史的发展，也考虑到叙述的方便我们将“近代”划分为 3 个时期：一是从文艺复兴到第一次工业革命之前，这是为工业革命的发生准备条件的时期；二是从第一次工业革命时期，到第二次工业革命之前；三是从第二次工业革命时期，到第二次世界大战结束。

史学界将 19 世纪和 20 世纪之交作为划分近代和当代的分界线。本书从科技发展的角度以新的物理学革命的发生作为这一分界线，它也恰好发生在世纪之交。新的物理学革命为第三次技术革命奠定了科学基础。第二次世界大战以后，主要由计算机的发明和广泛应用激发起了第三次技术革命。与前两次技术革命不同，这是一次信息化革命。随着人们生活水平的提高，对机械产品性能的需求更高、更全面，世界市场上的竞争也越发激烈。同时，人类探索未知世界的活动以更大的规模开展起来。这两方面的需求推动机械科技和机械工业以空前的速度进一步发展。计算机的发明和相关科技领域的进步则对这一发展给予了强有力的支撑。发展至今，当代的机械工程学科形成，学科内容的广度和深度都远非近代的机械工程学科所能比拟。

科学革命和技术革命既依次出现，又在交错中进行。新的物理学革命发生之际，第二次工业革命还没有结束。20 世纪上半叶，在物理学革命引导下，新的技术革命已经在准备和酝酿。而与此同时，第二次工业革命尚在进行中。例如，20 世纪初飞机的发明、汽车技术的发展、汽车工业大批量生产方式的出现等，均属于内燃机的发明带来的技术进步和工业进步，属于第二次工业革命的内容。所以，本书在讨论 20 世纪的技术进步时，不绝对地依时间顺序进行论述。

机械工程学科是随着机械的发明和改进，随着机械工业的兴起和发展而诞生并发展的。因此，论述机械工程学科的发展，必须回溯和论述从远古至当代机械的发明和改进的过程，还必须回溯和论述世界机械工业的发展过程。但是，在本书中，对机械工业发展的论述主要是为讲述学科的发展服务，所以较少介绍机械工业作为一个经济部门发展中的各种细节和相关资料。本书主要介绍机械学科的发展史，而不是完整的机械工业发展史。

2.1.1 古代机械工程史

人类与动物的区别在于能够制造和使用工具。根据所使用的工具的材料不同，人类早期相继经历了石器时代、铜器时代和铁器时代。人类使用石器的时间长达上百万年，石器时代所使用的各种石斧、石锤和木棒等工具尽管简单、粗糙，却是后来几千年机械发展的远祖。在新石器时代，人们已经开始使用天然铜。公元前 5000 年左右，埃及开始冶炼铜，并用铜制造工具和武器。公元前 3500 年左右，苏美尔（Sumer，今伊拉克东南部一带）人已经掌握了青铜的冶炼技术。中国进入青铜器时代是在公元前 1800 年左右。青铜比纯铜硬得多，铜器时代常常被称为“青铜器时代”。公元前 2500 年左右，埃及人已从陨石中得到铁，出现了极少量的铁器。大约在公元前 2000 年，印度南部也出现了铁器。但真正意义上的铁器时代开始于公元前 1400 年左右，小亚细亚半岛上的赫梯王国（Hittite Empire）掌握了冶炼铁的技术，最早开始大量地生产铁，并在很多场合用铁代替了铜。冶铁技术是赫梯王国的机密，在其灭亡之后才得以传播到中东和欧洲。中国在公元前 6 世纪出现了生铁制品。

古代机械的发展与人类文明的发展同步。

在铜器时代，世界上的铜铸造业集中在埃及和西亚、中国、欧洲（主要指古希腊、古罗马）3 个地区。这些地区就成为人类古代文明发展的中心，古代机械方面的发明和创造也主要集中在这 3 个地区。铜器时代大体上与奴隶制

社会的时代相对应。

人类文明在埃及的出现远远早于中国和欧洲。埃及也是人类使用工具最早、创造了“简单机械”的地区，但发展缓慢。到了公元后，关于埃及在工具和机械发展方面的记录几乎就没有了。公元 7—15 世纪，西亚又出现了一次发展高峰——伊斯兰（包括土耳其、伊朗等范围广大的地区）文明达到它的黄金时代，出现了以库尔德族学者雅扎里（Al-Jazari）为代表的机械发明家。1206 年，雅扎里写出了著名的《精巧机械装置之书》。在该书中，他描述了上百种机械装置，并反复强调，在此书中他只描述自己已经创造的装置。

中国比埃及起步晚千余年。在欧洲文艺复兴运动之前，中国的机械发明长期在世界上居于领先地位，古代中国的机械发明和工艺技术种类多、涉及领域广、水平高，涌现了张衡、马钧、苏颂等一大批卓越的发明家。欧洲起步更晚，曾出现过古希腊文明和古罗马文明。古希腊学者阿基米德和希罗是在机械方面做出贡献的著名学者。从公元 5 世纪起，欧洲陷入发展缓慢的“中世纪”达千年之久。直到文艺复兴运动之后，欧洲才开始崛起，世界进入近代时期。古希腊、古罗马、埃及，以及部分西亚地区都濒临地中海。通过基督教的传播、频繁的商贸往来和“十字军”东征等战争这几个古代人类文明的中心在文化和科技方面早有交流和渗透。由于交通不便，中国和西方在很长一个时期内基本上是互相隔绝的，在公元 1 世纪以后才开辟了“丝绸之路”，唐代和当时的伊斯兰文明有所来往，明朝末年以后才逐渐出现了欧洲传教士来华和随后的“西学东渐”。

在商代和西周时期，中国出现了桔槔、辘轳、鼓风器等器具。春秋末年，中国进入铁器时代。历史进入公元后，埃及从创造的前沿淡出，而这时中国机械方面的发明创造进入了黄金时代。从东汉到宋元时期，中国的机械技术在世界上同时期居于领先地位。中国的机械发明涉及很多领域，包括农业、纺织、冶铸、兵器、车辆、船舶、天象观测等。东汉、三国时期出现了两位卓越的发明家：张衡和马钧。张衡发明了浑天仪，马钧是一个在机械方面有多项创造的能工巧匠，他改进了织机，提高了工效 4 ~ 5 倍；他还发明了用于农田灌溉的龙骨水车。宋、元时期，中国古代科技发展达到高峰。毕昇发明活字印刷术。活字印刷术对世界印刷术的发展有巨大的影响，是中国古代最重要的技术发明之一。活字技术被机械史学家认为已经包含有互换性思想的萌芽。1405 年，明朝的郑和率领庞大的船队（240 艘海船、27 400 名船员，主船长 137 m）访问了30多个西太平洋和印度洋的国家。到1433年，郑和共进行7次远航。郑和船队航行时间之长、规模之大、范围之广，达到了当时世界航海事业的顶峰。这也反映出中国当时的制造水平。1637年，明朝末年的学者宋应星所著的《天工开物》出版。它系统而全面地记述了中国农业、工业和手工业的生产工艺和经验，也包括金属的开采和冶炼、铸造和锤锻工艺，工具和机械的操作方法，船舶、车辆、武器的结构、制作和用途等。《天工开物》被译成多种文字，是一部在世界科技史上占有重要地位的科技著作，被欧洲学者称为“17世纪的工艺百科全书”。郑和下西洋和《天工开物》的出版可以看作两个标志，标志着中国古代科技最后的辉煌。近代研究中国机械发展史的第一人刘仙洲指出:“大体上在14世纪以前，中国的发明创造不但在数量上比较多，而且在时间上多数也比较早。但是在14世纪以后，我们开始逐渐落后于西洋。这种现象的基本原因是和社会制度有关。”中华民族是十分智慧的民族，但是封建统治者长期“重农抑商”，不重视工业、手工业技术的发展，技术发明常被视作“奇技淫巧”。到了明代，科举考试越发僵化，以八股取士使得一般的读书人不讲究实际学问，对科技毫无兴趣。郑和的船队只到了非洲东海岸，他没有看到欧洲。他发现，所到之处都比中国落后。他的海外见闻助长了统治者和国人的“唯我独尊”观念。明朝中后期开始实行“闭关锁国”政策，到清朝则更变本加厉，严格限制对外交往和贸易。统治者对西方出现的社会变革和发展起来的科学技术几乎一无所知。“闭关锁国”政策使中国丧失了对外贸易的主动权，隔断了中外科技文化的交流，阻碍了资本主义萌芽的发展。而此时，欧洲已经历了文艺复兴运动。从思想的解放，发展到科学的解放、生产力的解放，欧洲很快就要崛起了。

古代机械的发明几乎涉及人类生活的所有领域。机械的发明首先是为了人类的衣食住行：农耕、谷物的磨碎、灌溉、纺织、车与舟。为了农业，要懂得天象，这就出现了天象观测仪器；要保卫自己族群的衣食住行，就出现了武器；制造工具和机械需要金属，为了冶炼，就出现了鼓风机。

2.1.1.1 简单机械

众所周知，杠杆、滑轮、轮轴、斜面、螺旋和尖劈被称为6种简单机械（simple machine）。它是古代人类从使用工具的实践中总结出来的，也是后来机械发展的根基。在石器时代，人们使用的石斧就是简单机械中的“尖劈”。提水用的桔槔就是一个“杠杆”。用于农田灌溉的辘轳，就是一个“滑轮”，

它是后来矿井和施工中所用的绞车的雏形。

简单机械首先出现于埃及。公元前 2600 年左右，埃及开始修建金字塔。用于建造金字塔的巨石重达数吨、数十吨，而且要从地面提升百余米高才能将巨石运到塔顶。据分析，搬运和提升巨石时应该是使用了滚木（即简单的轮轴）、土堆起的斜坡（斜面）、撬棍（杠杆）等简单机械。

虽然埃及最早使用了简单机械，但对其进行归纳却是由古希腊学者完成的。而较深入的理论分析则到文艺复兴时期才出现。关于简单机械的表述，说法并不一致。"简单机械"一词即源于阿基米德。他定义的简单机械只包括杠杆、滑轮和螺旋 3 种，他还揭示了杠杆的机械增益。众所周知的阿基米德的名言："给我一个支点，我就可以撬起地球"，就是从对杠杆的研究中产生的。

后来，公元 1 世纪出生于亚历山大城的古希腊哲学家希罗（Hero）在简单机械中又加进了轮轴和劈，在其著作《力学》中描述了 5 种简单机械的制作和应用。希罗的著作是世界上第一本描述机械的重要著作。在简单机械中加入斜面，是后来文艺复兴时期的事。但实际上，劈、螺旋都是斜面的变形，将斜面缠绕在圆筒上就成了螺旋。

2.1.1.2　冶炼设备

人类冶炼金属，用来吹旺炉火的鼓风器起了重要作用。有足够强大的鼓风器，才能使冶金炉获得足够高的炉温，才能从矿石中炼得金属，才能锻打出优质的工具和武器。公元前 1500 年的欧洲，公元前 900 年的中国都出现了冶铸用的鼓风器。手动鼓风器（俗称皮老虎）应该说是现代空气压缩机的远祖。后来逐渐从人力鼓风发展到畜力和水力鼓风。

公元 31 年东汉初年，中国南阳太守杜诗发明了水排。它在当时已经是很先进的水力驱动的冶炼鼓风机。用现代机构学来分析，它是一个由绳轮机构、空间四杆机构和平面四杆机构组成的串联式组合机构。

2.1.1.3　舟与车

最早的舟是独木舟，出现在公元前 8000—前 6000 年。公元前 3500—前 3000 年，首先在埃及出现了帆船、锚和最早的轮子。几百年后，美索不达米亚（Mesopotamia，即现在的伊拉克）人才把轮子安装在轴上——这就是车辆的诞生。公元前 8—前 5 世纪，古希腊开始使用畜力的路轨运输。公元前 1200 年左右，腓尼基（Phoenicia，现黎巴嫩一带）已经有了人力划桨的战船。中国的春秋时代，吴国的战船"大翼"已高达 27.6 m，宽 3.68 m，载员 90 人。

中国汉代已有大量3~4层的楼船。

中国特殊车辆的发明是全世界的机械研究专家都极为感兴趣的问题，其中典型的指南车是中国古代的一项卓越发明。指南车无论向何方行进，其上的木人永远手指南方。“指南车是黄帝大战蚩尤时所发明”这只是一个传说。据考证，指南车最早是西汉时期发明，但已失传。张衡、马钧都曾利用纯机械结构，再造了指南车，但又失传。宋朝再造，《宋史》中有其结构说明，其中应用了复杂的齿轮系。中国科技史专家李约瑟（J. Needham）将指南车评价为“一切控制论机械的祖先之一”。近百年来，中外学术界提出了多种指南车的复原模型。鼓车是在指南车的基础上创造的。鼓车分上下两层，上层设一钟，下层设一鼓，有个小木人高坐车上。车走十里，木人击鼓一次，击鼓十次，就击钟一次。据记载鼓车的发明人或为张衡，或为马钧，说法不一。鼓车也和指南车一样，再造后又失传，到宋朝再造，并载于《宋史》。

2.1.1.4 农业机械

公元前3500年左右，中国和埃及都出现了原始犁。公元前15—前14世纪，欧洲人使用了杠杆式压降机来压榨葡萄和橄榄。大概在同一时期，埃及出现了最早的原始磨坊，进行谷物的粉碎，并使用了水车，美索不达米亚开始出现原始的播种工具。中国在秦汉时期已推广使用能连续完成开沟、播种、覆盖3项操作的楼犁。最迟在西汉时期，已使用扇车——一种用风力分选粮食的扬谷器。近代出现的用畜力驱动的连磨中使用了齿轮系。伊斯兰地区缺水而多风，农业对灌溉的依赖很大，除桔槔外，在埃及、西亚地区还出现了利用水力和畜力的水车。雅扎里的书中对多种水车有所记载和创新。根据李约瑟的研究，风车的使用最早始于伊斯兰地区。风车被用于磨粉、抽水和压榨甘蔗等。

2.1.1.5 纺织机械

公元前5500年，美索不达米亚人就开始纺线了。公元前4400年，埃及已经使用粗糙的织布机来织造亚麻布，相应地，也就出现了亚麻线的纺机。中国在秦汉时期出现了手摇纺车。宋末元初，著名的纺织专家黄道婆发明了脚踏多链纺车。

中国在新石器时代已出现原始的织布机——腰机。腰机没有机架，卷布轴的一端系于腰间，双足蹬住另一端的经轴来张紧织物。商周时代已有固定机架的织机。战国时期出现了一种脚踏提综斜织机，经考证是当时世界上最先进的织布机。明清时期的大提花织机达到手工织机时代的顶峰。

王祯在1313年刻印的《农书》中曾描述了长2丈、宽5尺的32链大纺车和水转大纺车。中国的纺织机械当时处于世界的最高水平，水转大纺车比英国工业革命时期阿克莱特（R. Arkwright）发明的水力精纺机早了4个世纪。

欧洲在6世纪才出现脚踏织机，其后1 000年间没有太大的变化。直到英国工业革命前夜，飞梭的发明掀起了一场织机的革命，迅速将英国的纺织工业带到了绝对领先的地位。

2.1.2　近代机械工程史

在1750—1900年这一近代历史时期内，机械工程在世界范围内出现了飞速的发展，并获得了广泛的应用。

在第一次工业革命中，机器开始获得广泛的应用。机械制造业作为一个工业部门在英国建立并发展起来。1847年，英国土木工程学会中的一批工程师分离出来，成立了机械工程师学会，这是世界上建立最早的机械工程学术团体。该团体第一任主席就是蒸汽机车发明家史蒂文森（G. Stephenson）。英国机械工程师学会的成立，标志着机械工程作为一个独立的工程学科得到了承认。根据英国国家法律的规定，该学会有权考核工程师，并授予“特许工程师”称号。

英国机械工程师学会是从土木工程学会中分离出来的，这一事实在今天看来，简直是匪夷所思！200年来学科分化的速度可见一斑。

土木工程和机械工程合在一起时用的名称是“Civil Engineering”——民用工程。机械工程分离出来以后，土木工程将这个名称沿用至今。

长期以来，从事机械制造、使用和修理的人，被称为机器匠（machinist），社会地位不高。机械工程的学术组织和行业组织的出现，反映了在机械工业的初创阶段企业家和技术人员要求开展学术交流、维护共同利益、争取提高社会地位的共同愿望。

德国工程师学会（VDI，主要活动范围是机械工程）成立于1856年，美国机械工程师学会（ASME）成立于1880年，这已经到了第二次工业革命期间了。日本机械工程师学会（JSME）成立于1897年。印度和中国也分别于1920年和1936年成立了机械工程学会。

机械工程师学会在推动学科发展方面起到了重要的作用，如组织学术讨论会、协调科学研究任务、普及科学技术知识等，并且承担了制订指导性技术文件和机械工业标准的工作。

各国机械工程学会一方面建立专业委员会，开展专业性学术活动；另一方面建立地区分支机构，组织地区性学术活动。随着机械化向各工业部门延伸，领域不断扩大，机械工程学会多是各国历史最悠久、规模最大、会员最多、活动范围最广的学术团体。

工业革命时期，纺织机械、动力机械（蒸汽机、内燃机、汽轮机和水轮机）、生产机械和机械工程理论都获得了飞速发展。在 1873 年，电动机成为机床的动力，开始了电力取代蒸汽动力的时代。18 世纪以前，机械匠师全凭个人经验、直觉和手艺进行机械制作，与科学几乎无关。直到 18 世纪至 19 世纪才逐渐形成围绕机械工程的基础理论。动力机械最先与科学相结合。19 世纪初，研究机械中机构的结构和运动等的机构学第一次被列为法国高等工程学院（巴黎的工艺学院）的课程。从 19 世纪后半叶设计计算开始考虑材料的疲劳。随后断裂力学、实验应力分析、有限元法、数理统计、电子计算机等相继被用于设计计算中。

下面介绍与机械工程史密切相关的几项主要机械产品的发展历史。

2.1.2.1 蒸汽动力的广泛应用

瓦特对蒸汽机完整的改进和发明过程还没有完结，蒸汽机就已经开始应用于各类机械。1785 年，德国制造了一台蒸汽机应用于矿山。1785—1790 年，使用蒸汽动力的第一批棉纺厂建立。1790 年，英国第一台蒸汽动力的轧钢机诞生。

1800—1802 年，特列维茨克和美国工程师埃文斯（O.Evans）分别研制成功高压蒸汽机。1803 年英国工程师沃尔夫（A. Woolf）又研制成功多级膨胀型蒸汽机。这些发明使蒸汽机的体积大幅缩小、效率不断提高，拓展了蒸汽机的应用范围。

逐渐地，起重机、压路机、挖掘机和拖拉机这样一些原有的机器也都采用了蒸汽作为动力。在 19 世纪的大部分时间里，蒸汽机成为占统治地位的原动机，一直延续到普遍使用三相交流电的时代，它才逐渐被电动机所代替。

蒸汽机的缺点之一是难以小型化，因此，第一次工业革命时期的生产车间里都安装着“天轴”。它由蒸汽机带动，并通过许多平皮带传动将运动和能量分配给各个生产机械。

2.1.2.2 纺织与缝纫机械

当时英国的纺织工业是第一重要的工业部门。珍妮纺纱机发明后，纺织

工业的大生产和纺织机械的发明和改进交相推进。继哈格里夫斯在 1764 年发明珍妮纺纱机后，英国人阿克莱特（R.Arkwright）在 1769 年发明了用水力驱动的纺机。它是世界上第一台“大机器”，需要很多人围着它工作。纺纱走出了家庭作坊，近代纺织工厂诞生了。不久后，阿克莱特又成为用蒸汽机代替水力驱动的带头人。蒸汽机占领整个纺纱业用了半个世纪的时间。

1779 年，英国纺织工克朗普顿（S.Crompton）结合哈格里夫斯和阿克莱特两种纺机的优点，发明了走锭纺纱机，被称为“骡机”。它能同时纺出 48 股细纱（珍妮纺纱机只能同时纺出 8 股纱线）。纺纱生产率上去了，织布又显得落后了。1785 年，英国的一个乡村神父卡特莱特（E.Cartwright）发明了使用蒸汽的动力织布机。但是他的织机比较笨拙，应用范围不广。

1822 年，英国工程师罗伯茨（R.Roberts）发明了更为完善的动力织布机，它完全用铁制成，效率得到提高，很快被推广使用。罗伯茨是一名多产的发明家，他最著名的发明是 1825 年的自动纺纱机。此外，在机床和量具方面也有多项贡献。1820 年，英国只有 2 400 台织机，到 1857 年飞速增长到 250 000 台。1851 年英国的纱锭数占到全世界的一半，仅兰开夏（Lancashire）一地的纺锭就曾达到 5 000 万只。英国的棉纺织业长久地领先于世界。

棉纺工业的飞速发展也触动了毛和麻的制造业。织袜机、梳理机、切布机等机器在 18 世纪的最后 40 年间次第出现。1790 年，英国人赛因特（T.Saint）发明了制鞋用的先打洞、后穿线的单线链式线迹手摇缝纫机。这是世界上第一台缝纫机，但实用性较差。1830 年，法国人提门尼埃（B. Thimonnicr）为军队缝制军服而发明了机针带钩子的双线链式线迹缝纫机，缝制速度比手工缝制快 10 倍以上。这引起缝纫店工人的恐慌，先后制造的两台缝纫机都被工人烧毁。提门尼埃在贫穷中默默死去。此外还有多人发明过缝纫机，甚至获得过专利，但是都没有走向实用。

1845 年，美国人伊莱亚斯豪（E. Howe）发明了曲线锁式线迹缝纫机。该缝纫机的缝纫速度达到 300 针 /min，成为具有实用价值的缝纫机。该缝纫机有 3 个特征：①受到了织物机械上穿横线梭子的启发，将孔的尖针和梭子结合起来；②针眼在针的头部；③能自动送进。1859 年，胜家（Singer）公司发明了脚踏式缝纫机。1889 年，又发明了电动机驱动的缝纫机。Singer 公司开创了缝纫机工业的新纪元，在较长时间内，它基本上垄断了世界的缝纫机生产。

1801 年，法国纺织工雅卡尔（J. Jacquard）展示了一种程序控制的自动编织机。它可用来制造带有复杂花样的纺织品，如浮花织锦、花缎等。这种编织机由一系列穿孔卡片来控制，许多卡片穿在一起成为一个序列，在每张卡片上都打出多排孔，一张卡片对应着织物上的一排。这为大量生产图案丰富多彩的织物开辟了崭新的途径。这种穿孔卡片系统可安装在任何一台织机上。尽管他受到了一些织工的武力威胁，但是在 1810 年将自动编织机投放到市场，很快就成为畅销品。从此，丝绸不再是少数人享用的奢侈品。

2.1.2.3 电气时代

第二次工业革命以电力的广泛应用为首要标志。以法拉第发现电磁感应原理为基础，19 世纪 30—60 年代，在法国、英国、丹麦、德国都有人对发电机进行研究和试制。影响最大的是德国人维纳·西门子（W. Siemens），他于 1866 年制成了自激式直流发电机。

蒸汽机的发明，从巴本的试制（1690 年）到瓦特完成全部发明（1790 年）整整用了 100 年。而电机的发明，从法拉第的科学发现到西门子的技术发明仅仅用了 35 年。科学转化为直接生产力的时间缩短了。美国发明家爱迪生（T. Edison）于 1882 年制造了当时世界上容量最大的发电机，并在纽约建立了第一个直流电的发电站和第一个民用照明系统。

虽然从 19 世纪 30 年代起就有多人试制过电动机，但多是要用伏打电池供电，都没有达到实用阶段。1869 年，比利时工程师格拉姆（Z. Gramme）制成了直流发电机。在 1873 年的维也纳世界博览会上，由于操作者的失误将两台发电机连接起来。这时，一台发电机发出的电流流进了第二台发电机的电枢线圈，第二台发电机令人吃惊地转动起来。人们突然意识到：原来发电机就这样变成了电动机。格拉姆是第一个制造出商业化的、实用的电动机的人。

西门子发明发电机是进入电气时代的标志，也是第二次工业革命开始的标志。电力开始用于带动机器，成为补充和取代蒸汽的新的动力。电力与蒸汽相比，传动速度快，传输损失小，能远距离传输，并能方便地按用户的需要来分配能量，是一种优良而价廉的新动力。它的广泛应用，使人类从“蒸汽时代”跨入了“电气时代”。19 世纪下半叶，电灯、电车、电钻等许多电气产品和技术如雨后春笋般地涌现出来。爱迪生是一个多产的伟大发明家，他一生拥有 1 093 项美国专利和法、英、德等许多国家的发明专利。电动机出现后，大约在 19 世纪最后 20 年间，工厂的面貌有了很大的变化：车间中的天轴逐渐被淘汰，每一台机器都安装了独立的电动机。随着对电能需求的显著增加和用电

区域的扩大，直流电机显示出成本昂贵、事故率高等缺点。从 19 世纪 80 年代起人们又投入交流电的研究。实际上，法拉第在发现电磁感应现象时，在实验室所建造的一台早期发电机就是一台交流发电机。最早的两相大型交流发电机是由英国电气工程师戈登（J. Gordon）在 1882 年制造的。

塞尔维亚裔的美国科学家特斯拉（J. Tesla）设计了最早的两相交流电动机，于 1891 年获得专利。在英、美两国，曾经就使用直流电还是交流电发生过尖锐的论争。交流电具有通过变压器改变电压的优点，交流电的高压传输可大大降低能量的损耗，因此，交流电终于冲破阻力而站住了脚跟。特斯拉是一个有着多方面贡献的卓越科学家。他曾为爱迪生工作，但建立了直流电发电系统的爱迪生却利用他的影响压制特斯拉的交流电供电系统。1915 年的诺贝尔物理学奖原本要同时授予爱迪生和特斯拉，但二人都不愿与对方并列而拒绝领取。德国电气公司（AEG）的工程师多利沃 · 多布罗沃利斯基研制出二相交流电的发电机和电动机，并于 1891 年展示了用三相交流电进行远距离输电的技术。三相交流电机，至今仍然是应用最多的电机形式。此后，较为经济、可靠的三相交流电得到推广。19 世纪与 20 世纪之交，电动机才大规模地取代了蒸汽机，电力工业的发展进入了新的阶段。为了提供充足的电力给各行各业，发电站发展起来。火力发电的发展使汽轮机发展起来，水力发电的发展使水轮机发展起来，形成了动力机械的新格局。

2.1.2.4　内燃机的发明及新的交通运输革命

第二次工业革命最重要的主题词和第一次工业革命一样，还是“动力”。蒸汽机的地位下降了，取而代之的除了电动机，还有内燃机。没有内燃机的发明，就没有后来的以汽车和飞机为代表的新的交通运输革命。

在蒸汽机改进和发展的历程中，人们也越来越认识到它的固有缺点：锅炉的体积庞大、笨重，机动性很差；热能要通过蒸汽介质再转化成机械能，效率很低。这些缺点都与燃料在汽缸外部燃烧——“外燃”有关。所以，早就有人开始研究把“外燃”改为“内燃”，把锅炉和汽缸合而为一，让燃气燃烧膨胀的高压气体直接推动活塞做功。1859 年，比利时的勒努瓦（Lenoir）在法国根据“内燃”的原理制成第一台实用的煤气机。同年，美国打出了第一口油井。石油工业很快发展起来，汽油和柴油逐渐成为普通商品，这成为内燃机出现和发展的物质基础。

1862 年，法国工程师德罗夏（A.de Rochas）给出了四冲程内燃机的原理。德国工程师奥托（N. Otto）在报纸上看到德罗夏的论述，立即付诸实践，开始研制。1876 年，奥托制造出第一台以煤气作为燃料的四冲程内燃机。该机的转速只有 80 ~ 150 r/min，热效率仅为 12% ~ 14%，质量功率比则高达 272 kg/kW。1885 年，德国工程师戴姆勒（G. Daimler）利用他发明的汽化器形成的汽油雾为燃料，使内燃机转速提高至 800 r/min。次年，德国工程师本茨（K. Benz，后来他的公司被译为“奔驰公司”）又发明了混合器和电点火装置，他们的发明使奥托的内燃机走向成熟。奥托式内燃机即被称为汽油机。1889 年由迈巴赫（W. Maybach）设计，戴姆勒制造了第一台双缸的 V 形发动机。

1903 年，飞机发明了。为适应新的形势与需求，20 世纪最初 20 年内燃机的发展课题是：提高功率和降低质量功率比。这一时期内燃机的转速已达到 1 500 r/min。先后出现了 4 缸、8 缸的直线形排列，以及可多至 16 缸的 V 形排列。多缸制使质量功率比逐步降低到 5.44 kg/kW，达到了在飞机上使用的水平。这个时期，还有一个研究课题是在汽油机上加装增压器。飞机在高空飞行时由于空气稀薄发动机供氧不足，这严重阻碍了飞机的发展。20 世纪 20 年代起，英国就出现了用空气压缩机向汽油机供气的增压器，可使气压达到 1.5 个标准大气压（1 标准大气压 =101 325 Pa），质量功率比降至 0.68 kg/kW，功率增至 2 570 kW，转速增至 3 400 r/min。

1892 年，德国工程师狄塞尔（R. Diesel）设计了柴油机。柴油机的工作原理与汽油机有些不同，它采用将空气压缩的办法来提高空气温度，使其超过柴油的燃点。这时喷入柴油，柴油喷雾和空气混合的同时发生自燃。因此，柴油发动机无须点火系统，供油系统相对简单，可靠性要比汽油机好。由于不受爆燃的限制以及柴油自燃的需要，柴油机压缩比很高，热效率和经济性都要优于汽油机。在相同功率的情况下，柴油机的扭矩大，最大功率时的转速低。但由于工作压力大，要求各零部件具有较高的强度和刚度，所以柴油机比较笨重，体积较大。另外，振动噪声也较大。由于上述特点，柴油发动机一般用于大、中型载重货车。

进入 20 世纪以后，内燃机的应用范围急剧扩大。移动式机械大部分都使用内燃机作为动力。汽油机进入 20 世纪后的主要发展是扩大汽缸容量、提高压缩比、提高转速以增大功率，并注重降低能耗。柴油机则广泛应用于船舶、农业机械、施工及矿山机械、大型载重汽车和坦克。内燃机的发明引发了交通运输领域新的革命性变革，这就是汽车和飞机的发明和普遍应用。另外，内燃

机的发明推动了石油开采业的发展和石油化学工业的诞生，石油也像煤一样成为一种极为重要的新能源。1870 年，全世界开采的石油只有 80 万吨，到 1900 年猛增至 2 000 万吨。到 1950 年左右，曾雄居发动机之首的蒸汽机基本上被电动机和内燃机排挤出工业应用领域。

如果说，第二次工业革命中的机械发明是一座高塔，那么这座高塔有 3 块基石：电力、燃油和钢铁。这 3 项也正是第二次工业革命的核心内容，具体的影响如下。

①人类进入了电气时代，电动机、发电机以及各种电器被发明出来。电力排挤着蒸汽，成为驱动机械的主要动力，对电力的需求急剧增长。火力发电带动汽轮机的发明和汽轮发电机组的发展，水力发电带动了水轮机的发明和发展。这些动力机构的制造又推动了新型机床的发明。

②内燃机、燃气轮机和喷气式发动机的发明，带来了汽车、飞机和喷气式飞机的发明；也推动了许多不便于使用电力的机器（如拖拉机、采油机械）的发展。汽车、飞机的发展也推动了许多精密机床和特种机床的发明。

③人类进入了钢铁时代。机器大量使用，需要大量的钢铁。高层建筑业也需要大量的钢铁，采矿工业、冶金工业发展起来，各种采掘机械、破碎机械、选矿机械、起重运输机械发展了起来。

电力、燃油，2 块动力的基石；钢铁，1 块材料的基石。3 块基石上耸立起机械发明的高塔。这一景观又大大地超越了第一次工业革命时期。

2.1.3　现代机械工程史

从第二次世界大战结束至 20 世纪 70—80 年代，全球范围内兴起了第三次技术革命。这次技术革命无论从涉及的领域、卷入的地域，到变革的深度和对现实生活与未来的影响，都是前所未有的。

如果说，前两次技术革命都是动力革命，那么第三次技术革命则是一次信息化革命。在第三次技术革命兴起之前半个世纪，即从 19 世纪和 20 世纪之交起，兴起了一场新的物理学革命。这次物理学革命发现了电子、放射性、激光，建立了相对论、量子力学和原子能物理学，为后续的技术革命奠定了科学基础。第二次世界大战后诞生的信息论、控制论和系统论等横断科学则为第三次技术革命提供了新的世界观和方法论。

在近代的两次工业革命中，机械工程扮演主角和骨干。第二次世界大战以后机械工程和机械工业在整个科技进步中虽然仍起着十分重要的作用，但它已不再处于第三次技术革命的核心位置。讨论新时期机械工程的发展，不能离开社会经济发展和科技进步的大背景。

第三次技术革命，是人类文明史上继蒸汽技术革命和电力技术革命之后科技领域里的又一次重大飞跃。它是以电子计算机技术、原子能技术和航天技术为代表，涉及新能源技术、新材料技术、生物技术和海洋技术等诸多领域的一场技术革命。这次技术革命不仅极大地推动了人类社会经济、政治、文化领域的变革，而且也影响了人类的生活方式和思维方式，使人类社会生活和人类现代化向更高境界发展。第三次技术革命是由计算机技术统领的信息化革命。伴随着第三次技术革命，科学探索活动以空前的规模开展起来。尤其是对外太空的探索，带来了航天工业的繁荣。航天技术也是第三次技术革命的重要领域。

在这次技术革命中，机械工程已不像在前两次工业革命中那样担当主角，但是机械工业仍然是国民经济的支柱。第三次技术革命极大地影响和改变了机械工业。在激烈的竞争下，在对生产率和产品质量不断的追求中，机械工业进一步向高速化、轻型化、精密化、自动化和大功率化方向发展，并必须满足人们对成本、造型、舒适性、环保等多方面的日益苛刻的要求。与此同时，人类科技探索活动的范围扩大，航天器、机器人等现代机械陆续出现。在计算机技术和控制理论的带动下，机械设计、机械制造的面貌为之一新。

2.1.3.1 机电一体化产品

传统机器都包含原动机、传动装置和执行装置 3 个部分。后来，许多机器又包含了控制装置，而被称为自动化机器。自动机床早在 19 世纪末就已出现，但那时的自动化是依靠机械装置（如凸轮、连杆）实现的。20 世纪 20—50 年代，是机械制造的半自动化时期，依靠继电控制器和液压系统实现动作的控制。

随着 20 世纪下半叶以来控制理论、电子技术和传感器技术的发展，特别是随着计算机在工业上的应用，以模拟控制和数字控制为内容的现代机器的自动化发展起来，它和早期的自动化已不可同日而语。

机电一体化的发展经历了 3 个阶段。在 20 世纪 60 年代以前，由于电子技术的迅速发展，人们自觉或不自觉地利用电子技术的初步成果来完善机械产品的性能。特别是在第二次世界大战期间和战后，机械产品和电子技术的

结合使得许多性能优良的军用机电产品得以发明。这些机械与电子结合的技术在战后转为民用。这是机电一体化技术发展的第一阶段——萌芽阶段。电子工业领域内通信电台的自动调谐系统、雷达伺服系统，机械工业中的数控机床、机器人都是这一阶段的产物。它们为机电一体化概念的形成奠定了基础。1969 年，日本安川（Yaskawa）电气公司的一个工程师创造了一个新英文单词"Mechatronics"。安川公司居然还把它注册为商标，中文将它译为"机电一体化"。这个译文不太准确——新词中的"Tronics"来自英文单词"Electronics"，含义为"电子学"，而不是一般的"电"，所以正确的译文应为"机械电子学"。"Mechatronics"这个词语很快风靡世界，它的出现标志着人们在认识上从不完全自觉走向了完全自觉。1971 年，以大规模集成电路为基础的微处理器问世，计算机发展进入了第四代。认识提高了，物质条件也准备好了，这样就在 20 世纪 70—80 年代把机电一体化推向了蓬勃发展的第二阶段。日本在推动机电一体化技术的发展中起着主导作用。日本政府在 1971 年颁布了《特定电子工业和特定机械工业振兴临时措施法》，要求企业界"应特别注意促进为机械配备电子计算机和其他电子设备从而实现控制的自动化"。日本的企业为了生存，竭尽全力实施政府的这一法规。短短几年，日本经济就出现了奇迹。在这一阶段数控机床得到广泛使用，加工中心、机器人实现了商业化。而且，机电一体化产品遍及国民经济、日常工作和生活的各个领域，如安全气囊、防滑刹车系统、复印机、CD 机、行驶模拟装置、数控护理机械、数控包装机械、微机控制的交通运输工具、自动仓库、自动售货机、自动化办公机械，以及在家庭、科研、农林牧渔、航海航天和国防等领域的一些产品。几乎所有的传统机器都可以重新设计加入控制系统而成为现代机器。

用机械电子工程的设计方法设计出的机器比全部采用机械装置的方法设计的机器结构更简单。例如，在一台缝纫机中用一块单片集成电路控制针脚花样，可以代替老式缝纫机约 350 个零件。20 世纪末，进入机电一体化发展的第三阶段——智能化阶段。人工智能技术和网络技术等领域取得了巨大的进步，为机电一体化开辟了更广阔的发展天地。机器的概念发生了重大的变化。现代机构不但具有主动控制的功能，而且日益具有人工智能。机器具有采集、存储、管理、处理、应用信息的能力。所谓处理信息，就是从信息中提取特征、获取知识；所谓应用信息，就是做出决策、发出行动指令，尚在研究中的无人驾驶汽车和智能机器人就是这方面的实例。机器人和数控机床就是最典型的机电一体化产品。

2.1.3.2 机器人

机器人也属于一种机电一体化产品，但由于它在机械系统和机械制造中的特殊作用，我们将其单列为一项来介绍。在近现代就出现过模仿人类行为的简单器械，比如有一定自动化色彩的机器玩具，它们可以被看作是当代机器人的远祖。

1914 年，汽车工业中首创了规模生产的模式。它的积极意义和历史作用自不必赘述，但单调的重复性工作易使工人感到厌烦。卓别林（Chaplin）在影片《摩登时代》中就夸张地表现了在这种工作环境中工人的精神状态。1920 年，捷克作家恰佩克（Karel Capek，1890—1938）在其科幻剧中构思了一个名叫“Robot”的机器人，它可以不吃不睡，不知疲倦地工作。这体现了人类的一种愿望，即创造出一种能够代替人进行各种体力劳动的机器。该科幻剧很快传到了许多国家，“Robot”就这样成为机器人的代名词而传播开来。恐怕谁都没有想到，几十年后它会成为文章和词典里的正式技术词语。

机器人出现以后，出现了传统机械机器人化的趋势。最典型的是工程机械的机器人化，包括隧道凿岩机器人、挖掘机器人、喷浆机器人和码垛机器人。这些场合的劳动强度大、环境恶劣危险、人体健康受到很大危害，机器人的出现大大改善了工人的工作环境。

2.1.3.3 高速铁路运载工具

在公路、水路和航空等多种运输方式的竞争下，铁路运输曾一度衰落，现在又以高速铁路的形式获得了新生。高速列车一般指速度在 200 km/h 以上的列车。20 世纪 50 年代初，法国首先提出了制造高速列车的设想，并最早开始试验工作。1964 年，日本建成高速铁路——从东京到大阪的新干线。新干线列车速度快（达到 230 km/h）、安全、能耗低（仅为汽车的 1/5）、无污染、运量大、成本低，取得了举世瞩目的成绩。1976 年，用柴油电动机车牵引的高速列车在英国投入服务，最高速度达 250 km/h。1981 年，高速列车“TGV”在巴黎里昂干线正式投入使用。它采用流线型造型，使空气阻力减小了 1/2。它的动力装置功率很大，可以高速爬上坡度为 35% 的陡坡，也可在坡路上起动。在 1990 年和 2007 年的两次试验中，法国试验列车的速度曾分别达到 515 km/h 和 574. 8 km/h，创下有轨铁路行驶速度的世界纪录。

其后，德国、意大利、俄罗斯、中国等国家也都积极发展高速铁路。中

国吸收了欧洲的高速铁路技术，后来居上，是世界上高速铁路发展最快的国家。目前，中国高速铁路的运营里程最长、运营速度最高、在建规模最大。

列车所受到的空气阻力与速度的平方成正比，当列车的速度从 120 km/h 提高到 300 km/h 时，牵引单位列车质量所需要的功率要增大到原来的 6 倍多。功率和速度的大幅度提升带来新的、十分复杂的动力学问题。高速铁路自问世以来事故并不多，但由于速度特别高，又以运送旅客为主，所以对它的可靠性要求极高。中国高铁也逐渐成了中国制造业实力提升的一个缩影，正悄然改变世界对中国现代化程度的认知。

2.1.3.4　大型工程机械

盾构机早在第一次工业革命期间就已在英国问世，后来发展于日本、德国。但今天的大型盾构隧道掘进机与它的祖先已绝对不可同日而语。盾构机的基本工作原理就是一个阙柱体的钢组件沿隧洞轴线边向前推进，边对土壤进行挖掘，该阙柱体组件的壳体即“护盾”，它对挖掘出的还未衬砌的隧洞段起到临时支撑的作用，承受周围土层的压力，有时还承受地下水压并将地下水挡在外面。挖掘、排土、衬砌等作业在护盾的掩护下进行。

盾构机具有开挖切削土体、输送土渣、拼装隧道衬砌、测量导向纠偏等功能，已广泛用于地铁、铁路、公路、市政、水电等各种隧道工程。它涉及地质、土木、机械、力学、液压、电气、控制、测量等多门学科的技术，而且要按照不同的地质情况进行量体裁衣式的设计和制造，可靠性要求极高。现代盾构掘进机属于由机、电、液、光等多种物理过程，多单元技术集成于机械载体而形成整体功能的复杂机电系统。

北京地区采用盾构机进行地铁施工的里程逐年递增，地铁 8 号线盾构施工已占到 78.8%。虽然盾构机成本高昂，但可将地铁暗挖功效提高 8 ~ 10 倍，而且在施工过程中，地面上不用大面积拆迁，不阻断交通，施工无噪声，地面不沉降，不影响居民的正常生活。

不过，大型盾构机技术附加值高、制造工艺复杂，国际上盾构机的生产主要集中在日本和欧美的几家企业。中国自 20 世纪 90 年代以来，已经研制出 6.3 m 以下的中小型盾构机，但机电液控制系统的主要元器件尚依赖进口。

机械科技虽然已不处在第三次技术革命的核心地位，但机械工业仍然是一个国家国民经济的强大支柱产业。在国民经济的各个部门——农业、交通、化工工业、建筑材料工业、电子工业和各种轻工业中，都实现了更广泛的机械化。这使得机械工业的部门之多和规模之大都达到史无前例的程度。第二次世界大战以后，世界机械工业的发展远远超过了此前的百余年。

汽车制造业和飞机制造业的产业链特别长，涉及冶金、石油、橡胶、电子器件、塑料等许多工业部门。因此，汽车制造业和飞机制造业生产的涨落与兴衰对整个国民经济有着不可忽视的影响。美国制造业在 20 世纪 70—80 年代曾有过一段插曲，可以充分地说明制造业的重要性。20 世纪 70 年代，美国将制造业贬称为“夕阳产业”，结果导致 80 年代美国的经济衰退。20 世纪 80 年代后期，美国一些国会议员和政府要员纷纷要求政府出面协调和支持制造业的发展。1991 年美国前总统布什开始转变科技政策，将制造技术列为国家关键技术。1993 年，克林顿总统上任后，对制造业大力支持，批准了由联邦科学、工程与技术协调委员会（FCCSET）主持实施的先进制造技术计划，将现代制造技术列为六大国防关键技术之首。结果，美国在机械、汽车和航空等工业领域和信息产业方面取得了明显的进展，使美国经济连续 8 年取得了 2% ~ 3% 的增长率，而且还保持了低通胀率和低失业率。

中国社会科学院工业经济研究所曾在 2011 发布的《中国工业发展报告》中明确指出：就全国而言，目前中国工业没有“夕阳产业”，从最传统的工业部门到先进制造业的各个部门，所有的工业部门在中国都仍然有着很大的发展空间。

2.2 机械工程定义及工程师概述

2.2.1 机械工程的定义

机械工程是以有关的自然科学和技术科学为理论基础，结合在生产实践中积累的技术经验，研究和解决在开发、设计、制造、安装、运用和修理各种机械中的全部理论和实际问题的一门应用学科。使设计制造的机械系统和产品能满足使用要求，并且具有市场竞争力。

机械工程专业对应的主干学科是：机械工程、力学、动力工程及工程热物理。机械工程是工学研究生教育一级学科，下设 4 个二级学科，分别是：机械设计及理论、机械制造及其自动化、机械电子工程以及车辆工程。机械设计及理论涵盖的内容包括：机械工程中图形的表示原理和方法；机械运动中运动

和力的变换与传递规律；机械零件与构件中的应力、应变和机械的失效；机械中的摩擦行为；设计过程中的思维活动规律及设计方法；机械系统与人、环境的相互影响等内容。机械制造及自动化学科涵盖的内容包括：机械制造冷加工学和机械制造热加工学两大部分。具体包括：研究材料分离原理和加工表面质量的材料加工物理学；研究加工设备的机械学原理和能量转换方式的机械设备制造学；研究机械制造过程的管理和调度的机械制造系统工程学。机械电子工程是将机械学、电子学、信息技术、控制技术等有机融合而形成的一门综合、交叉性学科，是多技术融合与集成而面向应用的学科，广泛应用于交通、电力、冶金、化工、建材等各领域机电一体化设备及生产自动化过程。主要研究对象包括：机电一体化系统，包括执行机构、控制器、检测装置、动力装置和传动装置。此专业以现代控制理论、现代检测技术、故障诊断技术、微计算机技术为基础，重点研究机电一体化系统设计、制造、应用中的检测、诊断、控制和仿真等问题。传统的车辆工程一般分为汽车理论与设计、汽车造型与车身设计、汽车发动机 3 个专业方向，它们分别是与机械工程、工业艺术设计、动力工程之间的交叉学科方向，同时还与材料工程、电子工程、控制工程等学科互相交叉。车辆工程学科主要研究汽车、机车车辆、城市轨道交通车辆、拖拉机、工程车辆以及包括军用车辆、特种车辆等在内的一切陆上移动机械的理论、技术和设计问题。车辆工程从初期涉及力学、机械设计理论、动力机械工程理论、牵引动力传动理论，到今天已拓展至与计算机控制技术、电子技术、测试计量技术、交通运输、控制技术、艺术设计等相互融合，可谓“内外兼修”。

机械工程培养目标为：具有宽厚的机械工程基本理论和基础知识，能在机械工程领域从事工程设计、机械制造、技术开发、科学研究、生产组织管理等方面工作的复合型高级工程技术人才。核心知识领域包括：机械设计原理与方法、机械制造工程原理与技术、控制理论与技术、工程测试及信息处理、计算机应用技术、管理科学基础等。

2.2.2　机械工程师的定义及职业前景

机械工程师通常指的是从事机械行业的专业人士，我们最常说的机械工程师，指的是职称，也就是中级工程师。此外还有机械工程学会的机械工程师资格认证、勘察设计注册机械工程师等。

机械工程师是指在机械工程行业从事工作，并且具备一定经验和水平的人。机械工程师一般分为 3 个级别：初级机械工程师、中级机械工程师、高级机械工程师。机械工程师通常是指 3 个级别机械工程师的统称，还可以专指中级机械工程师。

“中国制造 2025”对人才的需求由表 2–1 可知，呈现出以下态势：①世界级工程领军人才和拔尖人才不足，大国工匠紧缺；②基础、新兴、高端领域工程科技人才短缺；③工程技术人才支撑制造业转型升级能力不强，传统工程人才相对过剩；④制造业人才结构过剩和短缺并存、企业“用工荒”与毕业生“就业难”并存。表 2–1 所示为 2015—2025 年机械相关行业的人才需求状况及预测，从表中不难看出机械类高端人才就业总人数及缺口都呈现扩大的趋势，其中信息技术以及电力装备的人才缺口最大，这两个行业也是机械类专业从业人员最多的两个行业。

表 2–1　2015—2025 年机械相关行业的人才需求状况及预测

序号	十大重点领域	2015 年	2020 年		2025 年	
		人才总量 / 万人	人才总量预测 / 万人	人才缺口预测 / 万人	人才总量预测 / 万人	人才缺口预测 / 万人
1	新一代信息技术产业	1 050	1 800	750	2 000	950
2	高档数控机床和机器人	450	750	300	900	450
3	航空航天装备	49.1	68.9	19.08	96.6	47.5
4	海洋工程装备及高技术船舶	102.2	118.6	160.4	128.8	26.6
5	先进轨道交通装备	32.4	38.4	6	43	10.6
6	节能与新能源汽车	17	85	68	120	103
7	电力装备	822	1 233	411	1 731	909
8	农机装备	28.3	45.2	16.9	72.3	44
9	新材料	600	900	300	1 000	400
10	生物医药及高性能医疗器械	55	80	25	100	45

从历史上看，机械工程师可以走两种职业轨迹：技术生涯或者管理生涯。然而，这两者的界限越来越模糊，因为新兴产品的开发流程对知识的高要求，既有技术上的要求，也涉及经济、环境、客户和制造问题。

作者通过检索目前机械类行业发布的职位需求情况，发现主要集中在以下一些方面：产品工程师；系统工程师；工厂工程师；制造工程师；可再生能

源顾问；应用工程师；产品应用工程师；机械设备工程师；工艺开发工程师；首席工程师；销售工程师；设计工程师；电力工程师；包装工程师；机电工程师；工具设计工程师；机械产品工程师；机电一体化工程师；节能工程师；项目工程师。

2.2.3　机械工程师应具备的能力

根据工程技术评审委员会（Accreditation Board for Engineering and Technology，ABET）中关于机械工程专业认证的有关要求，以及我国关于制造业 2025 年发展的远景规划，面向 2030 的工程师核心质量标准应该包括以下部分：①家国情怀；②创新创业；③跨学科交叉融合；④批判性思维；⑤全球视野；⑥自主终身学习；⑦沟通与协商；⑧工程领导力；⑨环境和可持续发展；⑩数字化能力。

根据 ABET 的要求，一名合格的工程师应具有的能力包括以下 12 个方面。

（1）工程知识。具有从事工程工作所需的相关数学、自然科学、工程基础和专业知识以及一定的经济管理知识。数学和自然科学知识是工科类专业的基础知识，学好数学包括物理学、化学以及生物学等在内的自然科学课程是学习专业基础课程和专业课程的基础和前提，也为解决工程实践问题打下理论基础。通过企业管理、市场营销和成本核算等课程的学习，可以掌握复合型机械工程专业人才必需的经济管理知识。

（2）问题分析。具有综合运用所学科学理论和技术手段分析机械工程问题的基本能力。能够应用数学、自然科学和工程科学的基本原理，识别、表达并通过文献研究分析机械工程领域的复杂工程问题，以获得有效结论。

（3）设计 / 开发解决方案。能够设计针对机械工程领域复杂工程问题的解决方案，设计满足特定需求的系统、单元（部件）或工艺流程，并能够在设计环节中体现创新意识，考虑社会、健康、安全、法律、文化以及环境等因素的影响。应掌握的 5 个知识领域的基本理论和基本知识如下：①机械设计原理与方法知识领域，包括 5 个子知识领域，分别是：形体设计原理与方法；机构运动与动力设计原理与方法；结构与强度设计原理与方法；精度设计原理与方法；现代设计理论与方法。②机械制造工程与技术知识领域，包括 3 个子知识领域，分别是：材料科学基础；机械制造技术；现代制造技术。③机械系统中的传动与控制知识领域，包括 3 个子知识领域，分别是：机械电子学；控制理论；传动与控制技术。④计算机应用技术知识领域，包括 2 个子知识领域，分别是：计算机技术基础；计算机辅助技术。⑤热流体知识领域，包括 3 个子知识领域，分别是：热力学；流体力学；传热学。

（4）研究。能够基于科学原理并采用科学方法对机械工程领域复杂工程问题进行研究，包括设计实验、分析与解释数据，并通过信息综合得到合理有效的结论。

（5）使用现代工具。掌握文献检索、资料查询及运用现代工具获取相关信息和解决复杂工程问题的基本方法。能运用互联网、图书馆和资料室检索查询所需的文献、资料和信息，在海量的信息中过滤出自己所需的内容。能够针对机械工程领域复杂工程问题，开发、选择与使用恰当的技术、资源、现代工程工具和信息技术工具，包括对复杂机械工程问题的预测与模拟，并能够理解其局限性。

（6）工程与社会。了解与本专业相关的职业和行业的生产、设计、研究与开发的法律、法规，熟悉环境保护和可持续发展等方面的方针、政策和法律、法规，能正确认识机械工程对于客观世界和社会的影响。能够基于机械工程相关背景知识进行合理分析，评价专业工程实践和复杂工程问题解决方案对社会、健康、安全、法律以及文化的影响，并理解应承担的责任。

（7）环境和可持续发展。能够理解和评价针对复杂工程问题的专业工程实践对环境、社会可持续发展的影响。了解国家的相关产业政策，具有基本的法律知识和行为道德准则，遵纪守法，有强烈的环保意识和较强的知识产权意识。学习并掌握绿色设计和绿色制造的理论和知识，明确认识本专业所从事的一切工作是在国家法律、法规框架下有利于环境保护和社会可持续发展的技术活动。

（8）职业规范。具有人文社会科学素养，强烈的社会责任感和使命感，热爱专业，不断探索和钻研机械工程技术难题，能够在工程实践中理解并遵守工程职业道德和规范，履行责任。机械工业是国民经济的支柱产业，机械工业中的制造业是关系国计民生和国家安全的重要行业，要有为推进国家机械科学技术进步和机械工业发展献身的精神，以及要具备为研发国家经济建设所需机电装备而不懈努力的决心。

（9）个人和团队。能够在多学科背景下的团队中承担个体、团队成员以及负责人的角色，具有一定的组织管理能力、较强的表达能力。仅凭一个人的能力和知识面，很难完成一个现代机械系统的设计与制造。应该具备一定的团

队组织能力，领导团队成员合作共事，齐心协力，共同完成任务。应能在团队中发挥自己的技术特长，善于与团队成员沟通思想、交流体会。

（10）沟通交流。具有交往能力以及在团队中发挥作用的能力。能够就复杂机械工程问题与业界同行及社会公众进行有效沟通和交流，包括撰写报告和设计文稿、陈述发言、清晰表达或回应指令。具备一定的国际视野，能够在跨文化背景下进行沟通和交流：①能有效地以书面形式、PPT 或口头报告方式交流观点、思想和想法。②在正式场合和非正式场合都能借助恰如其分的肢体语言有效地口头表达自己的意愿和思想情感。③能准确地理解他人的感受和所表述的内容，并且能切题地发表自己的见解或提出建设性的意见。

（11）项目管理。理解并掌握工程管理原理与经济决策方法，并能在多学科环境中应用。

（12）终身学习和发展能力。具有自主学习和终身学习的意识，有不断学习和适应发展的能力。在知识经济时代，随着科技的进步、知识的爆炸、新知识的激增，知识的更新速度加快，知识的陈旧周期不断缩短。树立终身学习的理念、养成终身学习的习惯、具备终身学习的能力是适应社会进步的需要。

对于新入职场的机械类工程师，作者认为至少应该具备以下 8 个方面的能力才能胜任。

（1）熟练掌握工程制图标准和表示方法。掌握公差配合的选用和标注。

（2）熟悉常用金属材料的性能、试验方法及其选用。掌握钢的热处理原理，熟悉常用金属材料的热处理方法及其选用。了解常用工程塑料、特种陶瓷、光纤和纳米材料的种类及应用。

（3）掌握机械产品设计的基本知识与技能，能熟练进行零部件的设计。熟悉机械产品的设计程序和基本技术要素，能用电子计算机进行零件的辅助设计，熟悉实用设计方法，了解现代设计方法。

（4）掌握制定工艺过程的基本知识与技能，能熟练制定典型零件的加工工艺过程，并能分析解决现场出现的一般工艺问题。熟悉铸造、压力加工、焊接、切（磨）削加工、特种加工、表面涂盖处理、装配等机械制造工艺的基本技术内容、方法和特点并掌握某些重点。熟悉工艺方案和工艺装备的设计知识。了解生产线设计和车间平面布置原则和知识。

（5）熟悉与职业相关的安全法规、道德规范和法律知识。熟悉经济和管理的基础知识。了解管理创新的理念及应用。

（6）熟悉质量管理和质量保证体系，掌握过程控制的基本工具与方法，了解有关质量检测技术。

（7）熟悉计算机应用的基本知识。熟悉计算机数控（CNC）系统的构成、作用和控制程序的编制。了解计算机仿真的基本概念和常用计算机软件的特点及应用。

（8）了解机械制造自动化的有关知识。

2.3 机械领域的主要研究方向概述

2.3.1 现代机械设计方法

人类在生产实践过程中，创造出如汽车、拖拉机、机床、机器人等各种各样的机械设备。人们利用这些机器，不仅可以减轻体力劳动，还可以提高生产效率。机器装备水平和自动化程度已成为衡量一个国家技术水平和现代化程度的重要标志之一。

机械设计是根据用户的使用要求对专用机械的工作原理、结构、运动方式、力和能量的传递方式、各个零件的材料和形状尺寸、润滑方法等进行构思、分析和计算并将其转化为具体的描述以作为制造依据的工作过程。机械设计是机械工程的重要组成部分，是机械生产的第一步，是决定机械性能的最主要因素。

现代机械设计方法就是研究设计过程中能够更加高效、高质量、快速地完成机械产品设计的方法，通常以计算机为辅助工具。现代设计方法种类繁多，是一门正在不断发展的新兴学科。目前，工程实践中应用比较广泛的设计方法有：创新设计、计算机辅助设计、优化设计、可靠性设计、反求工程设计、绿色设计、数字化设计、概念设计、动态设计、智能设计、虚拟设计、可视化设计、有限元法、模块化设计等。

2.3.2 先进制造技术

先进制造技术需要多学科的渗透、交叉和融合，是集机械、电子、控制、计算机、材料和管理技术为一体的新兴领域。先进制造技术迄今为止没有一个明确的定义，一个普遍公认的含义是：先进制造技术是在传统制造技术的基础

上，以人为主体，以计算机为主要工具，不断融合机械、电子、信息、材料、生物和管理学科的最新成果，涵盖产品整个寿命周期的各个环节的先进工程技术的总称。

先进制造技术的出现不仅是科学技术发展的必然结果，而且也是文明和社会进步的必然要求。20 世纪 70 年代，由于美国强调基础研究，忽视了制造业的发展，致使日本和德国的制造业迅猛发展。日本在汽车、家电、半导体和钢铁等方面已经超越了美国，导致美国产品的竞争力大大落后。日本通过采用新的制造技术和管理观念，使得其制造业成为世界第一。20 世纪 80 年代，为了扭转制造业的颓势，美国提出了"先进制造技术"的概念，简称为 AMT，以促进美国制造业的竞争力和国民经济的快速发展。随后世界各主要工业国家，德国、法国、意大利、英国等都开始了对先进制造技术的理论研究。先进制造技术作为一项高新技术，是在传统制造技术的基础上，通过融入其他学科的最新成果而发展起来的，目的是实现整个制造过程的优质、高效、环保、清洁、低能耗、敏捷和灵活。当前，先进制造技术已经成为国际科技竞争的重点，其发展水平能够在一定程度上代表一个国家的科技和经济水平。

先进制造技术具有的特征包括以下几个方面：①先进性。先进制造技术是在不断融合其他学科最新成果的基础上发展起来的，这些成果均是代表时代发展水平的标志。②广泛性。先进制造技术不再是局限于制造这一领域而是覆盖了制造的全过程。③实用性。先进制造技术不是以追求技术的高新为目的，而是有着明确的经济需求。它是面向工业生产，以市场为导向，以企业最大经济利益为归宿。④集成性。先进制造技术的发展融合了其他学科，与其他学科之间的界限逐渐淡化和消失，成为新兴交叉学科。

先进制造技术主要概括为先进制造工艺技术、制造自动化技术、先进制造模式和现代生产管理技术。

2.3.3 微机电系统

微机电系统（micro-electro-mechanical systems，MEMS）是通过微制造技术将机械单元、传感器、执行器件和电子元件整合到一块微基板上的系统装置。这种新兴的机电系统为传统机械科学的发展指明了一个重要的前进方向。

微机电系统的概念起源于 1959 年美国物理学家、诺贝尔物理学奖获得者理查德 · 费曼（Richard P. Feynman）提出的微型机械的设想，其后 1962 年出现了第一个硅微压力传感器。美国在1987年举行的IEEE Micro-robots and Tele-operators研讨会的主题报告中首次提出了“微机电系统”一词，标志微机电系统研究的开始。美国在该领域标志性的研究成就是1988年加州大学伯克利分校用硅片刻蚀工艺开发出静电直线微电机和旋转微电机，该电机直径仅为60 ~ 120 μm，引起世界极大轰动，它表明了应用硅微加工技术制造微小可动结构的可行性，并与集成电路兼容制造微小系统的优势，对微机电系统研究产生很大的鼓舞。1989年，NSF（National Science Foundation）在研讨会的总结报告中提出了微电子技术应用于电子、机械系统。自此，MEMS成为一个新的学术用语。

2.3.4 机器人

机器人（robot）是自动执行工作的机器装置。它既可以接受人类指挥，又可以运行预先编排的程序，也可以根据以人工智能技术制定的原则纲领行动。它的任务是协助或取代人类工作，例如，生产业、建筑业，或是危险的工作。它是高级整合控制论、机械电子、计算机、材料和仿生学的产物。在工业、医学、农业、建筑业甚至军事等领域中均有重要用途。

目前，国际上的机器人学者，从应用环境出发将机器人分为两类：制造环境下的工业机器人和非制造环境下的服务与仿人型机器人。机器人制造商在产品供货时所提供的技术数据为机器人的技术参数。不同的机器人其技术参数不一样，而且各厂商所提供的技术参数项目和用户的要求也不完全一样。但是，机器人的主要技术参数一般都应有：自由度、定位精度和重复定位精度、工作范围、最大工作速度、承载能力等。

2.3.5 特种加工技术

第二次世界大战后，特别是进入21世纪以来，随着机械加工技术、材料科学、高新技术的飞速发展和激烈的市场竞争，以及尖端国防及科学研究的需求，不仅新产品更新换代日益加快，而且要求产品具有很高的强度重量比和性能价格比，并朝着高速度、高精度、高可靠性、耐腐蚀、耐高温高压、大功率、尺寸大小两极分化的方向发展。为此，各种新材料、新结构、形状复杂的精密零件大量涌现，对机械制造业提出了一系列迫切需要解决的新问题。

各种难切削材料的加工问题，如硬质合金、铁合金、耐热钢、金刚石、

宝石等；各种特殊复杂表面的加工问题，如各种结构形状复杂、尺寸微小或特大、精密零件的加工，喷气涡轮机叶片，巡航导弹整体涡轮，各种模具，特殊断面的型孔、喷丝头等；具有特殊要求零件的加工问题，如薄壁、细长轴等低刚度零件，弹性元件等特殊零件的加工等。

为了解决上述问题，人们采取了以下办法：一是通过研究高效加工的刀具和刀具材料，自动优化切削参数，提高刀具可靠性和在线刀具监控系统，开发新型切削液，研制新型自动机床等途径，进一步改善切削状态，提高切削加工水平。二是采用特种加工技术。特种加工技术就是借助电能、热能、声能、光能、电化学能、化学能及特殊机械能等多种能量，或将其复合施加在工件的被加工部位上，从而实现材料的去除、变形、改变或涂覆等非传统加工方法的统称。

特种加工技术主要包括激光加工技术、高压水射流加工技术、电子束加工技术、离子束及等离子技术和电加工技术等内容。到目前为止，已经找到多种这一类的加工方法，为了区别现有的金属切削加工，将这类传统切削加工以外的加工方法称之为特种加工。

2.4　本章小结

本章通过介绍机械工程发展历史使学生了解什么是工程、什么是机械、什么是机械工程；了解机械工程的发展历史及机械工程在国民经济中的重要地位；通过机械工程的学科体系，使学生明确作为一个机械工程师应该具有的基本知识和基本技能；了解历史上对机械工程发展作出巨大贡献的著名机械工程师；了解未来机械行业的主要研究方向。开阔学生视野，激发学生对机械工程的求知欲望。

2.5　思考题及项目作业

2.5.1　思考题

2–1　机械工程史具体分为哪几个时间段？举例说明每个时间段典型的发明。

2–2　近代机械工程史中有哪几项典型的发明？请阐述它们在机械工程发

展史中的重要作用。

2-3　现代机械工程史中有哪几项典型的发明？请阐述它们在机械工程发展史中的重要作用。

2-4　机械工程的定义是什么？有哪几个主干学科？

2-5　机械制造及自动化学科涵盖的内容有哪些？

2-6　机械工程师培养目标是什么？请加以阐述。

2-7　机械工程师的定义是什么？

2-8　“中国制造 2025”对人才的需求呈现出哪些态势？

2-9　根据 ABET 的要求，面向 2030 的工程师核心质量标准应该包括哪些内容？

2-10　根据 ABET 的要求，一名合格的工程师具体地应该具有哪 12 个方面的能力？

2.5.2　项目作业

作业题目：工程师的基本素养研究

作业形式：研究报告

作业要求：（1）分组，每组总人数不超过 5 人。

（2）每人提交一份研究报告，中英文均可，中文不低于 1 500 字，英文不少于 1 000 个单词，按照研究论文格式进行撰写。引用部分必须标明出处。

（3）每组提供一份 PPT，选择 1 ~ 2 人进行讲解。PPT 讲解时间控制在 20 min 以内，以 15 页左右为宜。

作业内容：选择工程师的基本要求中的扎实的工程理论，具有分析问题、解决问题的能力，能够不断学习，拓展相关领域知识、良好的沟通能力，团队合作能力，掌握及运用新技术的能力，社会责任感等方面中的某一到两个方面进行阐述，并针对机械工程师的基本专业素养提出自己的观点。

举例：工程师的基本素养研究可从以下 4 方面进行阐述

提纲：1. 工程师的主要任务概况；

2. 工程师的基本素养要求；

3. 机械工程师的基本要求；

4. 选择某一方面阐述成为合格机械工程师的方法。

第3章 现代机械设计方法

3.1 机械设计的基本方法

3.1.1 机械设计的基本要求

机械设计的目的是满足社会生产和生活需求。机械设计的任务就是应用新技术、新工艺、新方法开发适应社会需求的各种新的机械产品，以及对原有机械进行改造，以改变或提高原有机械的性能。机械设计在产品开发中起着关键的作用，为此，要在设计中合理确定机械系统功能、增强机械系统的可靠性、提高其经济性。

机械设计应满足以下基本要求。

（1）实现预定功能。机械能够实现预定的使用功能，并在规定的工作条件下、工作期限内能够正常地运行。如机床加工零件时应能达到形状、尺寸及精度等要求。

（2）经济合理性要求。机器的合理性是一个综合性指标，包括设计制造经济性和使用经济性。设计制造经济性表现为生产制造过程中生产周期短、制造成本低。使用经济性表现在效率高，能源消耗小，价格低，维护简单等。

（3）可靠性要求。可靠性是指机器在规定的工作条件下、工作期限内完成预定功能的能力，这就要求机器有足够的强度、刚度、稳定性、耐磨性、热平衡性等。

（4）安全性要求。在机器上设置安全保护装置和报警信号系统，以预防事故的发生。

（5）结构合理性要求。按照材料、加工精度、加工和装配工艺性设计结构。

（6）标准化要求。机器零件要符合标准化、系列化、通用化的要求。一般多设计几个方案进行比较，从中选出最优方案。

（7）其他要求。如尽可能降低机器噪声及减少环境污染；尽可能地从美学、色彩学的角度，赋予机器协调的外观和悦目的色彩；尽可能使机器体积小、质量轻，便于安装、运输和储存等。

3.1.2 机械设计的基本步骤

机械设计的步骤不是固定的，一般的设计步骤如下。

（1）计划阶段。计划阶段的主要工作是提出设计任务，明确设计要求应根据市场需求、用户反映及本企业的技术条件，制定设计对象的功能要求和有关指标等，完成设计任务书。

（2）方案设计阶段。由设计人员提出多种可行方案，从技术和经济等方面进行分析比对，从中选出一种最优方案。

（3）技术设计阶段。设计结果以工程图和计划书的形式表达出来。

（4）技术文件编制阶段。技术文件的种类较多，常用的有机器的设计计算说明书、使用说明书、标准件明细表等。

（5）试制、试验、鉴定及生产阶段。经过加工、安装及调试制造出样机，对样机进行试运行或在生产现场试用。

以上步骤是相互交错、反复进行的。所以设计过程是一个不断修改、不断完善，最后得到最优化结果的过程。

3.2 机械设计的方法概述

现代机械设计方法就是研究设计过程中能够更加高效、高质量、快速地完成机械产品设计的方法，通常以计算机为辅助工具。现代设计方法种类繁多，是一门正在不断发展的新兴学科。目前，工程实践中应用比较广泛的设计方法有：创新设计、计算机辅助设计、优化设计、可靠性设计、反求工程设计、绿色设计、数字化设计、概念设计、动态设计、智能设计、虚拟设计、可视化设计、有限元法、模块化设计等。

3.2.1 创新设计

创新是设计的基本要求，是设计的本质属性。生产者只有通过设计创新才能赋予产品新的功能、也只有通过创新才能使产品具有更强的市场竞争力。产品创新设计是一种设计思想或设计观念。但产品设计的创新应该具有科学性。创新设计可以从以下几个侧重点出发。

①从用户需求出发，以人为本，满足用户的需求。

②从挖掘产品功能出发，赋予老产品以新的功能、新的用途。

③从成本设计理念出发，采用新材料、新方法、新技术，降低产品成本，提高产品质量，提高产品竞争力。

随着信息通信技术的发展，知识社会环境的变化，以用户为中心的、用户参与的创新设计，以用户体验为核心的设计创新模式正在逐步形成。

3.2.2 计算机辅助设计

计算机辅助设计（computer aided design，CAD）是利用计算机及其图形设备帮助设计人员进行设计工作。在工程和产品设计中，计算机可以帮助设计人员担负计算、信息存储和制图等项工作。在设计中通常要用计算机对不同方案进行大量的计算、分析和比较，以决定最优方案。各种设计信息，不论是数字的、文字的或图形的都能存放在计算机的硬盘或移动硬盘里，并能快速地检索。设计人员通常用草图开始设计，将草图变为工程图的繁重工作可以交给计算机完成。利用计算机可以进行图形的编辑、放大、缩小、平移和旋转等有关的图形数据加工工作。因此，计算机辅助设计不仅可以大大减轻设计人员的劳动，还可以缩短设计周期和提高设计质量，为新产品的开发创造了有利条件。

当前，CAD技术在机械工业中的主要应用有以下几个方面。

（1）二维绘图。这是最普遍、最广泛的一种应用，用来代替传统的手工绘图。

（2）图形及符号库。将复杂图形分解成许多简单图形及符号，先存入库中，需要时调出，经编辑修改后插入另一图形中，从而使图形设计工作更加方便。

（3）参数化设计。标准化或系列化的零部件具有相似结构，但尺寸经常改变，需要采用参数化设计的方法建立图形程序库，调出后赋以一组新的尺寸参数就能生成一个新的图形。

（4）三维造型。采用实体造型设计零部件结构，经消隐及着色等处理后显示物体的真实形状，还可进行装配及运动仿真，以便观察有无干涉。

（5）工程分析。常见的包括有限元分析、优化设计、运动学及动力学分析等。此外针对某个具体设计对象还有它们自己的工程分析问题，如注塑模设计中要进行模流分析、冷却分析、变形分析等。

（6）设计文档或生成报表。许多设计属性需要制成文档说明或输出报表，有些设计参数需要用直方图、饼图或曲线图等来表达。

总之，采用CAD技术可以显著提高产品的设计质量、缩短设计周期、降低设计成本，从而加快了产品更新换代的速度，可使企业保持良好的竞争能力。

当前，CAD技术还在发展，该技术在软件方面的进一步发展趋势如下。

（1）集成化。为适应设计与制造自动化的要求，特别是近年出现的计算机集成制造系统的要求，进一步提高集成水平是CAD/CAM（计算机辅助制造）系统发展的一个重要方向。

（2）智能化。目前，现有的CAD技术在机械设计中只能处理数值型的工作，包括计算、分析与绘图。然而在设计活动中存在另一类符号推理工作，包括方案构思与拟定、最佳方案选择、结构设计、评价、决策以及参数选择等。这些工作依赖于一定的知识模型，采用符号推理方法才能获得圆满解决。因此将人工智能技术，特别是专家系统的技术，与传统CAD技术结合起来，形成智能化CAD系统是机械CAD发展的必然趋势。

（3）标准化。随着CAD技术的发展，工业标准化问题越来越显出它的重要性。迄今已制定了不少标准，随着技术的进步，新标准还会出现，基于这些标准推出的有关软件是一批宝贵的资源，用户的应用开发常常离不开它们。

（4）可视化。可视化是指运用计算机图形学和图像处理技术，将设计过程中产生的数据及计算结果转换为图形或图像在屏幕上显示出来，并进行交互处理，使繁杂、枯燥的数据变成生动、直观的图形或图像，激发设计人员的创造力。

（5）网络化。计算机网络技术的运用，将各自独立的、分布于各处的多台计算机相互连接起来，这些计算机彼此可以通信，从而能有效地共享资源并协同工作。在CAD应用中，网络技术的发展，大大地增强了CAD系统的能力。

3.2.3　优化设计

优化设计（optimal design）是选定在设计时力图改善的一个或几个量作为目标函数，在满足给定的各种约束条件下，以数学中的最优化理论为基础，以计算机为工具，不断调整设计参量，最后使目标函数获得最佳的设计。

随着数学理论和电子计算机技术的进一步发展，优化设计已逐步成为一门新兴的、独立的工程学科，并在生产实践中得到了广泛的应用。通常设计方案可以用一组参数来表示，这些参数有些已经给定，有些没有给定，需要在设计中优选，称为设计变量。如何找到一组最合适的设计变量，在允许的范围内，能使所设计的产品结构最合理、性能最好、质量最高、成本最低（即技术经济指标最佳），有市场竞争能力，同时设计的时间又不要太长，这就是优化设计所要解决的问题。

一般来说，优化设计有以下几个步骤。

（1）设计课题分析。首先，确定设计目标，它可以是单项指标，也可以是多项设计指标的组合。从技术经济观点出发，就机械设计而言，机器的运动学和动力学性能、体积与总重量、效率、成本、可靠性等，都可以作为设计所追求的目标。然后，分析设计应满足的要求，主要的有某些参数的取值范围，某种设计性能或指标按设计规范推导出的技术性能，还有工艺条件对设计参数的限制等。

（2）建立数学模型。将实际设计问题用数学方程的形式予以全面、准确的描述，其中包括确定设计变量，即哪些设计参数参与优选；构造目标函数，即评价设计方案优劣的设计指标；选择约束函数，即把设计应满足的各类条件以等式或不等式的形式表达。建立数学模型要做到准确、齐全这两点，即必须严格地按各种规范作出相应的数学描述，必须把设计中应考虑的各种因素全部包括进去，这对于整个优化设计的效果是至关重要的。

（3）选择最优化算法。根据数学模型的函数形态、设计精度要求等选择使用的优化方法，并编制出相应的计算机程序。

（4）上机计算择优。将所编程序及有关数据输入计算机，进行运算，求解得最优值，然后对所算结果作出分析判断，得到设计问题的最优设计方案。

上述优化设计过程的核心为：一是分析设计任务，将实际问题转化为一个最优化问题，即建立优化问题的数学模型；二是选用的优化方法在计算机上求解数学模型，寻求最优设计方案。

3.2.4 可靠性设计

可靠性设计（reliability design）即根据可靠性理论与方法确定产品零部件以及整机的结构方案和有关参数的过程。它包括设计方案的分析、对比与评价，必要时也包括可靠性试验、生产制造中的质量控制设计及使用维护规程的设计等。

目前，进行可靠性设计的基本内容大致有以下几个方面。

（1）根据产品的设计要求。确定所采用的可靠性指标及其量值。

（2）进行可靠性预测。可靠性预测是指在设计开始时，运用以往的可靠性数据资料计算机械系统可靠性的特征，并进行详细设计。在不同的阶段，系统的可靠性预测要反复进行多次。

（3）对可靠性指标进行合理的分配。首先，将系统可靠性指标分配到各子系统，并与各子系统能达到的指标相比较，判断是否需要改进设计。然后，再把改进设计后的可靠性指标分配到各子系统，按照同样的方法，进而把各子系统分配到的可靠性指标分配到各个零件。

（4）把规定的可靠度直接设计到零件中去。

可靠性设计具有以下特点。

（1）传统设计方法是将安全系数作为衡量安全与否的指标，但安全系数的大小并没有同可靠度直接挂钩，这就有很大的盲目性。可靠性设计与之不同，它强调在设计阶段就把可靠度直接引进零件中去，即由设计直接确定具有的可靠度。

（2）传统设计方法是把设计变量视为确定性的单值并通过确定性的函数进行运算，而可靠性设计则把设计变量视为随机变量并运用随机方法对设计变量进行描述和运算。

（3）在可靠性设计中，由于应力和强度都是随机变化的，所以判断一个零件是否安全可靠就以强度大于应力的概率大小来表示，这就是可靠度指标。

（4）传统设计与可靠性设计都是以零件的安全或失效作为研究内容，因此，两者间又有着密切的联系。可靠性设计是传统设计的延伸与发展。在某种意义上，也可以认为可靠性设计只是传统设计在方法上把设计变量视为随机变量，并通过随机变量运算法则进行运算。

3.2.5 反求工程设计

反求工程设计（reverse engineering design）又称逆向工程或反向工程设计，类似于反向推理，属于逆向思维体系。它以社会方法学为指导，以现代设计理论、方法、技术为基础，运用各种专业人员的工程设计经验、知识和创新思维，对已有的产品进行解剖、分析、重构和再创造。它是一个从样品生成产品数字化信息模型，并在此基础上进行产品设计开发及生产的过程。

经过多年来的应用实践表明，反求工程具有如下特点。

①可以使企业快速响应市场，大大缩短产品的设计、开发及上市周期，加快产品的更新换代速度，降低企业开发新产品的成本与风险。

②适合于单件、小批量、形状不规则的零件的制造，特别是模具的制造。

③对于设计与制造技术相对落后的国家和地区，反求工程是快速改变其落后状况，提高设计与制造水平的好方法。

产品的技术引进涉及产品的消化、吸收、仿制、改进、生产经营管理和市场营销等多个方面，它们组成了一个完整的系统。反求工程就是对这个系统进行分析和研究的一门专门技术，但应该指出的是对反求工程的研究到应用目前仍处于发展初期，主要是对已有产品或技术进行分析研究，掌握其功能、原理、结构、尺寸、性能参数和材料，特别是关键技术，并在此基础上进行仿制或改进设计，来开发出更先进的产品。在反求工程的具体实施过程中对实物进行测量并对零件进行再设计后，进入加工工艺分析及制造阶段，再对复制出的零件和产品进行功能检验。因此，整个反求工程技术大致分 3 个阶段。

（1）认识阶段。通过对所需复制零件进行全面的功能分析及其加工方法分析，由设计人员确定出零件的技术指标以及零件中各几何元素拓扑关系，掌握该零件的关键技术。

（2）再设计阶段。再设计阶段是指从零件测量规划的制定一直到零件 CAD 模型的重构，这个阶段主要完成的工作有测量规划、测量数据、数据处理及修正、曲面重构、零件 CAD 模型生成。测量规划是按照认识阶段的分析结果，根据零件的技术指标和几何元素间的拓扑关系，制定出与测量设备相匹配的测量方案和计划。

（3）加工制造及功能检测阶段。这个阶段的工作是根据零件不同的加工方法，制定出相应的加工工艺。例如，有的零件CAD模型可直接通过快速成型制造得到样件原型，有的CAD模型可直接经CAM软件生成NC数控代码，到加工中心或其他数控设备上加工出该零件。最后，还要对加工出的零件进行功能检验。如果不合格，则要重新进行再设计和再加工、检验，直到合格为止。

3.2.6 绿色设计

绿色设计（green design）也称生态设计、环境设计、环境意识设计。在产品整个生命周期内着重考虑产品环境属性（可拆性、可回收性、可维护性、可重复利用性等）并将其作为设计目标。在满足环境目标要求的同时，保证产品应有的功能、使用寿命、质量等要求。绿色设计的原则被公认为“3R”原则，即Reduce、Reuse、Recycle，其意义为减少环境污染、减小能源消耗，产品和零部件的回收再生循环或者重新利用。

绿色设计的特点主要表现为如下几个方面。

①绿色设计时针对产品的整个生命周期。

②绿色设计时并行闭环设计。

③绿色设计有利于保护环境，维护生态系统平衡。

④绿色设计可以减少不可再生资源的消耗。

⑤绿色设计的结果是减少废弃物数量及其处理等问题。

绿色设计的内容如下。

（1）绿色材料及其选择。

绿色材料是指在满足一般功能要求的前提下，具有良好的环境兼容性的材料。绿色材料在制备、使用以及用后处置等生命周期的各阶段，具有最大的资源利用率和最小的环境影响。

（2）产品的可回收性设计。

可回收性设计是在产品设计初期应充分考虑其零件材料的回收可能性、回收价值大小、回收处理方法、回收处理结构工艺性等与回收性有关的一系列问题，最终达到零件材料资源、能源的最大利用，并对环境污染最小的一种设计思想和方法。

（3）产品的可拆卸设计。

现代机电产品不仅应具有优良的装配性能，还必须具有良好的拆卸性能。

可拆卸设计是一种使产品容易拆卸并能从材料回收和零件重新使用中获得最高利润的设计方法。可拆卸性是绿色设计的主要内容之一，也是绿色设计中研究较早且较系统的一种方法，它研究如何设计产品才能高效率、低成本地进行组装、零件的拆卸以及材料的分类拆卸，以便重新使用及回收。它要求在产品设计的初级阶段就将可拆卸性作为结构设计的一个评价准则，使所设计的结构易于拆卸，因而维护方便，并可在产品报废后可使用部分零部件，充分有效地回收和重用，以达到节约资源和能源、保护环境的目的。

（4）绿色包装设计。

绿色包装是国际环保发展趋势的需要，是指采用对环境和人体无污染、可回收利用或可再生的包装材料及其制品的包装。绿色包装的特点为：材料最省、废弃物最少、易于回收利用和再循环包装材料可自行降解且降解周期短，包装材料对人体和生物系统应无毒无害，包装产品在其生命周期过程中，均不应产生环境污染。

（5）绿色产品的成本分析。

对绿色产品而言，只考查其设计方案的技术绿色性是不够的，还需要进一步进行成本分析。绿色产品的成本分析不同于传统的成本分析，在产品设计初期，就必须考虑产品的回收、再利用等问题。因此，成本分析时就必须考虑污染物的替代、产品拆卸、重复利用成本，特殊产品相应的环境成本等。绿色产品生命周期成本一般包括：设计成本、制造成本、营销成本、使用成本和回收处理成本。

（6）绿色产品设计数据库与知识库。

绿色设计数据是指在绿色设计过程中所使用的相关数据；绿色设计知识是指支持绿色设计决策所需的规则。绿色设计由于涉及产品生命周期全过程，因而设计所需的数据和知识是产品生命周期各阶段所得的数据和知识的有机融合与集成。

绿色设计数据库与知识库应包括产品生命周期中与环境、经济、技术、政策等有关的一切数据与知识，如材料成分，各种材料对环境的影响值，材料自然降解周期，人工降解时间、费用、制造、装配、销售、使用过程中所产生的附加物数量级对环境的影响值，环境评估准则所需的各种判断标准，设计经验等。

3.2.7 有限元法

有限元法也叫有限单元法（finite element method，FEM），是随着电子计算机的发展而迅速发展起来的一种弹性力学问题的数值求解方法。有限元法是一种计算机模拟技术，使人们能够在计算机上用软件模拟一个工程问题的发生过程而无须将其真正做出来。这项技术带来的好处就是在图纸设计阶段就能够让人们在计算机上观察到设计出的产品将来在使用中可能会出现什么问题，无须把样机做出来在实验中检验会出现什么问题，可以有效降低产品开发的成本，缩短产品设计的周期。

有限元法最初的思想是把一个大的结构划分为有限个称为单元的小区域。在每一个小区域里，假定结构的变形和应力都是简单的，小区域内的变形和应力都很容易通过计算机求解出来，进而可以获得整个结构的变形和应力。

有限元法的分析过程可概括如下。

（1）连续体离散化。

所谓连续体是指所求解的对象，离散化就是将所求解的对象划分为有限个具有规则形状的微小块体，把每个微小块体称为单元，两相邻单元之间只通过若干点相互连接，每个连接点称为节点。因而，相邻单元只在节点处连接，载荷也只通过节点在各单元之间传递，这些有限个单元的集合体即原来的连续体。离散化也称为划分网格或网络化。单元划分后给每个单元及节点进行编号，选定坐标系，计算各个节点坐标；确定各个单元的形态和性态参数以及边界条件等。

（2）单元分析。

连续体离散化后，即可对单元体进行特性分析，简称为单元分析。单元分析过程包括位移函数的选取以及单元刚度矩阵的建立。其中刚度矩阵的建立过程包括等效节点荷载的计算和边界条件的处理。

（3）整体分析。

在对全部单元进行完单元分析之后，就要进行单元组集，即把各个单元的刚度矩阵集成为总体刚度矩阵，以及将各单元的节点力向量集成为总的力向量，求得整体平衡方程。集成过程所依据的原理是节点变形协调条件和平衡方程。

（4）确定约束条件。

由上述所形成的整体平衡方程是一组线性代数方程，在求解之前，必须

根据具体情况，分析与确定求解对象问题的边界约束条件，并对这些方程进行适当修正。

（5）有限元方程求解。

解方程，即可求得各节点的位移，进而根据位移计算单元的应力及应变。

（6）结果分析与讨论。

3.2.8　概念设计

概念设计是由分析用户需求到生成概念产品的一系列有序的、可组织的、有目标的设计活动。它表现为一个由粗到精、由模糊到清晰、由具体到抽象的不断进化的过程。

概念设计在产品的整个设计开发过程中有着无可替代的作用。因而，对这一过程的研究一直以来都是 CAD/CAM、CIMS 等领域的热点。特别是近年来，随着计算机图形学、虚拟现实、敏捷设计、多媒体等技术的发展和 CAD/CAM 应用的深入，产品概念设计的研究也有了新的进展。

3.2.9　虚拟设计

虚拟设计是 20 世纪 90 年代发展起来的一个新的研究领域。虚拟设计是以虚拟现实（virtual reality，VR）技术为基础，以机械产品为对象的设计手段，虚拟地制造产品，在计算机上对虚拟模型进行产品的设计、制造、测试。它是计算机图形学、人工智能、计算机网络、信息处理、机械设计与制造等技术综合发展的产物。在机械行业有广泛的应用前景，如虚拟布局、虚拟装配、产品原型快速生成、虚拟制造等。目前，虚拟设计对传统设计方法的革命性影响已经逐渐显现出来。由于虚拟设计系统基本上不消耗资源和能量，也不生产实际产品，而是产品的设计、开发与加工过程在计算机上的本质实现，即完成产品的数字化过程，与传统的设计和制造相比较，它具有高度集成、快速成型、分布合作等特征。虚拟设计技术不仅在科技界，而且在企业界引起了广泛关注，成为研究的热点。

虚拟设计的特征主要体现在虚拟化、集成化、人机交互的动态化、信息互动的数字化。虚拟设计的内容主要包括虚拟概念设计、虚拟装配设计、虚拟设计系统中的接触及力量反馈。虚拟设计的软件主要包括 Smart Collision、FreeForm、Open Inventor 等。

3.2.10 模块化设计

模块化设计（building block design）是指在对一定范围内的不同功能或相同功能不同性能、不同规格的产品进行功能分析的基础上划分并设计出一系列功能模块，通过模块的选择和组合可以构成不同的产品，以满足市场的不同需求的设计方法。简单地说就是程序的编写不是开始就逐条录入计算机语句和指令，而是首先用主程序、子程序、子过程等框架把软件的主要结构和流程描述出来，并定义和调试好各个框架之间的输入、输出链接关系。其结果是得到一系列以功能块为单位的算法描述。以功能块为单位进行程序设计，实现其求解算法的方法称为模块化。模块化的目的是为了降低程序复杂度，使程序设计、调试和维护等操作简单化。

模块化设计的基本原则是力求以少数模块组成尽可能多的产品，在不断顺应市场变化趋势，满足用户要求的基础上，提高产品性能的稳定性和产品的质量，降低产品的生产成本。模块化设计的方式主要有以下 4 种。

第一种是横系列模块化设计。所谓横系列模块设计是在不改变产品主要参数的基础上，利用模块发展变形产品。横系列模块化设计较其他模块化设计更加简单普遍。它通过在基型品种上更换或添加模块，形成新的变形品种。

第二种是纵系列模块化设计。是指对不同主要参数的基型产品进行模块化设计，设计比较复杂。纵系列模块系统中产品功能及原理方案相同，结构相似，但随着主参数的变化，不仅尺寸规格发生改变，而且动力参数也相应变化。

第三种是全系列模块化设计。全系列模块化设计中包含了纵系列与横系列两种模块化设计。

第四种是跨系列模块化设计。跨系列模块系统中具有相近动力参数的不同类型产品，跨系列模块化设计有两种模块化方式：一种是在相同的基础件结构上选用不同模块组成跨系列产品；另一种是基础件不同的跨系列产品中具有同一功能的零部件选用相同功能的模块。

采用模块化设计产品具有下列优点。

（1）产品构成的柔性化和更新换代较快。新产品的发展通常是局部改进，若将先进技术引进相应模块，比较容易实现，这就加快了产品更新换代的速度。

（2）缩短设计和制造周期。用户提出需求后，只需更换部分模块或设计，制造个别模块即可获得所需产品。另外采用模块化设计后，各模块可同时分头

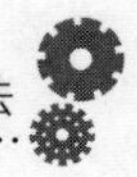

制造、分别调试，这样设计和制造周期就大大缩短。

（3）降低成本。模块化后，同一模块可用于数种产品，增大了该模块的生产数量，便于采用先进工艺、成组技术等；还可缩短设计时间，从而降低了产品成本，提高了产品质量。

（4）便于维修、扩充、改装和实现多样化。维护方便，必要时可只更换模块。对模块化产品而言，如果一个老产品淘汰，但组成产品的模块并没淘汰，这些模块还可用于组合别的产品。采用模块化结构还有利于迅速发展产品品种，满足多样化需求。

（5）产品可靠。模块化设计是对产品功能划分及模块设计进行精心研究，保证了它的性能，使产品性能稳定可靠。

3.3　机械设计常用软件及研究进展

3.3.1　CAD/ CAM 软件

3.3.1.1　AutoCAD

AutoCAD 是由美国 AUTODESK 公司于 20 世纪 80 年代初为计算机上应用 CAD 技术而开发的绘图程序软件包。经过不断的完善，现已成为国际上广为流行的绘图工具。图 3–1 所示为 CAD 设计工程图实例。

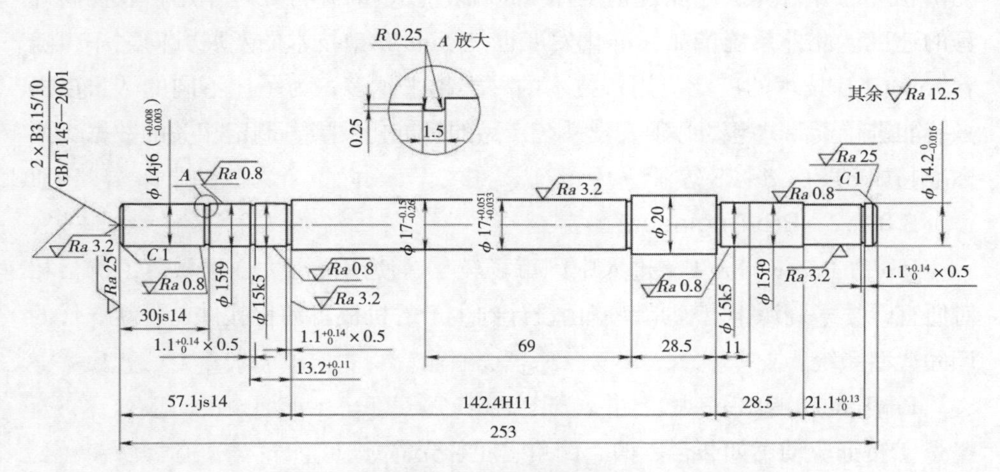

图 3–1　使用 CAD 绘制的普通阶梯轴类零件

AutoCAD 可以绘制任意二维和三维图形，并且同传统的手工绘图相比速度更快、精度更高，它已经在航空航天、造船、建筑、机械、电子、化工、美工、轻纺等很多领域得到了广泛应用，并取得了丰硕的成果和巨大的经济效益。

AutoCAD 具有良好的用户界面，通过交互菜单或命令行方式便可以进行各种操作。它的多文档设计环境，让非计算机专业人员也能很快地学会使用，在不断实践的过程中更好地掌握它的各种应用和开发技巧，从而不断提高工作效率。

AutoCAD 具有广泛的适应性，它可以在各种操作系统支持的微型计算机和工作站上运行，并支持分辨率由 320×200 到 2 048×1 024 的 40 多种图形显示设备，以及数字仪和 30 多种鼠标器，数十种绘图仪和打印机，这就为 AutoCAD 的普及创造了条件。

目前 AutoCAD 主要有 3 个发展方向：可视化、并行化、智能化。软件系统的智能化是 AutoCAD 技术的必然发展趋势，智能化 AutoCAD 技术能处理数据和知识，能进行推理、选择、优化、判断、决策等，是真正意义上的“专家系统”。可视化主要指用户界面的可视化，基于用户界面技术的直观性原则，AutoCAD 应用软件对图形的要求越来越高，除了要求能绘制出各种生产所用的图纸和图形表达的真实感，还要求其能使得设计过程和结果的可视化，做到动态的实时显示。并行化主要指处理技术的并行化，只有对各个具体应用对象研究出相应的并行算法才能真正发挥 AutoCAD 技术的并行处理作用，以提高计算的速度。此外系统产品标准化发展也是 AutoCAD 技术的发展方向之一，随着 AutoCAD 技术的广泛应用，技术的种类越来越多，为了让不同的 AutoCAD 系统能进行资源共享，必须实现系统产品的标准化发展，制定相关的数据交换标准，如 STEP、IGES 等。

3.3.1.2 Pro/Engineer

Pro/Engineer（Pro/E）进入中国市场较早，使用范围大、领域广，价格相对便宜，技术资源丰富，是一套由设计到生产的机械自动化软件，是新一代的产品造型系统。

Pro/E 的功能如下。

①特征驱动（如凸台、槽、倒角、腔、壳等）。

②参数化（参数为尺寸、特征、载荷、边界条件等）。

③通过零件的特征值之间，即载荷 / 边界条件与特征参数之间（如表面积

等）的关系来进行设计。

④支持大型、复杂组合件的设计（规则排列的系列组件，交替排列，Pro/Program 的各种能用零件设计的程序化方法等）。

⑤贯穿所有应用的完全相关性（任何一个地方的变动都将引起与之有关的每个地方的变动）。

未来的 Pro/E 发展将是参数化设计，二次开发将是其中一个重要方向，这就需要将其集中化、网络化、智能化、标准化。①集中化。涉及的功能集中、信息集中、过程集中以及与动态联盟中的企业集中，与其他的软件的集中更是在设计中起到举足轻重的作用。②网络化。改变产品的设计模式，使得资源得到更好的利用。③智能化。在实现集中化和网络化的同时，将人工智能技术，特别是专家的系统技术与传统的 Pro/E 技术结合起来，形成能够完成方案构思与拟定的设计方案及选择结构设计参数等设计活动的智能化的 Pro/E 系统。④标准化。将图像格式标准化为 IGES、STEP，接口标准化为 CGI，面向图形应用软件的标准为 GKS 和 PHIGS 等。

3.3.1.3　CATIA

CATIA（computer aided tridimensional interface application）是国际上一种主流的 CAD/CAE/CAM 一体化软件，在 20 世纪 70 年代达索航空（dassault aviation）成为其第一个用户，CATIA 也应运而生。

CATIA 是法国达索系统（dassault systems）公司的 CAD/CAE/CAM 一体化软件，一直居世界 CAD/CAE/CAM 领域的领导地位，广泛应用于航空航天、汽车制造、造船、机械制造、电子 / 电器、消费品行业。它的集成解决方案覆盖所有的产品设计与制造领域，其特有的 DMU 电子样机模块功能及混合建模技术更是推动着企业竞争力和生产力的提高。CATIA 提供方便的解决方案，迎合所有工业领域的大、中、小型企业需要。CATIA 的用户包括波音、克莱斯勒、宝马、奔驰等一大批知名企业。其用户群体在世界制造业中具有举足轻重的地位。波音飞机公司使用 CATIA 完成了整个波音 777 的电子装配，创造了业界的一个奇迹，从而也确定了 CATIA 在 CAD/CAE/CAM 行业内的领先地位。

为确保 CATIA 产品系列的发展，CATIA 新的体系结构突破传统的设计技术，采用了新一代的技术和标准，可快速地适应企业的业务发展需求，使客户具有更大的竞争优势。目前，CATIA 软件的研究方向主要有以下 3 个方面。①参数化。参数化管理零件之间的相关性，相关零件的更改可以影响产品外形。应用GSM（创成式外形设计）作为参数化引擎进行产品的概念设计与结构设计。②个性化。在汽车工业应用方面，CATIA为各种车辆的设计和制造提供了端对端（end to end）的解决方案，涉及产品、加工和人三个关键领域。其可伸缩性和并行工程能力可显著缩短产品的上市时间。③协同化。将软件应用贯穿产品全生命周期，推广设计师、分析师和检验部门更加紧密的协同工作方式，使产品开发公司更具市场应变能力，同时又能从物理样机和虚拟数字化样机中不断积累产品知识。

3.3.1.4 UG

UGS（unigraphics solutions）公司是全球著名的MCAD供应商，主要为汽车与交通、航空航天、日用消费品、通用机械以及电子工业等领域通过其虚拟产品开发（VPD）的理念提供多级化的、集成的、企业级的包括软件产品与服务在内的完整的MCAD解决方案。其主要的CAD产品是UG。

UGS公司的产品主要有为机械制造企业提供包括从设计、分析到制造应用的Unigraphics软件、基于Windows的设计与制图产品SolidEdge、集团级产品数据管理系统I-MAN、产品可视化技术Product-Vision以及被业界广泛使用的高精度边界表示的实体建模核心Parasolid在内的全线产品。

UG在航空航天、汽车、通用机械、工业设备、医疗器械以及其他高科技应用领域的机械设计和模具加工自动化的市场上得到了广泛的应用。多年来，UGS公司一直在支持美国通用汽车公司实施目前全球最大的虚拟产品开发项目，同时Unigraphics也是日本著名汽车零部件制造商DENSO公司的计算机应用标准，并在全球汽车行业得到了很大的应用，如Avistar、底特律柴油机厂、Winnebago和Robert Bosch AG等。

UG目前主要有4个研究方向。①3D建模方向。这是应用以及二次开发涉及最多的领域，面向机械和模具制造企业的设计部门，通过开发各类定制化的功能辅助甚至代替设计师完成产品的3D设计。②2D制图方向。基于3D模型和相关规则，辅助甚至代替设计师绘制2D工程图。③CAM加工方向。基于3D模型由软件生成CNC程序代码或加工仿真。④信息化方向。基于企业内部规范和标准，衔接ERP、MES、APS等企业信息管理系统，为其提供如物料清单、设计进度等数据。

3.3.1.5 SolidWorks

SolidWorks（SW）是Dassault Systemes下的子公司，专门负责研发与销售

机械设计软件的视窗产品，公司总部位于美国马萨诸塞州。SW 公司的精髓是解放高阶功能的 3D CAD 系统给每一位产品设计工程师，即 SW 公司致力于将原先大家认为复杂、高级的 3D CAD 应用简易化、平民化，使绝大部分工程师都能容易、迅速地使用上手。也就是 SW 公司的口号:“让‘傻瓜’也能使用三维软件”。SW 公司全力投入 3D CAD 的研究，根据客户需求提供强有力的技术创新，为工程师整合全面的辅助系统 CAE 等。

SW 正在成为 3D CAD 软件的标准，据相关调查，SW 的文件格式已成为 3D 软件世界中流通率最高的格式（也就是数据交换、使用率）。SW 软件是世界销售套数最多的 3D 软件，占有率第一，其顾客满意度为最高。

目前 SW 软件正在不断增强三维造型功能，不断提高软件的易用性，不断扩展数据的交流，向着智能化、协同化和虚拟现实化软件方向发展。①智能化。为了使设计者以更快的速度参阅更少的资料完成设计，SW 已经有了智能装配，智能改错方案的提示。②协同化。SW 正不断增强信息交流和协作平台，丰富资源库，完善产品数据库管理，提供更强大的输出、输入接口。③虚拟现实化。模具设计自动化，过切分析，自动定位封闭凸模和凹模。

3.3.2　常用分析软件及研究进展

3.3.2.1　ADAMS

ADAMS，即机械系统动力学自动分析（automatic dynamic analysis of mechanical systems），该软件是美国 MDI（mechanical dynamics inc）公司开发的虚拟样机分析软件。目前 ADAMS 已经被全世界各行各业的数百家主要制造商所采用。早在 1999 年 ADAMS 软件销售总额就近 8 000 万美元，占据了 51% 的市场份额，而近几年一直保持着较高的市场份额。据美国 MDI 公司统计，近 3 年动力学分析软件市场上 ADAMS 独占鳌头，已经拥有 70% 的市场份额。

ADAMS 软件使用交互式图形环境和零件库、约束库、力库，创建完全参数化的机械系统几何模型，其求解器采用多刚体系统力学理论中的拉格朗日方程方法，建立系统动力学方程，对虚拟机械系统进行静力学、运动学和动力学分析，输出位移、速度、加速度和反作用力曲线。ADAMS 软件的仿真可用于预测机械系统的性能、运动范围、碰撞检测、峰值载荷以及计算有限元的输入载荷等。

ADAMS 软件由基本模块、扩展模块、接口模块、专业领域模块及工具箱

5类模块组成。用户不仅可以采用通用模块对一般的机械系统进行仿真，而且可以采用专用模块针对特定工业应用领域的问题进行快速有效的建模与仿真分析。

目前ADAMS软件的研究主要集中在以下几个方面。①建模功能的强化。应对建模功能相对太少的缺点，现在ADAMS与CAD实现了软件之间数据的双向传输。当用户将CAD软件中建立的模型向ADAMS传输时，ADAMS/Exchange自动将图形文件转换成一组包含外形、标志和曲线的图形要素，通过控制传输时的精度，可获得较为精确的几何形状，并获得质量、质心和转动惯量等信息。②参数识别功能的强化。ADAMS仿真结果的准确与否与系统输入的参数有很大的关系，这一功能的强化就大大提高了仿真的精度。③增强对柔性系统的仿真功能。ADAMS的仿真可用于预测机械系统的性能、运动范围、碰撞检测、峰值载荷等。

3.3.2.2 MATLAB

MATLAB是矩阵实验室（matrix laboratory）的简称，是美国MathWorks公司出品的商业数学软件，用于算法开发、数据可视化、数据分析以及数值计算的高级技术计算语言和交互式环境，主要包括MATLAB和Simulink两大部分。

在机械行业的工程分析中，通常使用的是Simulink下的机构仿真工具SimMechanics。SimMechanics是一组可以在Simulink环境下使用的特殊模块库，可以通过特殊的Sensor模块和Actuator模块与一般的Simulink模块相连接。它是机械系统建模的平台，平台上的元素包括刚体、移动和转动关节自由度。与一般的仿真模型一样，SimMechanics可以把机构用组件描述成多层次的子系统，可以使用运动学约束、施加驱动力（力矩）来测量运动结果。SimMechanics工具箱为用户提供了刚体（bodies）、关节（joints）、约束及驱动（constraints-drivers）、传感器和驱动器（sensors-actuators）等机构模块，可以对常用的刚性传动系统进行仿真分析。使用SimMechanics做动力学仿真，不需要推导传动机构的动力学模型，直接使用工具箱的模块就可以构成仿真模型。软件最主要的优点是直观，可以节约模型推导所花费的时间，特别是对复杂机构会非常简便。SimMechanics可以实现机构的运动学和动力学分析。

目前对于MATLAB软件的新功能及研究进展主要集中在以下几个方面。①拓展软件新功能，包括对人工智能、深度学习和汽车行业的支持。②引入

了支持机器人技术的新产品，基于事件建模的实例、教学案例开发。③引入了 Live Editor（实时编辑器）任务，让用户能够交互式地浏览参数、预处理数据，并生成 MATLAB 代码，成为 Live Script（实时脚本）的一部分。④在人工智能和深度学习方面，MATLAB 2019 加入了 Deep Learning Toolbox（深度学习工具箱）功能，此功能让用户能够使用自定义的训练循环、自动微分、共享权重和自定义损失函数来训练高级网络架构。

3.3.2.3 ANSYS

ANSYS 软件由世界上最大的有限元分析软件公司——美国 ANSYS 公司开发，它能与多数 CAD 软件接口之间实现数据的共享和交换，如 Pro/E、NASTRAN、ALGOR、I–DEAS、AutoCAD 等，该软件是现代产品设计中的高级 CAE 工具之一。

ANSYS 软件提供的分析类型包括：结构静力分析、结构动力分析、结构作线性分析、动力学分析、热分析、电磁场分析、流体动力学分析、声场分析、压电分析。ANSYS 有限元软件包是一个多用途的有限元法计算机设计程序，可以用来求解结构、流体、电力、电磁场及碰撞等问题。因此它可应用的工业领域广泛，包括航空航天、汽车工业、生物医学、桥梁、建筑、电子产品、重型机械、微机电系统、运动器械等。

软件主要包括 3 个部分：前处理模块、分析计算模块和后处理模块。前处理模块提供了一个强大的实体建模及网格划分工具，用户可以方便地构造有限元模型；分析计算模块包括结构分析（可进行线性分析、非线性分析和高度非线性分析）、流体动力学分析、电磁场分析、声场分析、压电分析以及多物理场的耦合分析，可模拟多种物理介质的相互作用，具有灵敏度分析及优化分析能力；后处理模块可将计算结果以彩色等值线显示、梯度显示、矢量显示、粒子流迹显示、立体切片显示、透明及半透明显示（可看到结构内部）等图形方式显示出来，也可将计算结果以图表、曲线形式显示或输出。

近期发布的 ANSYS 2020R1 中的全新功能将加速企业实现数字化转型，从 ANSYS Minerva 改进产品研发过程，到 ANSYS Fluent 大幅地简化运行复杂仿真工作流程，再到 ANSYS HFSS 优化的电磁设计流程，ANSYS 2020 R1 均可帮助企业创新，推出成本优化的设计。

目前 ANSYS 软件的研究进展主要表现为以下几个方面。①在产品的工作原理、工作性能、结构已经确定的条件下，结合 CAE 技术给出产品的最大效能；②在产品工作原理不变的前提下，借助于CAE计算分析指导产品结构中某些部分进行修改，以期得到更加优良的性能；③对新开发的产品进行仿真分析，验证预期的功能，及时发现设计中的缺陷，使新产品更加有效、可靠。

3.4 本章小结

本章通过对几种现代机械设计方法的介绍，使学生认识到现代机械设计不同于传统的机械设计，现代设计更具程式性、创造性、最优化、综合性和计算机化。培养学生运用现代先进设计方法解决工程问题的能力，为实际的设计工作提供指南。

3.5 思考题及项目作业

3.5.1 思考题

3–1 机械设计的基本要求有哪些？

3–2 机械设计的基本步骤是什么？

3–3 列举现代机械设计方法（至少选取5项），选取其中一个加以详细说明。

3–4 计算机辅助设计（CAD）技术在机械工业中的主要应用在哪些方面？

3–5 CAD技术的发展趋势有哪些？

3–6 可靠性设计的基本内容有哪些？

3–7 有限元法分析问题的过程可分为哪几个部分？

3–8 机械设计常用的软件有哪些？选择其中一种加以阐述。

3–9 AutoCAD软件主要的3个发展方向是什么？

3–10 机械工程中常用的分析软件有哪些？选择其中一种加以阐述。

3.5.2 项目作业

作业题目： 现代机械设计方法分析方法研究

作业形式： 研究报告

作业要求：（1）分组，每组总人数不超过5人。

（2）每人提交一份研究报告，中英文均可，中文不低于 1 500 字，英文不少于 1 000 个单词，按照研究论文格式进行撰写。引用部分必须标明出处。

（3）每组提供一份 PPT，选择 1 ~ 2 人进行讲解。PPT 讲解时间控制在 20 min 以内，以 15 页左右为宜。

作业内容：选择现代机械设计方法、分析方法中的创新设计、计算机辅助设计、优化设计、可靠性设计、反求工程设计、绿色设计、数字化设计、概念设计、动态设计、智能设计、虚拟设计、可视化设计、有限元法、模块化设计中的一种加以阐述，主要阐述该设计方法的定义、内容、设计步骤、发展历程、设计案例等方面，最好结合自己的课题中的设计部分进行阐述。

举例：反求工程设计方法研究可从以下 4 个方面进行阐述

提纲：1. 反求工程设计的概念及特点；

2. 反求工程的设计步骤；

3. 反求工程设计的发展历程及研究进展；

4. 反求工程设计的应用案例分析。

第4章 先进制造技术

4.1 制造的基本概念

制造（manufacturing）就是把原材料加工成适用的产品，或将原材料加工成器物的过程。狭义上的制造就是生产车间内原材料的加工和装配过程；广义上的制造则是包括了市场分析、经营决策、产品设计、工艺设计、加工装配、质量保证、生产管理、市场营销、维修服务以及产品报废后的回收处理等的整个产品的生命周期（图4–1）。

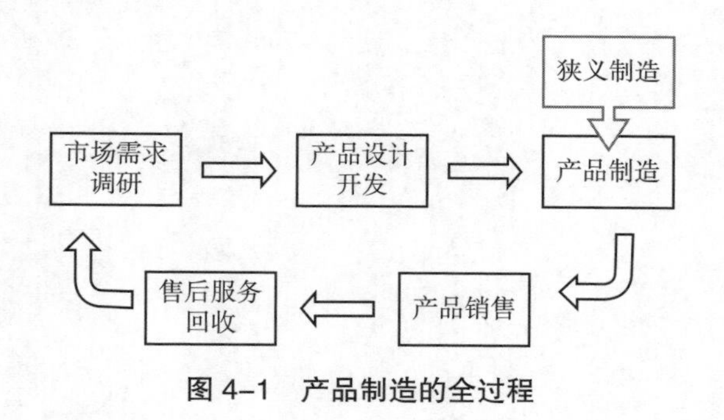

图4–1 产品制造的全过程

制造系统（manufacturing system）是指为达到预定制造目的而构建的、物理的组织系统，是由制造过程、硬件、软件和相关人员组成的具有特定功能的一个有机整体。其中的制造过程包括产品的市场分析、设计开发、工艺规划、加工制造以及控制管理等过程；其硬件包括厂房设施、生产设备、工具材料、能源以及各种辅助装置；其软件包括各种制造理论与技术、制造工艺方法、控制技术、测量技术以及制造信息等；相关人员是指从事对物料准备、信息流监

控以及对制造过程的决策和调度等作业的人员。

国际著名制造系统工程专家、日本东京大学的一位教授指出："制造系统可从 3 个方面来定义。①制造系统的结构方面：制造系统是一个包括人员、生产设施、物料加工设备和其他附属装置等各种硬件的统一整体；②制造系统的转变方面：制造系统可定义为生产要素的转变过程，特别是将原材料以最大生产率变成产品；③制造系统的过程方面：制造系统可定义为生产的运行过程，包括计划、实施和控制。"综合上述的几个定义，可将制造系统定义如下。

制造系统是制造过程及其所涉及的硬件、软件和人员所组成的一个将制造资源转变为产品或半成品的输入 / 输出系统，它涉及产品生命周期（包括市场分析、产品设计、工艺规划、加工过程、装配、运输、产品销售、售后服务及回收处理等）的全过程或部分环节。其中，硬件包括厂房、生产设备、工具、刀具、计算机及网络等；软件包括制造理论、制造技术（制造工艺和制造方法等）、管理方法、制造信息及其有关的软件系统等；制造资源包括狭义制造资源和广义制造资源。其中狭义制造资源主要指物能资源，包括原材料、坯件、半成品、能源等；广义制造资源除上述以外还包括硬件、软件、人员等。

从制造系统的定义可知：在结构上，制造系统是由制造过程所涉及的硬件、软件以及人员所组成的一个统一整体；在功能上，制造系统是一个将制造资源转变为成品或半成品的输入输出系统；在过程方面，制造系统包括市场分析、产品设计、工艺规划、制造实施、检验出厂、产品销售等制造的全过程。

制造技术（manufacturing technology）就是按照人们所需，运用知识和技能，利用客观物资工具，将原材料转化为人类所需产品的工程技术。即使原材料成为产品而使用的一系列技术的总称。

制造过程（manufacturing process）是产品从设计、生产、使用、维修、报废、回收等的全过程，也称为产品生命周期。

制造业（manufacturing industry）是指机械工业时代利用某种资源（物料、能源、设备、工具、资金、技术、信息和人力等），按照市场要求，通过制造过程，转化为可供人们使用和利用的大型工具、工业品及生活消费产品的行业。制造业直接体现了一个国家的生产力水平，是区别发展中国家和发达国家的重要因素。制造业在世界发达国家的国民经济中占有重要份额。根据在生产中使用的物质形态，制造业可划分为离散制造业和流程制造业。制造业包括：产品制造、设计、原料采购、设备组装、仓储运输、订单处理、批发经营、零售。

4.2 制造业的发展

总的来说，两百年来，制造业有了长足的发展，生产规模、资源配置方式、生产方式都有了巨大的变化，具体体现在以下几个方面。

①生产规模：小批量→少品种大批量→多品种变批量。

②资源配置方式：劳动密集→设备密集→信息密集→知识密集。

③生产方式：手工→机械化→单机自动化→刚性流水自动化→柔性自动化→智能自动化。

4.2.1 制造创造了人类

制造的历史与人类文明一样悠久，对于制造业目前尚无统一的定义。从广义上讲，只要是对各种各样的原材料进行加工处理，生产出为用户所需要的最终产品，都属于制造业。中国的元谋人早在170万年前就开始使用火，进行石料的开采和加工，形成了原始的制造业，人类的饮食也随之改善，并促进了人脑的发展。如今世界已进入知识经济时代，知识被列为最主要的生产要素和分配要素，知识资本也被纳入资本体系。制造技术是制造业赖以生存和进步的主体技术，在国际竞争中占有主导地位，无论是发达国家还是发展中国家，都不遗余力地积极发展本国的制造技术。在我国，制造技术的重要性已引起了社会各界的认识和重视，并被列为国家的关键技术之一，因此研究制造技术的发展历程和趋势，对确定我国制造业的发展重点和战略目标具有重要的理论和现实意义。

4.2.2 制造业的发展历程

4.2.2.1 从手工制造到机械化阶段

从人类文明诞生到第一次技术革命之前，制造技术长期以手工方式为主，所使用的手工工具经历了石器、青铜器和铁器时代。这个时期制造技术的特点是：劳动对象为自然界现成的材料，加工方式简陋，工具结构简单。手工劳动以人力或畜力为动力，劳动工具与劳动者结合的方式简单，体力劳动占有比重

大。手工工具对劳动能力放大程度有限，同时对劳动对象作用的范围也很小。

18 世纪 60 年代从英国开始的第一次技术革命是以蒸汽机的广泛使用为主要标志的，它引起了从手工制造到机械化制造的飞跃，使人类从农业经济社会步入到工业经济社会。这次技术革命开始于纺织工业的机械化，珍妮纺织机的发明使手工工具变为机器。蒸汽动力成为人类改造自然界的强大力量，并逐步取代了人力、畜力、风力和水力，成为生产力发展的重要标志，从此开始了真正意义上的社会化大生产。19 世纪 70 年代开始，电力作为新的能源逐步取代蒸汽动力而成为第二次技术革命的主要标志，在人类制造业中得到了广泛的应用。发电机和电动机的发明是这次技术革命的先导，内燃机的发明为汽车、拖拉机和飞机的发明创造了条件，也促进了石油、钢铁等工业的发展。在不到 100 年的时间里，以电力应用为特征的第二次技术革命使世界工业总产值增长了 20 倍。

从手工制造到机械化时期，制造业的特点是：机器代替手工工具是制造业的一场巨大革命，大大推动了生产力的发展。以蒸汽机、电力为动力，劳动者直接操纵机器，劳动生产率成百倍增加；发动机把各种能源和自然力转化为有规律的、不受自然条件限制的动力，使机器的精密度大增，产品质量因此而提高，品种也随之多样化。

在这一阶段，制造业的生产方式主要有两种生产方式，即单件生产方式和大量生产方式。制造业在 19 世纪之前采用的是单件生产方式，它基于用户订单，采用通用的设备和熟练的工人一次制造一件产品。英国和法国等欧洲国家因采用这种生产方式，经济得到了迅猛的发展。这种生产方式的特点是生产灵活性大，产品品种多，但批量小，产品零件互换性差，成本高。随着技术革命的推进，进入 19 世纪尤其是从 20 世纪开始，在许多领域大量生产方式逐步替代单件生产方式，生产效率大大提高，生产成本大大降低，推动了制造业技术的进一步发展。

4.2.2.2　从单件生产方式发展到大量生产方式

第二次世界大战后，日本经济处于战后萧条时期，资金短缺，市场很小。作为制造业中的重要代表，汽车制造能力低，在日本尚未形成大量生产的格局。日本丰田汽车公司的丰田英二和大野耐一在总结了美国大量生产方式和日本市场的特点后，首创了精益生产（lean production，LP）的生产模式。所谓精益生产是通过采用通用性大、自动化程度高的机器来生产品种可以有多种变化的大宗产品。精益生产方式的核心是准时化生产方式（just in time，JIT），它是20世纪70年代日本制造商为降低生产成本保持商品竞争力而发展起来的，主要适用于大批量的、重复性制造的企业。它以有效利用各种资源、把制造系统中的浪费降到最低限度为生产准则，要求在需要的时间和地点生产必要数量和高质量的产品和零部件，消除无效劳动和浪费，达到用最小的投入实现最大产出的目的。精益生产的特点是综合了单件生产与大量生产的优点，克服了传统经营方式中的不合理做法，开创了一种新的高效率的生产方式，既避免了单件生产的高成本，又避免了大量生产的僵化不灵活，产品质量好、成本低、品种多。精益生产在日本汽车、家电等行业取得了重大成就，20世纪80年代中后期日本经济快速增长，成为世界经济大国。

4.2.2.3 现代制造业逐渐成形

20世纪70年代以后，计算机技术开始应用于制造领域。随着全球制造业商品市场竞争日益激烈，以计算机技术等先进技术为核心的先进制造技术成为工业发达国家和一些发展中国家的制造业的热点。所谓先进制造技术（advanced manufacturing technology，AMT）就是用日益发展的电子、计算机、信息、材料、能源和现代管理等方面的成果来武装传统的制造技术、工艺和方法，实现优质、高效、低耗、清洁、灵活生产，取得理想的技术经济效果的制造技术的总称。这些技术主要包括以下两个方面。

（1）快速响应市场的产品研发技术。根据市场需求，制造业吸收了计算机、自动化等高新技术的最新成果，不断发展优质、高效、低耗工艺，开发新型产品。计算机辅助设计（CAD）主要是用计算机进行产品设计，优化工艺方案，预测加工过程中可能产生的缺陷及其防范措施，使工艺设计从经验判断走向定量分析，控制和保证了加工件的质量。计算机辅助工艺编程（CAPP）是指利用计算机进行产品工艺方法和过程的辅助设计，它不仅能大大提高工艺过程编制的质量和效率，而且可以为各个CIMS的子系统提供各种工艺信息，促进系统集成。计算机辅助工程（CAE）主要是用计算机进行产品的性能及生产制造过程的模拟仿真，并根据仿真结果对产品设计进行优化。并行工程（CE）是美国防御分析研究所（IDA）在20世纪80年代后期提出的，它是指在产品设计阶段，组成一个包括产品各生命周期有关人员在内的开发小组，以计算机辅助设计和计算机辅助分析工具为基础，对产品的设计和后续各阶段进行考虑，使产品设计周期尽量缩短，保证上市时间。它的优势是：不同专业密切合

作，易于产生新的思想和概念，及时解决实际和开发过程中的矛盾和冲突，有利于缩短开发时间，降低产品的成本，提高产品的质量。

（2）高效柔性的制造技术。计算机数控（CNC）和直接数控（DNC）是指采用已编好的计算机程序来控制加工过程，以代替手工操作机床。计算机辅助制造（CAM）则是把计算机辅助工艺编程（CAPP）得到的工艺过程由计算机来生成机车的加工程序或代码的过程。柔性制造系统（FMS）是指通过计算机编程控制，在几台机器组成的加工设备上能同时制造不同种类和尺寸的零件产品。建立一种全盘自动化的"无人工厂"曾一度成为先进制造技术的核心内容，这也是早期 CIMS 研究的设想。这种制造技术的优点是能增强企业生产系统的柔性，对市场反应迅速，并能及时向市场提供多品种、高质量、低成本的产品。虽然一些企业应用先进制造技术取得了一些成绩，但不少企业成效并不令人满意，主要原因是：首先，单纯追求制造系统的高度自动化，而排除人的作用是不可行的；其次，一个高度自动化的复杂系统是一个高度有序、高度相关、熵值极低的系统，这就要求整个系统和子系统可靠性极高，一旦某个子系统出现问题必将引起整个系统的瘫痪；最后，外界环境是随机和不可预测的，因此要求系统必须具有很强的适应能力。

根据生产力和生产关系，主要将现代制造业的发展分为如下 4 个阶段。

（1）19 世纪 60 年代，以福特为代表的大规模生产方式，制造系统以产品的成本为中心。

（2）19 世纪 70 年代，企业生产更多地转向多品种、中小批量生产，制造系统以产品的市场为中心。

（3）19 世纪 80 年代，企业的经营计划、产品开发、产品设计、生产制造以及营销等一系列活动构成了一个完整的有机系统，制造系统以产品的质量为中心。

（4）19 世纪 90 年代，市场对产品的质量、性能要求变得更高，并能随时更新换代，产品的寿命周期越来越短，制造系统以产品的加工时间为中心。

随着四次工业革命，制造业有了飞速发展，如表 4–1 所示。

表 4-1　四次工业革命及其产品

名称	时间	标志	发生国家 / 地区	制造业的变化
第一次工业革命	1733—1878 年	瓦特改良蒸汽机	英国	机械代替手工
第二次工业革命	1879—1945 年	电灯、电话等；电气产品的出现	美国	由单件、小批量生产到少品种、大批量生产
第三次工业革命	1945—1972 年	原子弹；电子计算机	美国	由少品种、大批量生产到变品种、变批量生产
第四次工业革命	1973 年至今	转基因产品；微电子器件的出现	全球	柔性化、绿色制造、敏捷制造、微纳制造、特种加工……

4.2.3　科学技术发展的总趋势

全球科技中心自公元 3 世纪的中国开始，经过意大利的文艺复兴，英国的第一次工业革命、法国大革命、德国的工业全盛时期，直至 20 世纪转移到美国。进入 21 世纪，信息化革命使得世界之间的联系更加紧密，制造业的科学技术中心发生了转移，目前主要的、重要的科学技术分别是信息科学技术、生命科学技术和认知科学技术。世界科技中心也随之发生转移，目前有往东亚转移的趋势，如图 4-2 所示。

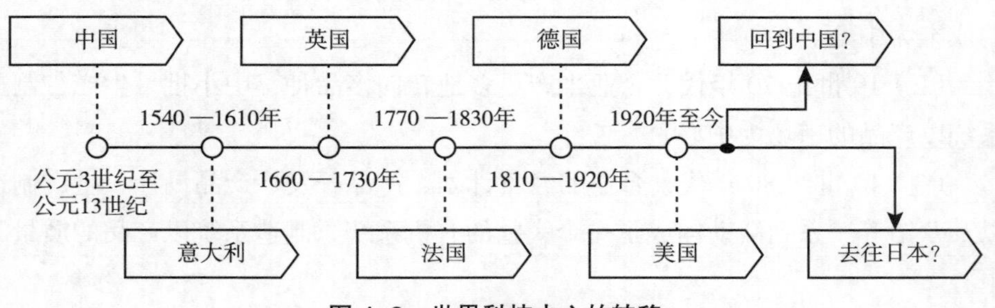

图 4-2　世界科技中心的转移

21 世纪，科学技术更新换代的速度越来越快，从理论发现到科学发明所需的时间越来越短。从 1831 年电磁感应原理的发现到 1872 年发电机的发明，中间间隔了 41 年，而从 1938 年铀核裂变现象的发现，到 1945 年原子弹被投入实战，只花费了七年，科技转化为最终产品的时间大大缩短，也意味着科学竞争越来越激烈，如表 4-2 所示。

表 4–2　从科学发现到技术发明花费的时间

科学发现	年份	技术发明	年份	孕育过程 / 年
电磁感应原理	1831	发电机	1872	41
内燃机原理	1862	汽油内燃机	1883	21
电磁波通信原理	1895	公众广播电台	1921	26
喷气推进原理	1906	喷气发动机	1935	29
雷达原理	1925	制出雷达	1935	10
青霉素原理	1928	制出青霉素	1943	15
轴核裂变	1938	制出原子弹	1945	7
发现半导体	1948	半导体收音机	1954	6
集成电路设计思想	1952	单片集成电路	1959	7
光纤通信原理	1966	光纤电视	1970	4
无线移动通信设想	1974	蜂窝移动电话	1978	4
多媒体设想	1987	多媒体电脑	1991	4
新一代设计芯片	20 世纪 90 年代	新一代芯片	20 世纪 90 年代	1.5

4.2.4　制造业发展过程中的经验教训

4.2.4.1　美国的教训

从 20 世纪 70 年代起，美国把制造业称为“夕阳工业”，结果导致美国 80 年代的经济逐渐衰退。近 10 年美国制造业增加值占全美 GDP 比重有明显的下降趋势，如图 4–3 所示。

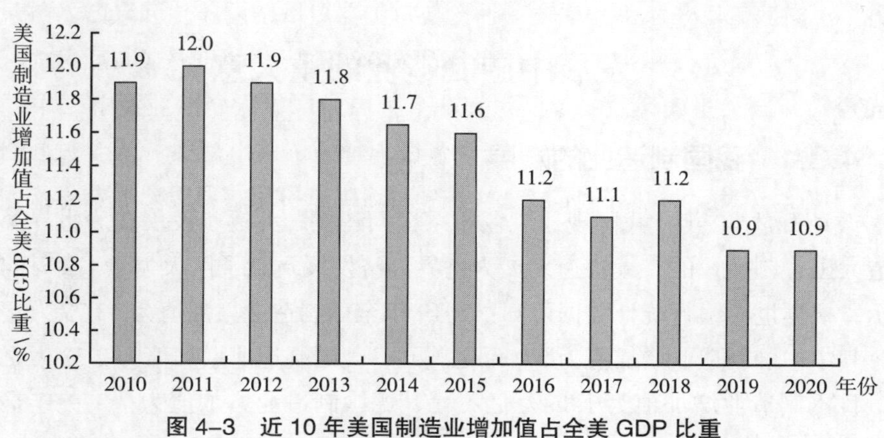

图 4–3　近 10 年美国制造业增加值占全美 GDP 比重

20世纪80年代后期，美国的一些国会议员、政府要员纷纷要求政府出面，协调和支持制造产业的发展。1991年，美国前总统布什执政期间，美国白宫科学技术政策办公室发表了总数为22项的美国国家关键技术，其中制造技术占4项，标志着美国科技政策的转变。

奥巴马执政期间提出并实施了“制造美国（manufacturing USA）”计划。特朗普自2017年1月上任以来以所谓的“美国优先”为执政原则，提出让“流向海外的制造业就业机会重新带回美国本土”。2017年制造业增加值占全美GDP比重约11.1%。制造业创造的就业岗位占全美就业岗位总数的比重由2008年的12.2%下降至2017年的7.8%，减少了66.7万个。由此可见，“制造业回归”尚未达到理想预期，如图4–3所示。

4.2.4.2 日本的经验

在20世纪70—80年代，日本非常重视制造业，特别是汽车制造和微电子制造，结果日本的汽车和家用电器占领了全世界的市场，特别是大举进入了美国市场，日本的微电子芯片成为美国高技术产品的关键元件。1991年“海湾战争”结束后，日本人说美国赢得这场战争是依靠的日本的芯片，是“日本的芯片打败了伊拉克的钢片”。

4.2.4.3 东南亚经济危机的启示

1998年爆发的东南亚经济危机，从另一个侧面反映了一个国家发展制造业的重要。一个国家，如果把经济的基础放在股票、旅游、金融、房地产、服务业上，而无自已的制造业，这个国家的经济就容易形成泡沫经济，一有风吹草动就会产生经济危机。

4.3 发展中国制造业的重大意义

4.3.1 我国制造业的发展

改革开放40年，我国现代工业体系全面建立，并逐步发展成为世界第一制造大国，制造业的持续快速发展为世界经济发展贡献了巨大力量。如表4–3所示，根据世界银行统计数据可知：2019年全球制造业增加值为13.77万亿美元，其中中国制造业增加值为3.9万亿美元，美国制造业增加值为2.32万亿美元，日本制造业增加值为1.03万亿美元，德国制造业增加值为7 379.37亿美

元，如表 4–3 所示。

表 4–3　2019 年中、美、日、德及欧盟制造业增加值数据统计

排名	国家 / 地区	所在洲	制造业增加值 / 美元
	全球		13.77 万亿（13 772 308 299 627）
1	中国	亚洲	3.9 万亿（38 963 450 299 239）
2	美国	美洲	2.32 万亿（2 317 176 890 000）
	欧盟地区		2.32 万亿（2 316 169 029 426）
3	日本	亚洲	1.03 万亿（1 027 967 141 295）
4	德国	欧洲	7 379.37 亿（737 937 466 321）

如图 4–4 所示，我国制造业增加值及其占 GDP 比重相对比较稳定，一直保持在 25% 以上，总体上呈现出良好的发展态势。2020 年全年国内生产总值为 1 015 986 亿元，比上年增长 2.3%。其中制造业为 265 686 亿元，是中国经济的第一大产业，也是维系着中国发展的命脉产业，占中国经济的 26.18%。

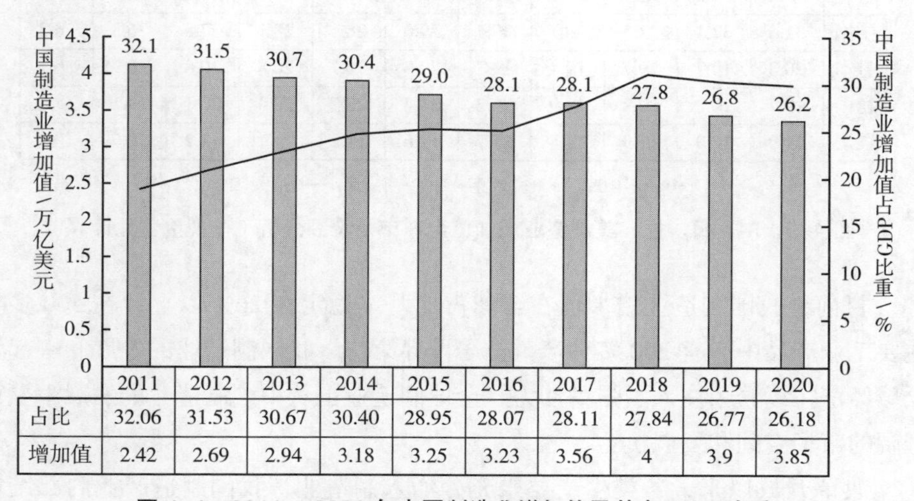

	2011	2012	2013	2014	2015	2016	2017	2018	2019	2020
占比	32.06	31.53	30.67	30.40	28.95	28.07	28.11	27.84	26.77	26.18
增加值	2.42	2.69	2.94	3.18	3.25	3.23	3.56	4	3.9	3.85

图 4–4　2011—2020 年中国制造业增加值及其占 GDP 比重

4.3.2 我国与主要发达国家制造业的对比

改革开放初期，我国制造业增加值不足 600 亿美元；经过 10 多年的复苏与发展，1990 年达 1 165.73 亿美元，占全球制造业增加值的 2.7%；2000 年我国制造业增加值在美国、日本和德国之后居世界第四位，在全球占比上升至 6%；此后仅 7 年时间，在全球占比再次翻番，达 12.3%，超过日本居全球第二；2010 年我国制造业增加值在全球占比达 18.4%，跃升为世界第一制造大国。2010—2020 年中、日、德、美四国制造业增加值全球市场份额如图 4–5 所示。

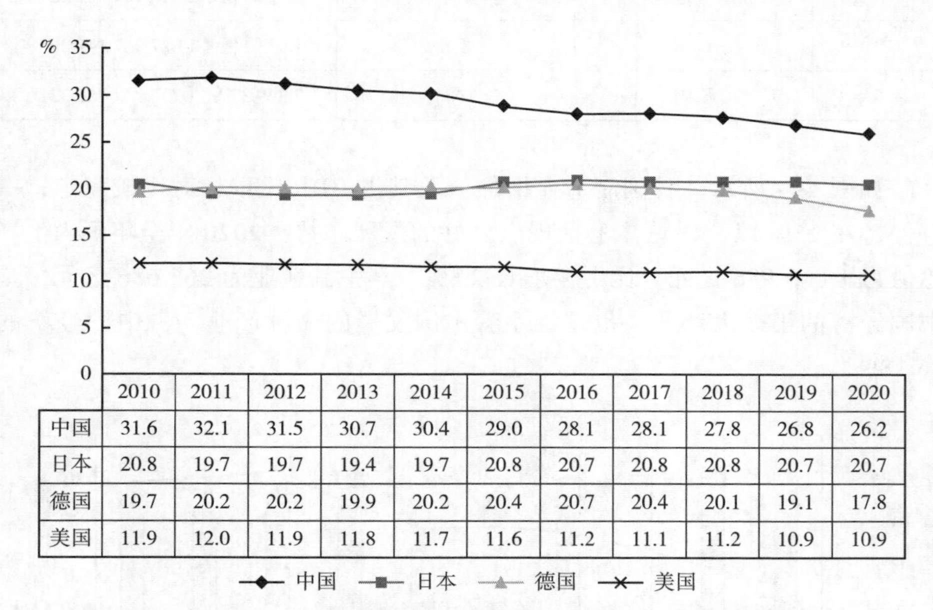

	2010	2011	2012	2013	2014	2015	2016	2017	2018	2019	2020
中国	31.6	32.1	31.5	30.7	30.4	29.0	28.1	28.1	27.8	26.8	26.2
日本	20.8	19.7	19.7	19.4	19.7	20.8	20.7	20.8	20.8	20.7	20.7
德国	19.7	20.2	20.2	19.9	20.2	20.4	20.7	20.4	20.1	19.1	17.8
美国	11.9	12.0	11.9	11.8	11.7	11.6	11.2	11.1	11.2	10.9	10.9

图 4–5 中、日、德、美制造业增加值全球市场份额分析（按现价美元计算）

目前，我国制造业增加值在全球占比基本稳定在 26% 以上，在 500 多种主要工业产品中，有 200 多种产量位居世界第一。我国制造业的发展和崛起为全球经济持续繁荣注入了强劲动力，全球制造业也从中国制造业的发展中赢得广阔的市场空间和发展机会。

改革开放以来，各类生产要素充分涌入制造业，我国制造产业内部结构调整升级和提质增量取得明显成效。从改革初期我国加快推进以消费品为主体的轻工业优先发展战略，到 20 世纪 90 年代重加工制造业的快速发展，再到当前高端制造业的迅速崛起，我国制造业由以劳动密集型行业为主逐步向资本密

集型行业、技术密集型行业转型升级。

据统计，2017 年我国高端装备制造业销售收入超过 9 万亿元，在装备制造业中占比达 15%。制造业的结构升级和提质增量为我国经济持续稳定增长提供了有力支撑。

随着我国经济实力的稳步提升和制造业逐步深度融入全球价值链体系，我国制造业创新投入和创新能力显著提升。作为创新的主战场，制造业是创新最为集中和活跃的领域，研发投入总量及强度的变化趋势能充分体现国家在制造业研发领域的投入情况。

改革开放 40 年来，我国研究与开发支出呈几何级数增长（图 4–6）。1978 年我国研发投入总量仅为 52.89 亿元，2020 年我国共投入研究与试验发展（R&D）经费达 24 426 亿元，研究与试验发展经费投入强度预计可达到全国 GDP 的 2.27%，按研究与试验发展人员计算的人均经费约为 47.97 万元，同比增长 1.8 万元。

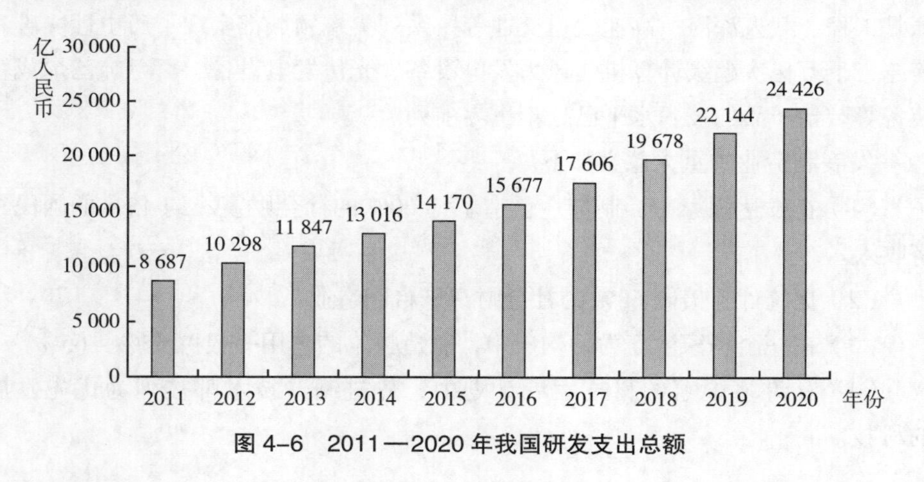

图 4–6　2011—2020 年我国研发支出总额

随着我国市场经济体制的不断完善，国有企业改革持续深化、民营经济发展活力逐步增强，越来越多的制造业企业伴随我国经济高速增长快速成长起来，并通过积极参与国际竞争，开拓更加广阔的市场空间。一些企业在生产规模、研发水平、管理能力及市场拓展等方面已成为制造业各领域的领头羊，在全球市场上发挥积极作用。

如表 4–4 所示，2020 年中国企业全国 500 强中有 238 家制造企业，比 2019 年减少了 7 家，比 2018 年的 253 家减少了 15 家，这是虚拟经济不断扩张导致的。但是制造企业营业收入、净利润、资产、净资产、纳税额、员工数

6个指标在全部500强中的占比均有不同程度提高。总的来说，国内制造业经过较长时间的发展，其整体实力得到了较大的提升，涌现出了许多有一定国际竞争力的企业，如华为、格力、福耀等，但是民族品牌的数量上还很少，有待进一步做大做强。

表4-4　我国制造业企业进入全国500强企业情况

年度	制造业企业数量	末尾企业名称	末尾企业营业收入／亿人民币
2018	253	山东汇丰石化集团有限公司	306.9
2019	245	中国东方电气集团有限公司	323.2
2020	238	广西盛隆冶金有限公司	360.3

随着科技投入的增加和创新水平的提升，当前我国制造业在载人航天、探月工程、载人深潜、高速轨道交通等一系列尖端领域都实现了历史性突破和跨越，千万亿次超级计算机、风力发电设备、光伏发电设备、百万吨乙烯成套装备等装备产品的技术水平已处于世界前列。

发展制造业的重大意义如下。

（1）在发达国家中，制造业创造了约60%的社会财富、约45%的国民经济收入。

（2）据统计，美国68%的社会财富来自制造业。

（3）在一个国家生产力的构成中，制造技术的作用一般占55%～65%。

（4）在许多国家的科技发展计划中，先进制造技术都被列为优先发展的科技。

4.3.3　我国制造业面临的竞争和挑战

4.3.3.1　国际形势的变化

产业技术和经济实力成为政治对抗的重要资本；不计生产成本和代价的军品生产模式不适于新形势下的生产；“战略伙伴”关系中经济色彩突出；提高制造业产品竞争能力，发展高技术，尤其是独具知识产权的产业技术成为未来抢占经济制高点、振兴国家经济的焦点。

4.3.3.2　制造业人均产值低

中国以全球18%的人口实现了全球制造业产值的35%。美国仅以全球

4.3% 的人口参与了全球制造业活动的 14%。如果对比单位人口创造产值的话，中美之间的比值是 1.94 : 3.26。可以很明显发现中国制造业规模够大，但美国制造业实力更强。

4.3.3.3　制造业核心竞争力不足

核心的高技术制造企业仍然偏少，计算机芯片、高档数控机床等高科技产品引进多，精尖技术领域自主研发产品相对匮乏；科技创新认识不足，产品设计、技术、生产、设备等方面的科技创新投入不够。特别是高校竞争力低于企业竞争力，在 R&D 中所占比例远低于美、欧、日等国家和地区。类似研究也表明，中国 R&D 总体效率不高，特别是专利转化和使用效率极低，与美、日、英、法、德等发达国家有较大差距。

4.3.3.4　制造全球化和贸易自由化

全球产业结构经历了大调整，世界逐步形成一个统一的大市场，使得供需国家化、国际化，不同时间、地区、国家的买家、卖家可选择的市场国际竞争国际化。发达国家的大型跨国公司如德州仪器，可通过打价格战的方式挤占中国企业的市场份额，打压中国企业的生存空间。

4.4　先进制造技术概述

先进制造技术是在传统制造技术基础上不断吸收机械、电子、信息、材料、能源和现代管理等方面的成果，并将其综合应用于产品设计、制造、检测、管理、销售、使用、服务的制造全过程，以实现优质、高效、低耗、清洁、灵活的生产，提高对动态多变的市场的适应能力和竞争能力的制造技术的总称，也是取得理想技术经济效果的制造技术的总称。

4.4.1　先进制造技术的内涵及特点

先进制造技术的内涵为“使原材料成为产品而采用的一系列先进技术”，其外延则是一个不断发展更新的技术体系。它并不是固定模式，具有动态性和相对性，因此，不能简单地理解为就是 CAD、CAM、FMS、CIMS 等各项具体的技术。

先进制造技术在不同发展水平的国家和同一国家的不同发展阶段，有不同的技术内涵和构成。对我国而言，它是一个多层次的技术群。其内涵和层次及其技术构成如图 4–7 所示。

先进制造技术具有以下几方面的特征。①先进性。先进制造技术是在不断融合其他学科最新成果的基础上发展起来的，这些成果均是代表时代发展水平的标志。②广泛性。先进制造技术不再是局限于制造这一领域而是覆盖了制造的全过程。③实用性。先进制造技术不是以追求技术的高新为目的，而是有着明确的经济需求。它是面向工业生产，以市场为导向，以企业最大经济利益为归宿。④集成性。先进制造技术的发展融合了其他学科，与其他学科之间的界限逐渐淡化和消失，成为新兴交叉学科。

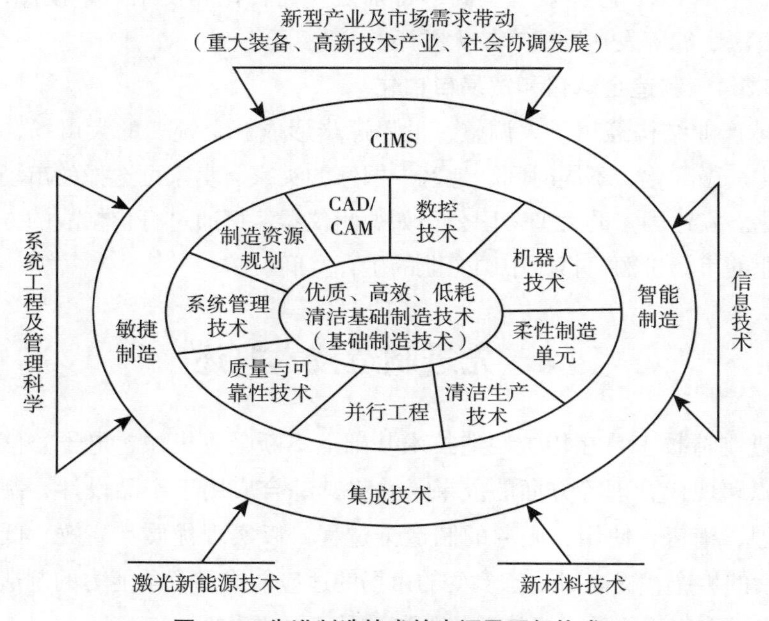

图 4–7 先进制造技术的内涵及层级构成

4.4.2 先进制造技术的体系结构

先进制造技术的体系结构是由 3 个技术群构成的，分别是：主体技术群、支撑技术群和制造技术环境。这 3 个技术群相互联系、相互促进，组成一个完整的体系，每个部分均不可缺少，否则就很难发挥预期的整体功能效益，如图 4–8 所示。

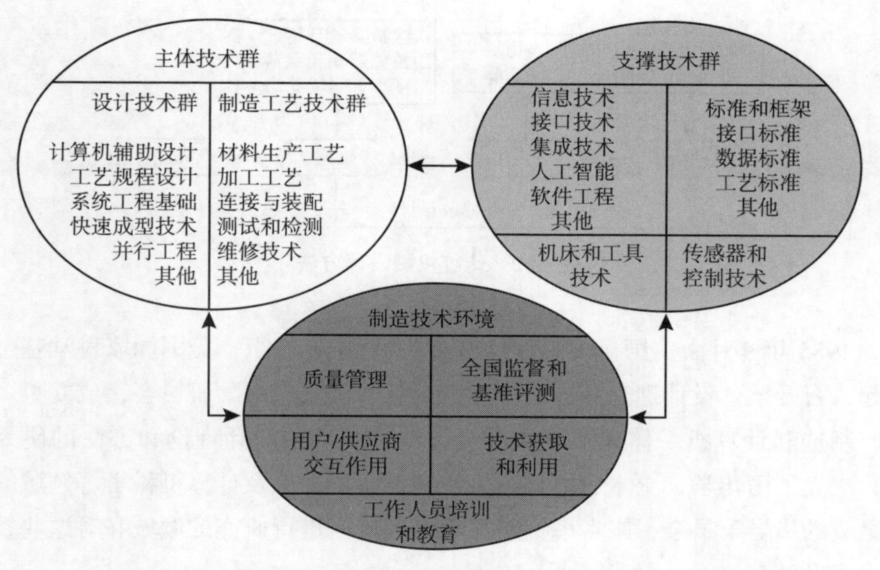

图 4–8　先进制造技术体系结构及其构成

主体技术群主要包含面向制造的设计技术群和制造工艺技术群。面向制造的设计技术群又包括产品和工艺设计、快速成型技术和并行工程。制造工艺技术群包含材料生产工艺、连接与装配、测试和检测等。

支撑技术群主要包括信息技术、传感器和控制技术、标准和框架等。信息技术包括接口技术、数据库技术、人工智能技术等。标准和框架包含工艺标准、数据标准等。

制造技术环境包括质量管理、全国监督和基准评测、技术获取和利用等。

4.4.3　先进制造技术的分类

先进制造技术主要可以概括为现代设计技术、先进制造工艺技术、制造自动化技术和先进制造模式。

4.4.3.1　现代设计技术

就机械系统和结构范畴而言，设计技术是从给定的合理的目标参数出发，通过各种手段和方法创造出一个所需的优化系统或结构的过程。传统的机械设计方法如图 4–9 所示，样机是否满足设计需求需要通过使用加以检验，浪费了时间并且增加了成本。第二次世界大战后，美、英、德、日等国家均在现代设计技术方面投入了大量的人力、物力、财力开展了相关研究。

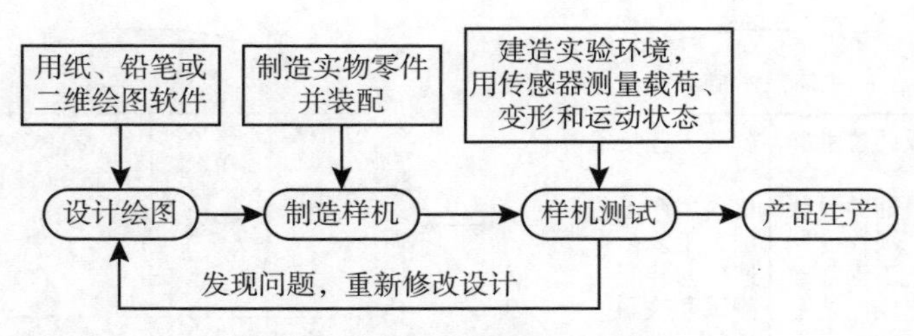

图 4–9　传统机械设计方法

1985 年 9 月由美国机械工程师协会（ASME）组织，美国国家科学基金会发起，召开了“设计理论和方法研究的目标和优化项目”研讨会，成立了“设计、制造和计算机一体化”工程分会，制订了一项设计理论和方法的研究计划，成立了由化学、土木、电机、机械和工业工程以及计算机科学等领域的代表组成的指导委员会，来考虑针对工程设计所需进行研究的领域和对这些领域提出资助的建议。

英国于 1963 年提出工程设计思想，并广泛开展了设计竞赛，加强了在设计过程中的创造性开发、技术可行性、可靠性、价值分析等方面的研究。

德国在 1963—1964 年举行了全国性的“薄弱环节在于设计的讨论会”，制订了一批有关设计工作的指导性文件，并在相应高等学校中开设了设计方法和 CAD 等专题课题。

日本自 20 世纪 60 年代以来，引进名家的专著。开始自己进行有关 CAD 和设计方法的研究，以提高设计人员的素质，同时发展 CAD 和改进工程技术教育。

我国自 1980 年以来，也开展了一些工作。通过派留学生到国外进修学习和请国外专家来讲学，组织各种类型的讲习班、培训班，开展国内外学术交流。“六五”期间，国家科技攻关中的优化设计、CAD、工业艺术造型设计、模块化设计等已取得实用性成果，并在一部分科技人员中进行了现代设计方法的培训。

现代设计技术主要有 4 个方面，分别是设计方法现代化、设计手段计算机化、向全寿命周期设计发展和综合考虑技术、经济和社会效益的设计方法。设计方法现代化和设计手段计算机化又有许多研究分支，如表 4–5 所示。

表 4–5　现代设计技术及其分类

分类	名称	基本方法 / 理论基础
设计方法现代化	产品可靠性分析	概率统计方法
	产品动态分析和设计	模态分析法
	产品优化设计	逐步逼近法
	快速响应设计	数理统计方法
	价值工程设计	现代管理科学
设计手段计算机化	反求工程技术	社会方法学
	有限元法	瑞利 – 里茨法
	计算机辅助设计方法	交互技术、图形变换

现代设计方法主要分为 3 种，分别是开发性设计、适应性设计和变形设计。

开发性设计是指运用成熟的科学技术，从工作原理和结构上设计过去没有的新型产品。具有首创性、完全创新性。

适应性设计是指在原理、方案基本保持不变的前提下，对产品做局部的变更设计，使之更能满足用户的需求。

变形设计是指在功能和工作原理不变的情况下，变更现有产品的结构配置、布置方式和尺寸，使之适应多方面的使用要求。

4.4.3.2　先进制造工艺技术

先进制造工艺技术包括精密超精密加工技术、特种加工技术、精密成形制造技术和高速加工技术。其分类及具体加工技术如表 4–6 所示。本小节主要介绍高速切削技术及超精密加工技术。

表 4–6　先进制造工艺技术及其分类

分类	名称	特点
高速加工技术	高速切削技术	进给快、切深小
精密超精密加工技术	精密加工	Ra 为 0.3 ~ 0.03 μm
	超精密加工	Ra 为 0.3 ~ 0.005 μm
	纳米加工	Ra < 0.005 μm
特种加工技术	高能束流加工	加工应力小
	电加工	易于加工高硬度材料
	超声加工	不接触工件
精密成型制造技术	粉末冶金	材料损耗小

（1）高速切削技术。

高速切削技术是指采用超硬材料刀具和磨具，利用能可靠地实现高速运动的高精度、高自动化和高柔性的制造设备，以提高切削速度来达到提高材料切除率、加工精度和加工质量的先进加工技术。通常把比常规切削速度高5～10倍的切削称为高速切削。

提高生产率一直是机械制造领域十分关注并为之不懈奋斗的主要目标。超高速加工（UHSM）不但成倍提高了机床的生产效率，而且进一步改善了零件的加工精度和表面质量，还能解决常规加工中某些特殊材料难以解决的加工问题。因此，超高速加工这一先进加工技术引起了世界各国工业界和学术界的高度重视。

高速切削技术的特点包括以下几个方面。①降低切削力和刀具磨损。刀具转速高，作用在其上的切削力小，减小了工件的变形和刀具的磨损。②减小工件的热变形。高速切削过程中，大量的热量均被切屑带走，而没有传递给工件。③零件的尺寸和形状精度高。如果采取了极小的进给量和切深，高速切削加工可获得很高的表面质量，甚至可以省去钳工修光的工序。④系统振动小。高速切削加工以高于常规切削速度10倍左右的切削速度对材料进行高速切削加工。由于高速机床主轴激振频率远远超过“机床－刀具－工件”系统的固有频率范围，加工过程平稳且无冲击。⑤能够加工高硬度材料。由高速切削机理可知高速切削时，切削力大大减少，切削过程变得比较轻松，高速切削加工在切削高强度和高硬度材料方面具有较大优势。可以加工具有复杂型面、硬度比较高的材料。

高速切削在航空航天、汽车、模具制造、电子工业等领域得到了越来越广泛的应用。在航空航天领域中，主要是解决了零件大余量材料的去除，薄壁零件的加工，高精度零件的加工，难切削材料的加工，生产效率的提高。高速加工在汽车生产领域的应用主要体现在模具和零件加工两个方面。应用高速切削加工技术，可加工零件的范围相当广，其典型零件包括：伺服阀、各种泵和电机的壳体、电机转子、汽缸体和模具等。汽车零件铸模以及内饰件注塑模的制造也逐渐采用高速加工。以高速切削技术为基础的敏捷柔性自动生产线被越来越多的国内外汽车制造厂家使用。从德国引进的一汽大众捷达轿车和上海大众桑塔纳轿车自动生产线其中大量采用了现代高速切削技术。

模具工具工业领域采用高速切削可以直接切削淬硬材料模具。省去了过

去机加工到电加工的几道工序，节约了工时。目前高速切削可以达到很高的表面质量（$Ra < 0.4$ μm），省去了电加工后表面研磨和抛光的工序。另外，切削形成的已加工表面的压应力状态还会提高模具工件表面的耐磨程度。这样，锻模和铸模仅经高速切削就能完成加工。复杂曲面加工、高速粗加工和淬硬后高速精加工很有发展前途，并有取代电火花加工和抛光加工的趋势。

（2）超精密加工技术。

超精密加工技术是适应现代高技术发展需要而发展起来的一种机械加工新工艺。它综合了机械技术、测量技术、现代电子技术和计算机技术发展的新成果。超精密加工有两种含义：一是挑战传统加工方法不易突破的精度界限的加工，即高精度加工；二是挑战实现微细尺寸界限的加工，即微细加工。目前，一般认为加工精度高于 0.1 μm、表面粗糙度小于 0.01 μm 的加工即为超精密加工。

超精密加工技术有如下发展趋势。

一是新型超精密加工方法的机理。超精密加工机理涉及微观世界和物质内部结构，可利用的能源有机械能、光能、电能、声能、磁能、化学能、核能等，十分广泛。不仅可以采用分离加工、结合加工、变形加工，而且可以采用生长堆积加工；既可采取单独加工方法，也可采取复合加工法（如精密电解磨削、精密超声车削、精密超声研磨、机械化学抛光等）。

二是向高精度、高效率方向发展。随着科技的不断进步及社会发展的要求，对产品的加工精度、加工效率及加工质量的要求越来越高，超精密加工技术就是要向加工精度的极限冲刺，且这种极限是无限的，当前的目标是向纳米级加工精度攀登。

三是研究开发加工、测量一体化技术。由于超精密加工的精度很高，为此急需研究开发加工精度在线测量技术。因为在线测量是加工、测量一体化技术的重要组成部分，是保证产品质量和提高生产率的重要手段。

四是在线测量与误差补偿。由于超精密加工精度很高，在加工过程中影响因素很多也很复杂，而要继续提高加工设备本身的精度又十分困难，为此就需采用在线测量加计算机误差补偿的方法来提高精度，保证加工质量。

五是新材料的研制。新材料应包括新的刀具材料（切削、磨削）及被加工材料。由于超精密加工的被加工材料对加工质量的影响很大，其化学成分、力学性能均有严格要求，故亟待研究解决。

六是向大型化、微型化方向发展。由于航空航天工业的发展，需要大型超精密加工设备来加工大型光电子器件（如大型天体望远镜上的反射镜等），而开发微型化、超精密加工设备，则主要是为了满足发展微型电子机械、集成电路的需要（如制造微型传感器、微型驱动元件等）。

4.4.3.3 制造自动化技术

早期制造自动化的概念是指在一个生产过程中，机器之间的零件转移不用人去搬运就是“自动化”。制造自动化（以下简称自动化）的概念是一个动态发展过程。随着电子和信息技术的发展，特别是随着计算机的出现和广泛应用，自动化的概念已扩展为用机器（包括计算机）不仅代替人的体力劳动而且还代替或辅助脑力劳动，以自动地完成特定的作业。

制造自动化的广义内涵包括了以下几点。

（1）形式方面。制造自动化有 3 个方面的含义：代替人的体力劳动；代替或辅助人的脑力劳动；制造系统中的人、机及整个系统的协调、管理、控制和优化。

（2）功能方面。制造自动化的功能目标是多方面的，可以使用 TQCSE 模型描述。“T”（time）表示产品生产时间和生产率，“Q”（quality）表示产品质量，“C”（cost）表示生产成本，“S”（service）表示产品服务和制造服务，“E”（environment）表示环境保护。

（3）范围方面。涉及产品生命周期的所有过程，而不仅涉及具体生产制造过程。

制造自动化的历史和发展可以分为3个阶段：传统的机械制造自动化（自动化单机、自动化生产线）、近代机械设计制造阶段、现代机械制造自动化（数控机床加工中心、柔性制造系统、柔性生产线、计算机集成制造系统）。对于工厂生产线的变化体现在从刚性自动化，发展到数控加工，再到柔性制造。

刚性自动化：刚性自动化包括刚性自动线和自动单机。本阶段在 20 世纪 40—50 年代已相当成熟。刚性自动化就是应用传统的机械设计与制造工艺方法，采用专用机床或组合机床、自动单机或自动化生产线进行大批量生产。其特征是高生产率和刚性结构，很难实现生产产品的改变。引入的新技术包括继电器程序控制、组合机床等。

数控加工：数控加工包括数控（NC）和计算机数控（CNC）。数控（NC）

在 20 世纪 50—70 年代发展迅速并已成熟。但到了 20 世纪 70—80 年代，由于计算机技术的迅速发展，它迅速被计算机数控（CNC）取代。数控加工设备包括数控机床、加工中心等。数控加工的特点是柔性好、加工质量高，适用于多品种、中小批量（包括单件产品）的生产。引入的新技术包括数控技术、计算机编程技术等。

柔性制造：强调制造过程的柔性和高效率。适用于多品种、中小批量的生产。涉及的主要技术包括成组技术（GT）、计算机直接数控和分布式数控（DNC）、柔性制造单元（FMC）、柔性制造系统（FMS）、柔性加工线（FML）、离散系统理论和方法、仿真技术、车间计划与控制、制造过程监控技术、计算机控制与通信网络等。

新的制造自动化模式如智能制造、敏捷制造、虚拟制造、网络制造、全球制造、绿色制造等。这些新的制造自动化模式是在 20 世纪末提出并开展研究的，是制造自动化面向 21 世纪的发展方向。

制造自动化的发展趋势主要体现在制造智能化方面，具体来说就是制造网络化和制造虚拟化这两个方面。智能制造系统是一种由智能机器和人类专家共同组成的人机一体化智能系统。它在制造过程中进行诸如分析、推理、判断、构思和决策等智能活动。智能制造技术的目标是通过智能机器与人的协作来扩大、拓展、代替人的脑力劳动。

制造网络化：当前由于网络技术特别是 Internet/Intranet 技术的迅速发展，正在给企业制造活动带来新的变革，其影响的深度、广度和发展速度往往远超人们的预测。基于网络的制造，包括以下几个方面。①制造环境内部的网络化，实现制造过程的集成。②制造环境与整个制造企业的网络化，实现制造环境与企业中工程设计、管理信息系统等各子系统的集成。③企业与企业间的网络化，实现企业间的资源共享、组合与优化利用。④通过网络，实现异地制造。

制造虚拟化：制造虚拟化主要指虚拟制造。虚拟制造（virtual manufacturing）是以制造技术和计算机技术支持的系统建模技术和仿真技术为基础，集现代制造工艺、计算机图形学、并行工程、人工智能、人工现实技术和多媒体技术等多种高新技术为一体，由多学科知识形成的一种综合系统技术。虚拟制造是实现敏捷制造的重要关键技术，对未来制造业的发展至关重要；同时虚拟制造将在今后发展成为很大的软件产业。

制造自动化的研究热点包括以下几点。

（1）制造系统中的集成技术和系统技术。

制造自动化技术研究过去主要集中在单元技术和专门技术的研究中，这些技术包括控制技术（如数控技术、过程控制和过程监控等）和计算机辅助技术（如 CAD、CAPP、CAM、CAE）等。近年来，在上述单元技术和专门技术继续发展的同时，制造系统中的集成技术和系统技术的研究发展迅速，已成为制造自动化研究中的热点。制造系统中的集成技术和系统技术涉及面很广。其中，集成技术包括制造系统中的信息集成和功能集成技术（如 CIMS）、过程集成技术（如并行工程 CE）、企业间集成技术（如敏捷制造 AM）等；系统技术包括制造系统分析技术、制造系统建模技术、制造系统运筹技术、制造系统管理技术和制造系统优化技术等。

（2）更加注重研究制造自动化系统中人的作用的发挥。

在过去一段时期，人们曾认为全盘自动化和无人化工厂或车间是制造自动化发展的目标。随着实践的深入和一些无人化工厂实施的失败，人们对无人制造自动化问题进行了反思，并对于人在制造自动化系统中有着机器不可替代的重要作用进行了重新认识。有鉴于此，国内外对于如何将人与制造系统有机结合，在理论与技术上展开了积极的探索。近年来，提出了“人机一体化制造系统”“以人为中心的制造系统”等新思想。其内涵就是发挥人的核心作用，采用人机一体的技术路线，将人作为系统结构中的有机组成部分，使人与机器处于优化合作的地位，实现制造系统中人与机器一体化的人机集成的决策机制，以取得制造系统的最佳效益。目前，围绕人机集成问题国内外正在进行大量研究。

（3）单元系统的研究仍然占有重要的位置。

单元系统是以一台或多台数控加工设备和物料储运系统为主体，在计算机统一控制管理下，可进行多品种、中小批量零件自动化加工生产的机械加工系统的总称。它是计算机集成制造系统（CIMS）的重要组成部分，是自动化工厂车间作业计划的分解决策层和具体执行机构。国内外制造行业在单元系统的理论和技术研究方面投入了大量的人力物力，因此单元技术无论是软件还是硬件均有迅速的发展。

（4）制造过程的计划和调度研究十分活跃，但实用化的成果还不多见。

美国 Ingersoll 公司曾分析了在传统的制造工厂中从原材料进厂到产品出

厂的制造过程。结果表明，对一个机械零件来说，只有 5% 的时间是在机床上的；95% 的时间中，零件在不同的地方和不同的机床之间运输或等待。减少这 95% 的时间，是提高制造生产率的重要方向。优化制造过程的计划和调度是减少 95% 的时间的主要手段。有鉴于此，国内外对制造过程的计划和调度的研究非常活跃，已发表了大量研究论文和研究成果。制造过程的计划和调度的研究方面虽然已取得大量研究成果，但由于制造过程的复杂性和随机性，使得能进入实用化的特别是适用面较大的研究成果很少，大量研究还有待于进一步深化。

（5）柔性制造技术的研究向着深度和广义发展。

虽然柔性制造技术（FMS）的研究已有较长历史，但由于其复杂性和其不断的发展过程，至今仍有大量学者对此进行研究。目前的研究主要围绕 FMS 的系统结构、控制、管理和优化运行在进行。FMS 虽然具有自动化程度高和运行效率高等优点，但由于其不仅注重信息流的集成，也特别强调物料流的集成与自动化，物流自动化设备投资在整个 FMS 的投资中占有相当大的比重，且 FMS 的运行可靠性在很大程度上依赖于物流自动化设备的正常运行，因此 FMS 也具有投资大、见效慢和可靠性相对较差等不足。

4.4.3.4　先进制造模式

制造模式是制造业为了提高产品质量、市场竞争力、生产规模和生产速度，以完成特定的生产任务而采取的一种有效的生产方式和一定的生产组织形式。体现为企业体制、经营、治理、生产组织和技术系统的形态和运作模式。

先进制造模式是指在生产制造过程中，依据不同的制造环境，通过有效地组织各种制造要素形成的，可以在特定环境中达到良好制造效果的先进生产方法。

（1）精益生产。

精益生产（lean production，LP）是有效地运用现代先进制造技术和管理技术成就，从整体优化出发，满足社会需求，发挥人的技术成就，发挥人的因素；有效配置和合理使用企业资源，优化组合产品形成全过程的诸要素，以必要的劳动，在必要的时间，按必要的数量，生产必要的零部件。杜绝超量生产，消除无效劳动和浪费，降低成本、提高产品质量，用最少的投入，实现最大的产出，最大限度地为企业谋求利益的一种新型生产方式。

精益生产的特征包括以下几点。①以用户为“上帝”。从过去“以产品为中心”向“以用户为中心”转变，体现了企业经营理念的根本变化。为用户提供满足需求的产品、适宜的价格、优良的质量、快速的交货和优质的服务。②以人为中心。充分发挥人的创造性和积极性；扩大雇员及其小组的独立自主权；满足职工学习新知识和实现自我价值的愿望，定期开展培训；培养职工成为多面手，提高任务安排的灵活性。③以精简为手段。精简企业组织结构；精简工作环节；采用柔性加工设备，减少直接劳动力；库存应大幅减少，实现“零库存”。④采用并行工作方式。以工作团队的形式进行产品开发。⑤采用成组流水线。⑥ JIT 供货方式。适时、适量地供应合适的零部件。⑦“零缺陷”工作目标。追求“尽善尽美”和“零缺陷”。

（2）计算机集成制造系统。

计算机集成制造系统（CIMS）既可看作制造自动化发展的一个新阶段，又可看作包含制造自动化系统的一个更高层次的系统。CIMS 自 20 世纪 80 年代以来得到迅速发展，至今方兴未艾。其特征是强调制造全过程的系统性和集成性，以解决现代企业生存与竞争的 TQCS 问题，即产品上市快（time）、质量好（quality）、成本低（cost）和服务好（service）。CIMS 涉及的学科和技术非常广泛，包括现代制造技术、管理技术、计算机技术、信息技术、自动化技术和系统工程技术等。

4.5 先进制造技术的发展趋势

4.5.1 制造技术向高效化、敏捷化、清洁化方向发展

（1）向高效化方向发展。

随着精度补偿、应用软件、传感器、自动控制、新材料和机电一体化等技术的发展，工艺装备在数控化的基础上进一步向生产自动化、作业柔性化、控制智能化方向发展，可对传统工艺技术加以优化和革新。

20 世纪 80 年代，计算机控制的自动化生产技术的高速发展成为制造业的突出特点，工业发达国家机床的数控化率已高达 70% ~ 80%。随着数控机床、加工中心和柔性制造系统在机械制造中的应用，使机床空行程动作（如自动换刀、上下料等）的速度和零件生产过程的连续性大大提高，机械加工的辅助工

时大为缩短，这使得切削工时占据了总工时的主要部分。因此，只有提高切削速度和进给速度等，才有可能在提高生产率方面出现一次新的飞跃和突破。这就是超高速加工技术得以迅速发展的历史背景。

（2）向敏捷化方向发展。

进入 20 世纪 90 年代以来，因为竞争全球化、贸易自由化、需求多样化，产品生产朝多品种、小批量方向发展，面向并行工程的设计、虚拟制造的设计、全寿命周期设计、CAD/CAM/CAPP 一体化技术等敏捷设计制造技术与系统将在今后若干年内得到长足发展。

敏捷制造（agile manufacturing，AM）的概念是在市场发生变化和国际竞争日益激烈的背景下提出来的。随着日本和欧洲各国积极参与国际市场的竞争，美国失去了制造业的优势，其制造业的国际市场份额急剧下降。20 世纪 80 年代中后期，美国意识到必须重振制造业才能保持美国在国际上的领先地位。1991 年美国理海大学和 13 家大公司组成的联合研究小组在《21 世纪制造业发展战略》研究报告中首次提出“敏捷制造”这个新的制造概念。1994 年美国和日本等国花巨资进行了有关敏捷性的内涵和上层框架的研究并得到了一批初步结果。随着 Internet 技术的发展，美国一些企业通过网络传播自己先进的管理经验和信息集成技术，为美国及其他国家的企业实现敏捷制造技术提供了非常好的示范和参考价值。敏捷制造是采用标准化、专业化的计算机网络和信息集成基础结构，以高素质和协同良好的工作人员为核心，通过分布式企业间网络连接构成虚拟制造环境，以竞争合作为原则在虚拟制造环境内动态选择合作伙伴，形成面向任务的快速响应市场的社会化制造体系。敏捷制造系统运行的目标是最大限度地满足顾客需求。从某种程度上讲，敏捷制造是 CIMS 自然发展的延伸，它把一个企业内部的集成延伸到企业间的动态集成。敏捷制造具有以下主要特点。

①需求反应的快捷性。这是敏捷制造最本质的特性之一，要求企业能抓住一瞬即逝的机会，快速推出性能和可靠性高的、用户可接受的新产品，因此企业不仅具有对当前需求的快速响应能力，而且具有对未来需求的快速适应能力。

②制造资源的集成性。以市场敏捷化反应和企业间范围制造的低成本为功能目标，在目标分解与管理的基础上，通过业务流程再造（business process reengineering，BPR）进行企业内部业务流程的重组，打破企业内部传统的职能限制，实现内部制造资源的集成。同时通过网络流程再设计（network process redesign，NPR）进行企业外部网络的再设计，重构企业的价值传递过程，实现外部资源的集成。

③制造环境的虚拟性。敏捷制造的关键是在计算机网络和信息集成基础结构上构成虚拟环境，并根据客户需求和社会经济效益动态组成虚拟企业。

④产品生产过程的灵活性。生产过程为一种可编程、可重组、可置换、模块化的加工单位，可快速生产新产品及各种变形产品，生产小批量、高性能产品能达到与大批量生产一样的效益，从而使产品价格与生产批量无关。

⑤工作机制的协同性。虚拟企业是一种分布式组织，其成员分布于全球不同地方。为保证任务准时、有效地完成，敏捷制造强调将复杂的制造系统解耦，适当下放决策权，通过分布式的信息网络实现成员之间的协同作业。

⑥管理机制的优化性。在管理上，敏捷制造的虚拟企业通过信息集成、过程集成、组织集成和资源集成，提高企业生产率和灵活性，实现企业之间的资源优化。

因此制造技术的发展趋势是敏捷智能技术，它将是制造技术与科技成果紧密结合，注重人与设备的协调性，形成从单元技术到复合技术、刚性技术到柔性技术、简单技术到复杂技术等不同档次的自动化制造技术系统，实现优质高效、低耗、少污染的优化目标；管理技术与制造技术完美结合，注重以人为本，组织结构扁平化、网络化、多元化，组织具有能适应动态变化的学习能力；以满足市场需求为目的，整合与协调企业，有效利用各种资源和信息，力求使企业与供应商和顾客形成一个紧密的网络系统，互相协调配合，实现高效率的经营方式。

（3）向清洁化方向发展。

保护环境、节约资源已成为全球密切关注的焦点，为此发达国家正积极倡导“绿色制造”和“清洁生产”，大力研究开发生态安全型、资源节约型制造技术。目前我国广泛应用先进制造技术、信息技术与其他先进制造技术相融合，驾驭生产过程中的物质流、能量流和信息流，实现制造过程的系统化、集成化和信息化。采用先进制造模式，制造模式是制造业为提高产品质量、市场竞争力、生产规模和速度，以完成特定生产任务而采取的一种有效的生产方式和生产组织形式。目标是实现数字化设计、自动化制造、信息化管理、网络化经营。

绿色制造又称为环境意识制造、面向环境的制造等，即在机械制造过程

中，将环境因素考虑进去，其目的是利用技术手段，优化制造程序，降低环境污染，达到节约资源、可持续发展的目的。现代化的机械制造包含了产品设计、产品制造、包装、运输以及产品的回收等不同阶段。绿色制造就是通过提高资源回收利用率、优化资源配置、合理保护环境 3 个方面进行机械制造行业的产业升级和优化。

绿色制造及其相关问题的研究近年来非常活跃，特别是在美国、加拿大以及西欧的一些发达国家，对绿色制造及相关问题进行了大量的研究。在我国，近年来在绿色制造及相关问题方面也进行了大量的研究。绿色制造具有全面性、综合性及交叉性的特点。全面性指的是绿色制造必须贯穿整个产品的生命周期。它覆盖了产品生命周期的每个阶段，而且对于不同的阶段需要的措施不同。综合性是指在产品制造的不同阶段会对环境造成不同程度的影响。绿色制造既要考虑造成环境破坏的具体原因，又要考虑资源、设备、产品之间的关系，从整体上把握内在联系，从而达到优化升级、降低污染的目的。交叉性是指整个绿色制造过程涵盖了多种学科。例如，机械制造技术、材料技术、环境管理等，体现出了学科上的交叉性特点。

当前，世界上掀起一股“绿色浪潮”，环境问题已经成为世界各国关注的热点，并列入议事日程。制造业将改变传统的制造模式，推行绿色制造技术，发展相关的绿色材料、绿色能源和绿色设计数据库、知识库等基础技术，生产出保护环境、提高资源利用效率的绿色产品，如绿色汽车、绿色冰箱等，并用法律、法规规范企业行为。随着人们环保意识的增强，那些不推行绿色制造技术和不生产绿色产品的企业，将会在市场竞争中被淘汰，使发展绿色制造技术势在必行。

当前绿色制造的发展正朝着以下几个方向迈进。

①全球化。绿色制造的全球化特征体现在：制造业对环境的影响往往是超越空间的，人类需要团结起来，保护我们共同拥有的唯一地球；随着近年来全球化市场的形成，绿色产品的市场竞争将是全球化的；近年来许多国家要求进口产品要进行绿色性认定，要有“绿色标志”。绿色制造将为我国企业提高产品绿色性提供技术手段，从而为我国企业消除国际贸易壁垒进入国际市场提供有力的支撑。

②社会化。绿色制造的研究和实施需要全社会的共同努力与参与，以建立绿色制造所必需的社会支撑系统。绿色制造涉及的社会支撑系统首先是立法

和行政法规问题。然后，政府可制定经济政策，用市场经济的机制对绿色制造实施引导。利用经济手段对不可再生资源和虽然是可再生资源但开采后会对环境产生影响的资源严加控制，使得企业和人们不得不尽可能减少直接使用这类资源，转而寻求开发替代资源。企业要真正有效地实施绿色制造，必须考虑产品寿命终结后的处理，这就可能导致企业、产品、用户三者之间的新型集成关系的形成。

③集成化。绿色制造涉及产品生命周期的全过程，涉及企业生产经营活动的各个方面，因而是一个复杂的系统工程问题。因此要真正有效地实施绿色制造，必须从系统的角度和集成的角度考虑和研究绿色制造中的有关问题。当前，绿色制造的集成功能目标体系、产品和工艺设计，材料选择系统的集成、用户需求，产品使用的集成、绿色制造的问题领域集成、绿色制造系统中的信息集成、绿色制造的过程集成等将成为绿色制造的重要研究内容。

④并行化。绿色设计今后的一个重要趋势就是与并行工程的结合，从而形成一种新的产品设计和开发模式的绿色并行工程。它是一个系统方法，以集成的、并行的方式设计产品及其生命周期的全过程，力求使产品开发人员在设计一开始就考虑到产品的整个生命周期。

⑤智能化。智能化是将人工智能和智能制造技术有机结合。绿色制造的决策目标体系是现有制造系统目标体系与环境影响和资源消耗的集成，形成了现有制造系统的决策目标体系。要优化这些目标，需要用人工智能的方法来支撑处理。另外绿色产品评估指标体系及评估专家系统，均需要人工智能和智能制造技术。因此，基于知识系统、模糊系统和神经网络等的人工智能技术将在绿色制造研究开发中起到重要作用。

4.5.2 制造技术向精密化、多样化、复合化方向发展

（1）向精密化方向发展。

加工技术向高精度发展是制造技术的一个重要发展方向。精密加工和超精密加工、微型机械的微细和超微细加工等精密工程是当今也是未来制造技术的基础，其中纳米级的超精密加工技术和微型机械技术被认为是21世纪的核心技术和关键技术。

从先进制造技术的技术实质性而论，主要有精密和超精密加工技术与制造自动化两大领域。前者追求加工上的精度和表面质量极限；后者包括了产品

设计、制造和管理的自动化，它不仅是快速响应市场需求、提高生产率、改善劳动条件的重要手段，而且是保证产品质量的有效举措。两者有密切关系，许多精密和超精密加工要依靠自动化技术得以达到预期指标，而不少制造自动化有赖于精密加工才能准确可靠地实现。两者具有全局的、决定性的作用，是先进制造技术的支柱。

超精密加工是国家制造工业水平的重要标志之一。超精密加工所能达到的精度、表面粗糙度、加工尺寸范围和几何形状是一个国家制造技术水平的重要标志之一。例如，金刚石刀具切削刃钝圆半径的大小是金刚石刀具超精密切削的一个关键技术参数，日本声称已达到 2 nm，而我国尚处于亚微米水平，相差一个数量级；又如金刚石微粉砂轮超精密磨削在日本已用于生产，使制造水平有了大幅度提高，有效解决了超精密磨削磨料加工效率低的问题。

精密加工和超精密加工是先进制造技术的基础和关键。当前，在制造自动化领域进行了大量有关计算机辅助制造软件的开发，如计算机辅助设计（CAD）、计算机辅助工程分析（CAE）、计算机辅助工艺过程设计（CAPP）、计算机辅助加工（CAM）等，统称计算机辅助工程（CAX）；又如面向装配的设计（DFA）、面向制造的设计（DFM）等，统称为面向工程的设计（DFX）；还有，进行了计算机集成制造（CIM）技术、生产模式（如精良生产、敏捷制造、虚拟制造）以及清洁生产和绿色制造等研究。这些都是十分重要和必要的，代表了当前高新制造技术的一个重要方面。

（2）向多样化方向发展。

为适应制造业对新型或特种功能材料以及精密、细小、大型、复杂零件的需要，发达国家正大力研究与开发各种原理不同、方法各异的加工与成形方法。

（3）向复合化方向发展。

由于材料加工难度越来越大，工件形状越来越复杂，加工质量要求越来越高，国外正在研究多种能量的复合加工方法，以及常规加工与特种加工的组合加工工艺。目前，两种能量的复合工艺已得到广泛应用，而多种能量的复合加工工艺正在探索之中。

4.5.3 制造技术向柔性化、集成化、智能化、全球化方向发展

（1）向柔性化方向发展。

制造业自动化系统正沿着从数控化到柔性化，到集成化，到智能化，再到全球化的螺旋式阶梯攀缘而上，柔性化程度越来越高。

（2）向集成化方向发展。

向 CIMS 发展，构成一个覆盖企业制造全过程（产品订货、设计、制造、管理、营销），能对企业的"三流"（即物质流、资金流、信息流）进行有效控制和集成管理的完整系统，实现全局动态综合优化、协调运作和整体高柔性、高质量、高效率，从而创造出巨大生产力。

（3）向智能化方向发展。

智能化是柔性化、集成化的拓展和延伸，未来的智能机器将是机器智能与人类智能的有机结合，未来的制造自动化将是高度集成化与高度智能化的融合。

（4）向全球化方向发展。

制造业将借助全球互联网络、计算机通信和多媒体技术实现全球或异地制造资源（知识、人才、资金、软件、设备等）的共享与互补，制造业、制造产品和制造技术走向国际化，制造自动化系统也进一步向网络化、全球化方向发展。基于 Internet 的敏捷制造、全球制造已经成为现实。

4.5.4 制造技术向交叉化、综合化方向发展

（1）向交叉化方向发展。

21 世纪将是制造科学技术与现代高新技术进一步交叉、融合的世纪，制造科学技术体系将更臻充实、完善与拓展。制造技术的研究与开发越来越依赖于多学科的交叉与综合。

（2）向综合化方向发展。

制造技术在充分利用现代高新技术改造和武装自身的同时，制造科学这门技术科学内部各学科、各专业间也不断渗透、交叉与融合，界限逐步模糊甚至消失，技术趋于系统化、集成化。

4.6　本章小结

本章旨在培养学生对先进制造技术的内涵、体系结构及发展趋势，以及现代设计技术、先进制造工艺技术、制造自动化技术、现代生产管理技术以及先进制造生产模式的了解，使其具备初步的制造方法选取的能力和素质；开阔学生思维，拓宽知识面，掌握先进的方法，培养学生创新思维和工程实践的能力。

4.7　思考题及项目作业

4.7.1　思考题

4–1　先进制造技术具有哪些特征？

4–2　先进制造技术是如何分类的？

4–3　先进制造工艺技术有哪些？

4–4　什么是高速切削？高速切削技术的特点和应用有哪些？

4–5　什么是快速原型制造技术？快速原型制造技术的基本内容是什么？

4–6　激光加工技术有哪些应用？

4–7　制造自动化的发展趋势是什么？

4–8　什么是制造模式？

4–9　先进制造模式的新思想表现在哪些方面？有什么特点？

4–10　什么是精益生产？简述精益生产的主要特征。

4–11　先进制造技术的发展趋势主要体现在哪些方面？

4.7.2　项目作业

作业题目：先进制造技术发展现状研究

作业形式：研究报告

作业要求：（1）分组，每组总人数不超过 5 人。

（2）每人提交一份研究报告，中英文均可，中文不低于 1 500 字，英文不少于 1 000 单词，按照研究论文格式进行撰写。引用部分必须标明出处。

（3）每组提供一份 PPT，选择 1 ~ 2 人进行讲解。PPT 讲解时间控制在 20 min 以内，以 15 页左右为宜。

作业内容：选择精密和超精密加工技术、虚拟制造技术、高能束加工及复合技术、切削加工技术、磨削加工技术等先进制造技术中感兴趣的一种技术，就其特点、分类、技术研究进展、应用状况等方面进行论述。

举例：虚拟制造技术概论

提纲：1. 虚拟制造技术的定义；

2. 虚拟制造技术的分类；

3. 虚拟制造技术的体系结构；

4. 虚拟制造技术中的最新研究进展。

第5章 微机电系统

5.1 微机电系统的定义及分类

5.1.1 微机电系统的定义

微机电系统英文名称为 micro electromechanical system（MEMS）。MEMS 是指尺寸在几毫米乃至更小尺度上的高科技装置，其内部结构一般在微米甚至纳米量级，是一个独立的智能系统。MEMS 主要包含微型传感器、执行器和集成电路 3 部分，如图 5–1 所示。作为输入信号的自然界的各种信息首先通过传感器转换成电信号，经过信号处理以后（模拟 / 数字）再通过微执行器对外部信号执行一些动作。传感器可以把能量从一种形式转化为另一种形式，从而将现实世界的信号（如热、光、声音等信号）转化为系统可以处理的信号（如电信号）。执行器根据信号处理电路发出的指令完成人们所需要的操作。集成电路中的信号处理器则可以对信号进行转换、放大和计算等处理。例如，可以将集成电路与 MEMS 集成在一起制备出微加速度计、微陀螺等产品。

MEMS 具有以下特点。

（1）微型化。

MEMS 器件体积小、质量轻、耗能低、惯性小、谐振频率高、响应时间短。MEMS 与一般的机械系统相比，不仅体积小，而且在力学原理和运动学原理、材料特性、加工、测量和控制等方面都将发生变化。如图 5–2 所示，MEMS 加工的尺度范围为数十纳米至 1 mm，而在 1 μm 以下的维度又被定义为纳机电系统 NEMS（nano–electromechanical system）。在 MEMS 中，所有的几何变形是非常小的（分子级），以至于结构内应力与应变之间的线性关系（胡克

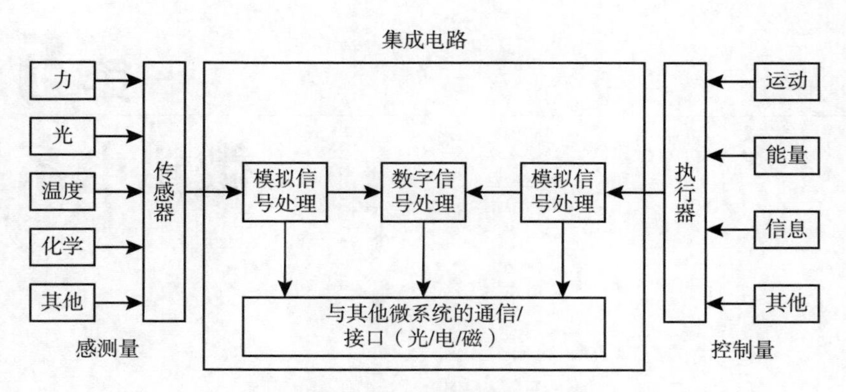

图 5–1 微机电系统的组成框图

定律）已不存在。MEMS 器件中摩擦表面的摩擦力主要是由表面之间的分子相互作用力引起的，而不是由载荷压力引起的。MEMS 器件以硅为主要材料，硅的强度、硬度和杨氏模量与铁相当，密度类似铝，热传导率接近铜和铬，因此 MEMS 器件机械、电气性能优良。

（2）批量生产。

MEMS 采用类似集成电路的生产工艺和加工过程，用硅微加工工艺在硅片上可同时制造成百上千个微型机电装置或完整的 MEMS，使 MEMS 有极高的自动化程度，批量生产可大大降低生产成本，而且地球表层硅的含量为 2%，几乎取之不尽，因此，MEMS 产品在经济性方面更具竞争力。

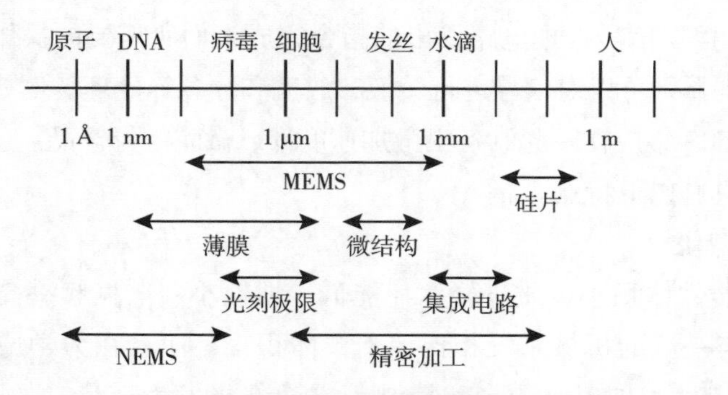

图 5–2 MEMS 加工方法的加工尺度范围

（3）集成化。

MEMS 可以把不同功能、不同敏感方向或功能方向的多个传感器或执行

器集成于一体，或形成微传感器阵列和执行器阵列，甚至把多种功能的器件集成在一起形成复杂的微系统。微传感器、微执行器和微电子器件的集成可制造出高可靠性和高稳定性的微型机电系统。

（4）方便扩展。

由于 MEMS 技术采用模块化设计，因此设备运营商在增加系统容量时只需要直接增加器件 / 系统数量，而不需要预先计算所需要的器件 / 系统数，这对于运营商是非常方便的。

（5）多学科交叉。

MEMS 涉及电子、机械、材料、制造、信息与自动控制、物理、化学和生物等多种学科，并集中了当今科学技术发展的许多尖端成果。通过微型化、集成化可以探索新原理、新功能的元器件和系统，将开辟一个新技术领域。

MEMS 技术是一种典型的多学科交叉的前沿性研究领域，它几乎涉及自然及工程科学的所有领域，如物理学、半导体、光学、电子工程、化学、材料工程、机械工程、医学、信息工程及生物工程等多种学科和工程技术，为智能系统、消费电子、可穿戴设备、智能家居、系统生物技术的合成生物学与微流控技术等领域开拓了广阔的用途。常见的产品包括 MEMS 加速度计、MEMS 麦克风、微马达、微泵、微振子、MEMS 压力传感器、MEMS 陀螺仪、MEMS 湿度传感器等以及它们的集成产品。MEMS 是一个独立的智能系统，可大批量生产，其尺寸为几毫米乃至更小，其内部结构一般在微米甚至纳米量级。例如，常见的 MEMS 产品尺寸一般为 3 mm × 3 mm × 1.5 mm，甚至更小。MEMS 技术的目标是通过系统的微型化、集成化来探索具有新原理、新功能的元件和系统。

MEMS 的发展开辟了一个全新的技术领域和产业。它们不仅可以降低机电系统的成本，而且还可以完成许多大尺寸机电系统所不能完成的任务。正是由于 MEMS 器件和系统具有体积小、重量轻、功耗低、成本低、可靠性高、性能优异及功能强大等传统传感器无法比拟的优点，MEMS 在航空、航天、汽车、生物医学、环境监控、军事以及几乎人们接触到的所有领域中都有着十分广阔的应用前景。例如，微加速度计可以用于汽车的安全气囊，当汽车发生碰撞等交通事故时，汽车的加速度会很大，这时通过微加速度计可以判断是否发生撞车事故，若发生撞车事故，微加速度计即可以发出指令，使安全气囊及时弹出，保护司机和乘客的安全；又如，微惯性传感器及其组成的微型惯性测量组合系统能应用于制导系统、卫星控制系统、汽车自动驾驶仪、汽车防抱死系统（ABS）、稳定控制系统和玩具等；微流量系统和微分析仪可用于微推进、伤员救护。MEMS 还可以用于医疗、高密度存储和显示、光谱分析、信息采集等。现在已经成功地制造出了尖端直径为 5 μm 的可以夹起一个红细胞的微型镊子，3 mm 大小的能够开动的小汽车，可以在磁场中飞行的像蝴蝶大小的飞机等。美国已研制成功用于汽车防撞和节油的 MEMS 加速度表和传感器，可提高汽车的安全性，可节油 10% 左右，仅此一项美国国防部每年就可节约几十亿美元的汽油费。MEMS 在航空航天系统的应用可大大节省费用，提高系统的灵活性，并将导致航空航天系统的变革。在军事应用方面，美国国防部高级研究计划局正在进行把微机电系统应用于个人导航用的小型惯性测量装置、大容量数据存储器件、小型分析仪器、医用传感器、光纤网络开关、环境与安全监测用的分布式无人值守传感等方面的研究，还演示过以微机电系统为基础制造的加速度表，它能承受火炮发射时产生的近 10.5 倍重力加速度的冲击力，可以为非制导弹药提供一种经济的制导系统。MEMS 的军事应用还有：化学战剂报警器、敌我识别装置、战斗机的“灵巧蒙皮”、分布式战场传感器网络等。

5.1.2 微机电系统的分类

目前，MEMS 技术几乎可以应用于所有的行业领域，而它与不同的技术结合，往往会产生一种新型的 MEMS 器件。正因为如此，MEMS 器件的种类极为繁杂。根据目前的研究情况，除了进行信号处理的集成电路部件，MEMS 内部包含的单元主要还有以下几大类。

（1）微传感器。微传感器种类很多，主要包括机械类、磁学类、热学类、化学类、生物学类等，每一类中又包含有很多种。例如，机械类中又包括力学、力矩、加速度、速度、角速度（陀螺）、位置、流量传感器等，化学类中又包括气体成分、湿度、pH 和离子浓度传感器等。

（2）微执行器。微执行器主要包括微马达、微齿轮、微泵、微阀门、微机械开关、微喷射器、微扬声器、微可动平台等。

（3）微型构件。微型构件主要包括微膜、微梁、微探针、微齿轮、微弹簧、微腔、微沟道、微锥体、微轴、微连杆等。

（4）微机械光学器件。这是一种利用 MEMS 技术制作的光学元件及器件。目前制备出的微光学器件主要有微镜阵列、微光扫描器、微光阀、微斩光器、

微干涉仪、微光开关、微变焦透镜、微外腔激光器、光编码器等。

（5）真空微电子器件。它是微电子技术、MEMS 技术和真空电子学发展的产物，是一种采用已有的微细加工工艺在芯片上制造的集成化微型真空电子管或真空集成电路。它主要由场致发射阵列阴极、阳极、两电极之间的绝缘层和真空微腔组成。由于电子输运是在真空中进行的，因此真空微电子器件具有极快的开关速度、非常好的抗辐射能力和极佳的温度特性。目前研究较多的真空微电子器件主要包括场发射显示器、场发射照明器件、真空微电子毫米波器件、真空微电子传感器等。

（6）电力电子器件。它主要包括利用 MEMS 技术制作的垂直导电型 MOS（VMOS）器件、V 形槽垂直导电型 MOS（VVMOS）器件等各类高压大电流器件。

现在，已经有很多种用途各异的 MEMS 器件相继问世。目前，微型马达的实例较多，其中德国采用 LIGA 技术制备的微型马达比较成功，已用于微型直升机样品。

5.2　微机电系统的发展历程

5.2.1　微机电系统的发展

微机电系统的概念起源于 1959 年美国物理学家、诺贝尔物理学奖获得者理查德 · 费曼（Richard P. Feynman）提出的微型机械的设想，其后 1962 年出现了第一个硅微压力传感器。1987 年由华裔留美学生冯龙生等人研制出转子直径为 60 μm 和 100 μm 的硅微型静电电机。

MEMS 技术在 20 世纪萌芽，并蓬勃发展起来，表 5-1 所示为 MEMS 技术发展中涉及的主要事件。美国在 1987 年举行的 IEEE Micro-robots and Tele-operators 研讨会的主题报告，首次提出了“微机电系统”一词，标志着 MEMS 研究的开始。美国在该领域标志性的研究成就，是 1988 年加利福尼亚大学伯克利分校用硅片刻蚀工艺开发出静电直线微电机和旋转微电机，该电机直径仅为 60 ~ 120 μm，引起世界极大轰动，它表明了应用硅微加工技术制造微小可动结构的可行性，并与集成电路兼容制造微小系统的优势，对 MEMS 研究产生很大的鼓舞。1989 年，美国国家科学基金会（National Science Foundation，NSF）在研讨会的总结报告中提出微电子技术应用于电子、机械系统。自此，MEMS 成为一个新的学术用语。

美国的研究是在半导体集成电路工艺技术基础上扩展而来的，称之为MEMS。在欧洲，1989年在荷兰特文蒂（Twente）以“Micro-mechanics”的名称首次召开有关微系统的研讨会。1990年，在德国柏林召开的研讨会将其改称为“MST（micro system technology）”。此后，多沿用此名称。欧洲在该领域的重要贡献是开发出了扫描隧道显微镜和原子力显微镜以及LIGA工艺。欧洲的研究从系统的角度，突出强调了系统的观点，即将多个微型传感器、执行器、信号处理和控制电路等部件集成为智能化的微型电子机械系统，称之为Micro-Systems。日本利用传统的精密机械加工的优势，利用大机器制造小机器，再利用小机器制造微机器，故称之为Micro-machine。

表5-1 MEMS发展过程中的重要历史进程

时间	发布内容	发布方
1939年	P-N结半导体	W.Schottky
1948年	晶体管	J.Bardeen，W.H. Brattain，W.Shockley
1954年	半导体压阻效应	C.S.Smith
1958年	集成电路（IC）	J.S.Kilby
1959年	微加工技术的提出	R.Feynman
1961年	硅集成压力驱动器	O.N.Tufte，P.W.Chapman，D.Long
1965年	表面微机械加速度计	H.C.Nathanson，R.A.Wichstrom
1967年	硅各向异性深度刻蚀	H.A.Waggener
1970年	第一个硅加速度计	Kulite
1977年	第一个微加工喷墨喷嘴	Stanford
1978年	硅静电加速度计	Stanford
1979年	集成化气体色谱仪	C.S.Terry，J.H.Jerman，J.B.Angell
1981年	水晶微机械	Yokogawa Electric
1982年	硅作为可加工材料被提出	K.Petersen
1983年	集成化压力传感器	Honeywell
1985年	LIGA工艺	W.Ehrfeld
1986年	硅键合技术	M.Shimbo

续表

时间	发布内容	发布方
1987 年	微型马达	UC Berkeley
1988 年	压力传感器的批量生产	Nova Sensor
1988 年	微静电电机	UC Berkeley
1992 年	体硅加工工艺	SCREAM process，Cornell
1993 年	数字微镜显示器件	Texas Instruments
1994 年	商业化表面微机械加速度计	Analog Devices
1999 年	光网络开关阵列	Lucent
2000 年至今	智能手机、电子类产品、游戏类操控系统等	

由于大量的资金支持，日本在一些 MEMS 研究方面处于国际领先地位。如奥林巴斯公司研制的直径近 1 mm、长度数厘米的柔性机器人，它将形状记忆合金 SMA、传感器及控制电路全部集成到机器人体内，其末端能吊起 1 g 的重块并自由运动。

MEMS 第一轮商业化浪潮始于 20 世纪 70 年代末 80 年代初，当时用大型蚀刻硅片结构和背蚀刻膜片制作压力传感器。由于薄硅片振动膜在压力下变形，会影响其表面的压敏电阻走线，这种变化可以把压力转换成电信号。后来的电路则包括电容感应移动质量加速计，用于触发汽车安全气囊和定位陀螺仪。

第二轮商业化浪潮出现于 20 世纪 90 年代，主要围绕着计算机（PC）和信息技术的兴起。美国德州仪器（TI）公司根据静电驱动微镜阵列推出了投影仪，而热泡式喷墨打印头现在仍然大行其道。

第三轮商业化浪潮可以说出现于 20 世纪与 21 世纪的世纪之交，微光学器件通过全光开关及相关器件而成为光纤通信的补充。尽管该市场现在萧条，但微光学器件从长期看来将是 MEMS 一个增长强劲的领域。

进入 21 世纪以后，推动第四轮商业化浪潮的应用包括智能手机、电子类产品、游戏类操控系统等，以及一些面向射频无源元件、在硅片上制作的音频、生物和神经元探针，以及所谓的“片上实验室”生化药品开发系统和微型药品输送系统的静态和移动器件。

近年来，对 MEMS 关注比较多的部分是表面微加工技术，它把牺牲层

（具体详见后文“光刻”）在最后一步溶解，生成悬浮式薄移动谐振结构。法国格勒诺布尔计算机信息技术开发和微电子技术（TIMA）国家实验室的Bernard Courtois 指出：“有两种方法制造微系统，即专门为微系统开发的工艺或者使用为微电子开发的工艺。后一种工艺中有些可用于微系统，有些则要为它增加一些特殊的工艺步骤以适用于集成电路中的微系统。”很多 MEMS 应用要求与传统的电子制造不同，如包含更多步骤、制造工艺、特殊金属和非常奇特的材料以及晶圆键合等。许多场合尤其是在生物和医疗领域，通常不把硅片作为基底使用，出于降低成本原因很多地方选用玻璃和塑料来制作一次性医疗器械。

对众多公司和研究机构来说，微电子中现有的 CMOS、SiGe 和 GaAs 等工艺是开发 MEMS 的出发点。从理论上讲，将电路部分和 MEMS 集成在同一芯片上可以提高整个电路的性能、效率和可靠性，并降低制造和封装成本。提高集成度的一个主要途径是通过表面微加工方法，在微电子裸片顶部的保留区域进行 MEMS 结构后处理。但是必须考虑温度对前面已制造完成的微电子部分的破坏，所以对单片集成来讲，在低温下进行 MEMS 制造是一个关键。针对这一点，比利时 Interuniversity 微电子研究中心大学联合体（IMEC）开发了一种多晶锗化硅沉积技术，其临界温度为 450 ℃，而多晶硅为 800 ℃。不过温度低沉积速度也要慢，因此又开发了第二种沉积速度更高的方法，该方法温度为 520 ℃。选择 SiGe 是希望切入实际应用的高频电子标准工艺，但也有很多其他公司在寻求以主流数字 CMOS 作为载体。IBM 公司利用稀有元素铋（Bi）制作 CMOS 的工艺技术在低于 400 ℃温度下开发了 RF MEMS 元件，开发的 MEMS 谐振器和滤波器可以在无线设备中替代分立无源元件。

MEMS 与微系统资深专家 Roger Grace 表示：“多年来人们一直在讨论 CMOS 和 MEMS 集成的问题，但目前唯一批量生产的集成工艺只有美国模拟器件公司（ADI）的 ADXL-50 加速器。同样的功能摩托罗拉要用两个芯片完成，其中一个是 MEMS，另一个是封装好的集成微电子器件。”这些争论经常在微电子业中提起，涉及标准化工艺生产的问题。值得注意的是模拟和混合信号在微电子中常常放于不同的裸片上作为电路集成到一个封装里。此外不管赞成与反对将 CMOS 和 MEMS 集成的问题，其实机械结构和大量电子装置集成在一起的问题也都非常复杂。这主要是因为微电子的标准封装开发很快，引脚数和连接方法的变化在本质上也是标准的。而 MEMS 则不同，其环境参数各种各

样，某些封装不能透光而另一些必须让光照到芯片表面，某些封装必须在芯片上方或后面保持真空，而另一些则要在芯片周围送入气体或液体。人们认识到不可能给各种 MEMS 应用开发一种标准封装，但也非常需要业界对每种应用确定一种标准封装及其发展方向。

5.2.2　微机电系统的产业发展概况

5.2.2.1　全球 MEMS 现状

近年来，受益于汽车电子、消费电子、医疗电子、光通信、工业控制、仪表仪器等市场的高速成长，MEMS 行业发展势头迅猛。如图 5-3 所示，2018 年，全球 MEMS 市场规模约为 152 亿美元，预计到 2021 年全球 MEMS 市场规模将超过 220 亿美元，2016—2021 年年均复合增长率为 9.6 %。就 MEMS 的出货量而言，预计到 2023 年全球 MEMS 的年均复合增长率在 20% 以上，增速超过半导体市场。

未来，助推全球 MEMS 持续增长的动力主要因素有 3 点：①全球主要市场对于汽车安全及智能化的需求逐年增加，推动 MEMS 市场的持续增长；②受工业 4.0 和智慧家庭的影响，工业和家居类的自动化产品对于 MEMS 的需求巨大；③可穿戴设备、无人机 / 机器人的日益普及和在各领域的渗透率进一步提高。

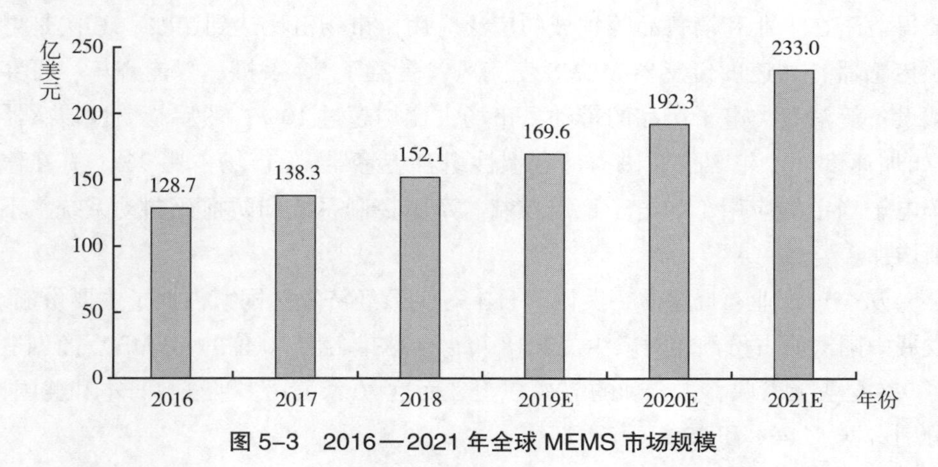

图 5-3　2016—2021 年全球 MEMS 市场规模

如图 5-4 所示，从全球应用领域来看，消费电子仍是 MEMS 的第一大市场，占比为 41.8%，这主要得益于在智能家居、智能手机和可穿戴设备等领域的应用机会日益增多。医疗电子位居第二，占比为28.1%，归功于MEMS在临床监测中的广泛应用，如对患者的心电图监测和脑电图测量，以及成像应用，如CT成像和数字X射线。此外，MEMS还被用于诊断和治疗设备的定位应用，包括外科手术台等设备的高精度定位，以及假肢和患者的监测应用，如运动和位置监测，医疗电子上的MEMS器件附加值很高，平均售价远高于其他MEMS领域。

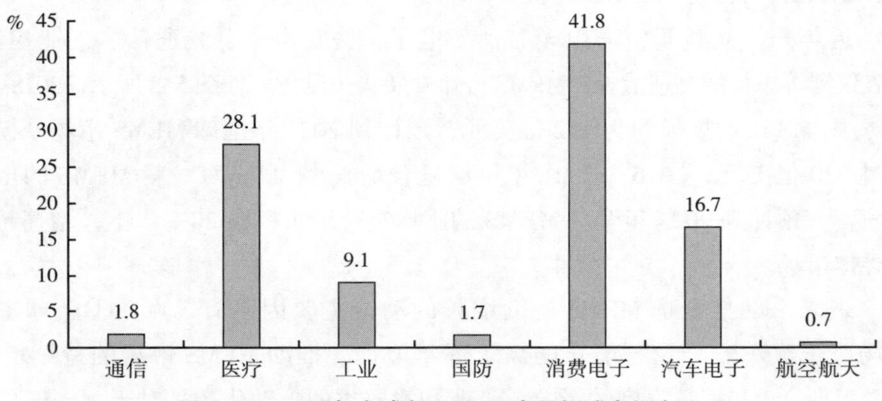

图 5-4 2018 年全球各 MEMS 应用领域市场占比

如图 5-5 所示，从全球产品结构来看，份额最大的是光学MEMS，这主要得益于在工业和消费品等领域的广泛应用，市场占比达到29%；其次是射频传感器、加速度传感器MEMS麦克风，受益于5G手机、智能音箱、可穿戴设备等消费类电子产品的带动，市场占比均超过10%；然后是惯性传感器（如加速度计、陀螺仪、磁力计和惯性组合传感器），市场占比9%，其在汽车电子当中的应用（如电子稳定控制、牵引控制系统和防抱死制动系统）不断增加。

从全球产业布局来看，美国、日本等少数经济发达国家占据了主要份额，发展中国家所占份额相对较少。2018年，全球排名前30位的MEMS厂商创造了924亿美元营收，占全球的70%以上，而这30家公司多半来自日本和美国，分别占据了44%和33%。

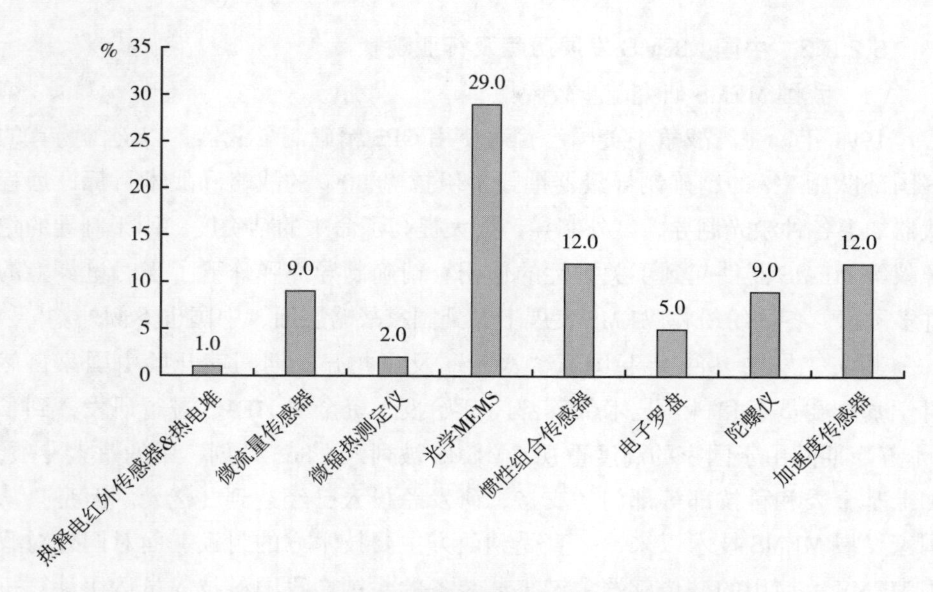

图 5–5 2018 年全球各 MEMS 产品市场占比

未来，随着全球电子制造产业链加速向亚太地区转移，凭借成本等优势，MEMS产业重心也将不断东迁，亚太地区的MEMS产业规模也将持续增长。图5–6所示为2018年全球排名前30家MEMS企业数量区域分布。此外，亚太地区也是消费电子、汽车和工业领域的主要市场，亚太地区已成为大型投资和业务扩张机会的全球焦点。而中国是亚太地区MEMS发展潜力最大、增速最快的市场，特别是移动互联网和物联网的快速发展，将对MEMS产业产生深远的影响，催生出大量新的产品、新的应用，带动MEMS产品在日常生活及工业生产中的普及化。

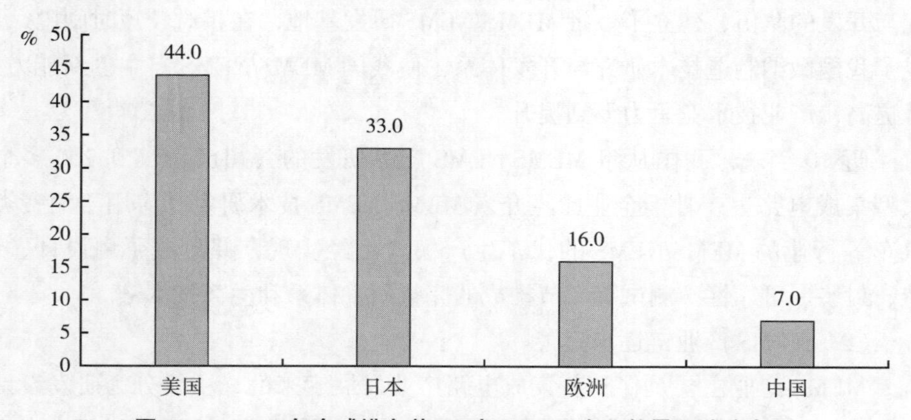

图 5–6 2018 年全球排名前 30 家 MEMS 企业数量区域分布

5.2.2.2 中国 MEMS 发展历程及行业现状

（1）我国 MEMS 研究起步较晚。

1991 年，海湾战争中美国已普遍使用 GPS 精确制导武器，以美国为首的多国部队用 8% 的精确制导武器摧毁了伊拉克 80% 的战略和战术目标，远程武器加上各种激光制导、红外制导，大大提高了命中的精确度，用于制导的陀螺仪等 MEMS 器件起到了关键性的作用。精确制导炸弹炸醒了当时世界上的许多国家，各国纷纷将 MEMS 发展上升到国家战略层面，中国也不例外。

其实，早在 1989 年起国家"八五"及"九五"期间就开始由国家自然科学基金委员会和科学技术部等部门开始投入资金对 MEMS 进行研发，到了"十五"期间由于国家的高度重视，MEMS 被列入"863 计划"中的重大专项，加上基金委和科技部等部门的支持，研发总投入已经达到 3 亿元。但是自从国家发展 MEMS 技术以来，一直受到西方主要技术方的封锁。面对国外对我国 MEMS 上使用的硅传感器关键工艺装备的封锁，我国科技人员运用计算机技术、自动化技术、精密机械技术，独立开发了划片机、硅研磨机、静电封接机、大片静电封接机、硅油充灌机、化学和电化学腐蚀设备、带油封装焊接机、芯片自动测试仪、温度补偿和标定装置等硅传感器生产的专用设备，提高了制造工艺的一致性和生产效率，并在行业中推广。

中国在 MEMS 传感器领域的研究虽然较晚，但目前已经成为不可或缺的力量，后发优势凸显。国家"863 计划"自 2003 年以来持续 15 年的支持，大大促进了 MEMS 传感器的设计、加工、测试、封装、装配等关键技术的进步，产生了一批具有自主知识产权的核心技术，凝聚并形成了我国 MEMS/NEMS 研究与开发的队伍，建立了一批 MEMS/NEMS 研发基地，在相对较短时间内，形成了我国微纳制造技术研究与开发体系，使我国 MEMS/NEMS 自主创新能力显著提高，产业技术竞争力得到提升。

近 10 年来，我国从事 MEMS/NEMS 产品研发的公司已增长到 200 多个，大型集成电路生产骨干企业已经介入 MEMS/NEMS 技术研发，应用于消费类、汽车等行业的 MEMS/NEMS 的代工生产模式已经实现，并形成了由设计、制造、封装、可靠性、测试等环节构成的完整研发体系和生产技术链。

（2）MEMS 产业链逐步完善。

MEMS 产业主要是伴随着集成电路产业发展起来的，主要分为研发设计、生产制造（晶圆制造和封装测试）、集成应用 3 个层面，就全产业链概念来说，

还包括材料和设备。

研发设计的中坚力量主要集中在北京、上海等地的高校、科研院所和研发中试平台，多数企业都是和这些机构合作研发设计 MEMS 产品。MEMS 技术涉及微电子、材料、物理、化学、生物、机械学诸多学科领域。2020 年，射频、3D 成像、激光雷达等新应用进一步开拓了 MEMS 市场空间，吸引了大量企业布局，但目前距离大批量生产仍存在一些尚未攻克的技术难点。

在生产制造层面，MEMS 制造是基于集成电路制造技术发展起来的，分为前段晶圆制造和后段器件封测。晶圆制造主要有 3 类：纯 MEMS 代工、IDM 企业代工和传统集成电路 MEMS 代工；封测一般是委托专业的 MEMS 器件封测厂。2020 年一些特色工艺线也开始做 MEMS 产品，目前，北京 Silex 产线一期准备完毕，年产能为 6 万片，2021 年 6 月已宣布量产。中芯国际绍兴产能逐步释放，2021 年 7 月已成功完成晶圆设备链调试，8 英寸晶圆的月产能将提升到 7 万片，且良品率高达 99%，MEMS 国内晶圆制造产能空间快速提升。

在集成应用层面，主要分为 3 大类。一是由 MEMS 产品生产厂商提供解决方案，其解决方案通用性强，能够更有效地发挥产品性能，兼具灵活与轻度定制化的特点，基本实现即插即用；二是由 MEMS 产品应用厂商进行集成，企业对外采购传感器再集成到整机产品，该类解决方案专注于特定领域、研发成本较高、产品研发周期较长；三是由垂直整合厂商集成，通常属于高精尖领域，企业为旗下航空、发电、运输等业务自行生产专用传感器，该类应用集成专用性强，高度适配自家应用。

（3）行业发展概况。

中国作为全球最大的消费类电子产品生产基地，消耗了全球近 1/2 的 MEMS 器件。近年来，中国 MEMS 消费电子类产品，如智能手机、平板电脑等产量保持稳定增长，带动加速传感器、陀螺仪、硅麦克风等 MEMS 行业需求的增长，中国已经成为全球 MEMS 市场发展最快的地区。如图 5-7 所示，预计 2016—2021 年中国的 MEMS 市场年均复合增长率将超过 15%，远高于全球 9.6% 的增速。

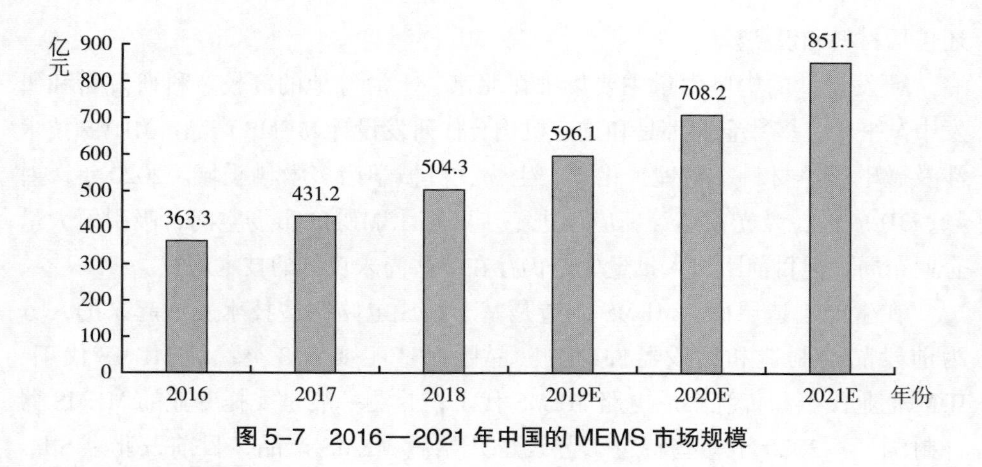

图 5-7　2016—2021 年中国的 MEMS 市场规模

与其他发达国家相比，中国的 MEMS 产业尚处于起步阶段，旺盛的市场需求与相对薄弱的产业形成反差，具有一定知名度和出货量的本土 MEMS 企业仍然屈指可数，逐鹿中国市场的主要竞争者仍以跨国企业为主。未来随着物联网市场在国内的不断发展，智能化过程的不断加速，MEMS 传感器逐渐成为智能感知时代下最基础的硬件。

如图 5-8 所示，2018 年在 5G 通信和物联网的带动下，MEMS 陀螺仪、MEMS 加速度计等产品的用量快速提高，网络与通信成为中国 MEMS 市场的最大应用领域，市场份额达 31%。随着无人驾驶和新能源汽车的发展，汽车电子领域 MEMS 快速增长，2018 年市场份额达 29%，位居第二。因为平板电脑增长乏力，计算机领域市场略有下降。

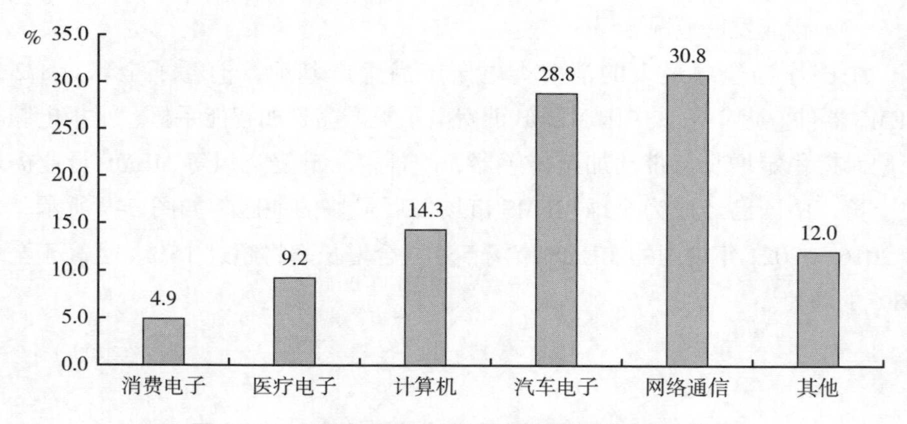

图 5-8　2018 年中国 MEMS 各应用领域市场占比

从中国产品结构来看，份额最大的是压力传感器，市场占比达 23.3%，汽车工业、生物医学、工业控制、航空航天等多领域应用广泛；其次是加速度传感器占比 23.2%，在消费电子和汽车中的广泛应用也保持着稳步增长；MEMS 陀螺仪发展较快，在航空、航天、航海、汽车、生物医学和环境监控等领域得到了应用，占比达 10%，如图 5-9 所示。

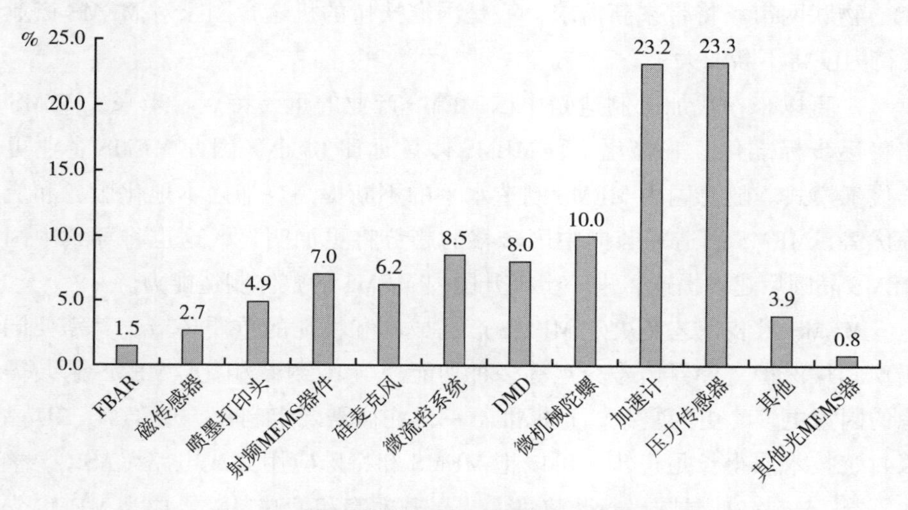

图 5-9　2018 年中国 MEMS 各产品市场占比

在政策鼓励下，中国 MEMS 产业迅速向全国各地区渗透，已在长三角和京津冀地区建立了完整的产学研布局。从企业数量和分布来看，2018 年我国 MEMS 传感器制造企业大约有 200 家，大多属于初创类中小型企业，主要集中在长三角地区，并逐渐形成以北京、上海、深圳和西安等中心城市为主的区域空间布局。从产品使用领域结构来看，国内 MEMS 公司在营业规模、技术水平、产品结构与国外有明显差距，60%～70% 的设计产品集中在加速度计、压力传感器等传统领域。

针对国际 MEMS 发展趋势和未来的产业化前景，应结合我国社会经济发展的需要和国家竞争前的核心技术发展战略，以支撑我国 MEMS 产业化发展的应用基础为切入点，掌握 MEMS 材料、设计、制造、检测、工艺、装备与系统集成等方面的具有自主知识产权的关键技术，建立我国的 MEMS 研发体系和产业化基地，围绕医疗、消费电子、家电等行业，开发出若干小批量、多品种、高质量 MEMS 器件及微系统，推动 MEMS 的可持续发展和未来产业化的形成打下良好的基础。

（4）未来发展趋势。

未来10年是中国MEMS产业的黄金10年。国内产业和市场端将面临诸多挑战，也将迎来前所未有的机遇。一是科创板机遇，科创板对于高科技企业的扶持将加速MEMS企业的优胜劣汰，促进行业快速发展；二是新基建机遇，5G、物联网市场将带来新需求；三是国家扶持的机遇，国家对MEMS产业的支持力度将不断加大。

一直以来，代加工制造是中国MEMS产业的重要特点。未来，MEMS工艺将逐步标准化、兼容化，且MEMS体量远比IC小，因此MEMS企业更适合代工模式。随着国内MEMS制造水平的不断提高，加之本地化服务和成本等优势，MEMS制造环节向中国转移的趋势将更加明显，这也将导致中国的MEMS晶圆厂建设提速，进一步提升国内MEMS的整体制造能力。

MEMS封装工艺是决定MEMS产品成本和性能的重要环节，其需要同时实现芯片保护、外界信号交互等多种功能。与IC封装相比，MEMS封装需考虑的因素更多、更为复杂，且标准不一，往往需要定制化。近年来，3D晶圆级封装技术取得长足进步，可以把MEMS和特殊应用集成电路（ASIC）整合在一起。未来3D晶圆级封装将进一步提升效率和缩减尺寸，成为MEMS先进封装领域的重要方向。

新材料和传感集成的技术突破及广泛应用，将大幅提高硅基MEMS产品性能、降低成本，为MEMS产业带来巨大的市场机会。如锆钛酸铅压电陶瓷（PZT）、氮化铝、氧化钒等新材料在MEMS器件上的突破，有望取代部分传统硅基产品，得到快速应用。同时，将多种单一功能传感器组合成多功能合一的传感器模组，再通过集成微控制器、微处理器等芯片的传感器集成技术，也将为MEMS产业带来新的市场机遇。

从技术和产品趋势看，MEMS传感器正在向四化——智能化、集成化、低功耗化、微型化——演进。

加入信号处理功能，实现智能化。现代传感器作为电子产品的“感知中枢”，通过加入微控制单元和相应信号处理算法，还可以承担自动调零、校准和标定等功能，实现终端设备的智能化。

传感器呈现多项功能高度集成化和组合化。由于设计空间、成本和功耗预算日益紧缩，在同一衬底上集成多种敏感元器件，制成能够检测多个参量的

多功能组合 MEMS 传感器成为重要解决方案。

传感器低功耗化需求日趋增加。随着物联网等应用对传感需求的快速增长，传感器使用数量急剧增加，能耗也将随之翻倍。降低 MEMS 功耗，增强续航能力的需求将会伴随传感器发展的始终，且日趋强烈。

微型化日益明显，MEMS 在向 NEMS 演进。与 MEMS 类似，NEMS（纳机电系统）是专注纳米尺度领域的微纳系统技术，其尺寸更小。而随着终端设备小型化、种类多样化，MEMS 向更小尺寸演进是大势所趋。

5.3　微机电系统的应用概述

作为获取信息的关键入口，MEMS 传感器已在汽车、消费电子、航空航天、生物医学等领域中得到了广泛的应用。

在汽车领域，20 世纪 90 年代，MEMS 首先在汽车工业开始应用，汽车电子被认为是 MEMS 传感器第一波应用高潮的推动者。受益于汽车行业安全规定及信息化、智能化浪潮，MEMS 传感器在汽车领域得到飞速发展，其应用方向和市场需求包括车辆的防抱死系统、电子车身稳定程序、电控悬挂、电动手刹、斜坡起动辅助、胎压监控、引擎防抖、车辆倾角计量和车内心跳检测等。根据相关调研数据，目前平均每辆汽车包含 10 ~ 30 个 MEMS 传感器，而在高档汽车中会采用 30 个以上甚至上百个 MEMS 传感器。

在消费类电子领域，随着消费类电子的大发展及产品创新不断涌现，该领域已经取代汽车领域成为 MEMS 最大的应用市场。MEMS 传感器在消费类电子产品中可用于运动 / 坠落检测、导航数据补偿、游戏 / 人机界面交互、电源管理、GPS 增强 / 盲区消除、速度 / 距离计数等，应用较多的品类为 MEMS 麦克风、3D 加速器、MEMS 射频组件、GPS 陀螺仪、小型燃料电池与生化芯片等。多种 MEMS 传感器的综合应用可增加电子设备的娱乐性及智能性，改善交互性能，大大提升用户体验。

在航空航天领域，MEMS 在航空航天领域主要有状态传感器和环境传感器之分。状态传感器主要针对飞机姿态、燃料用量、生命活动、各种活动机件的即时位置等进行监测。环境传感器主要针对温湿度、氧气浓度、流量大小等方面进行测量。通过提供有关航天器的工作信息，MEMS 传感器起到故障诊断、提供决策依据、保障正常飞行的作用。因事故频出已全球停飞的波音

737MAX飞机，其故障主要原因之一是迎角传感器产生读数输出错误，导致了系统不能起到严格的保护作用。小小传感器对航空航天安全的重要性由此可见一斑。

在生物医疗领域，随着体外诊断、药物研究、病患监测、给药方式以及植入式医疗器械等领域发展，医疗设备需要迅速提高性能、降低成本、缩小尺寸。MEMS技术使医疗设备可以做到微型化，医疗检测、诊断、手术和治疗过程可以更加便捷、精准，甚至无痛。MEMS压力传感器可以检测包括血压、眼内压、颅内压、子宫内压等在内的人体器官的压力水平。MEMS惯性器件最主要用于心脏病治疗设备。MEMS图像传感器普遍应用于包括CT扫描、内窥镜在内的医学成像设备中。MEMS技术在传感和执行功能上的优势，使其在医疗健康行业的应用广泛增长。

此外，MEMS技术在国防、工业、能源及环保等领域也有广泛应用，为各行各业提供自动化、智能化的数据接口，赋能智能社会。根据相关市场调研数据，全球MEMS市场结构中消费电子领域占比最高，增长空间最大的是生物医疗领域。

5.4 微机电系统的制造工艺

时至今日，MEMS已经越来越被看作一个具有自身鲜明特点的技术门类，而非仅仅具有某类特征的器件或集成系统。作为MEMS技术的核心，制造工艺既是决定MEMS发展水平的关键技术因素，也是亟待突破的主要技术瓶颈。20世纪80年代，“牺牲层”技术的发明一定程度上标志着MEMS的诞生，其后陆续出现了许多专门化的工艺技术，持续推动MEMS走向成熟，未来MEMS的进一步发展仍然有赖于制造工艺的不断突破和创新。

MEMS制造工艺的要求虽然因具体的器件和结构差别而差异巨大，但也存在明确的共性。适用于MEMS的制造工艺必须同时具备至少两个方面的特点：一是要实现微米尺度结构的加工；二是加工过程必须大批量化。前者是由MEMS的特征尺度所决定的，后者是MEMS产品市场竞争力的根本保证。

常规的机械制造工艺对MEMS提出的这两项基本的工艺要求均难以满足：一方面，虽然精密机械加工的精度可以达到亚微米甚至纳米量级，但其特征尺度仍主要集中在毫米及以上尺度；另一方面，以车、铣、刨、磨为代表的切削

加工工艺原则上都还是单件加工过程，由此可以明确常规的机械制造工艺对于MEMS来说难有帮助，MEMS制造工艺必须另寻技术路径。

在MEMS正式出现之前，唯一能够同时满足微米量级的特征尺度和大批量化加工的成熟制造技术只有集成电路（IC）制造工艺，MEMS的发展即跟随着IC自身发展的步伐。借用IC主流工艺——硅加工工艺（silicon process），已成熟的生产和检测设备以及丰富多样的单项加工技术，如MEMS硅微加工（silicon micromachining）得以迅速发展到实用和市场化阶段的同时，硅微加工还为MEMS带来了机电单片集成的可能性，这无疑是一种极具诱惑力的“终极”集成方案。当然IC的硅工艺并不完全契合MEMS加工要求，其主要的不足在于以下两个方面。第一，装配能力的匮乏以及三维造型能力的不足。对于平面电路来说这两点均非必要，但对于MEMS器件而言，无法批量化地进行微装配将大大制约最终的系统复杂度以及与复杂度相匹配的产品功能性。第二，二维平面结构也对MEMS结构应用和设计有极大制约。值得庆幸的是MEMS硅微加工技术后来发展出了基于牺牲层技术的表面硅微加工（surface micromachining），一定程度上实现了批量化的自装配。另外，体硅微加工（bulk micromachining）则极大地提升了结构的厚度（高度、深度），使结构造型由二维上升为二维半或者说准三维。

硅微加工的发展最终将MEMS成功地应用到了现实生活。但是在其取得巨大成功的今天，MEMS硅微加工仍然存在一些不足之处，其中之一就是材料的单一性。具体的工艺总是与其适用的材料联系在一起，不存在可加工一切材料的工艺，也不存在适用于任何工艺的材料。即使硅与硅基薄膜材料被证明有着一系列良好的力学与物理特性。现实中广泛的应用需求仍然期盼着其他材料能够加入MEMS产品的结构中。光刻电铸法（LIGA）及准LIGA工艺，不仅符合MEMS对加工工艺的基本要求，并能同时实现牺牲层自装配与高深宽比结构，关键还可以采用树脂、金属、陶瓷和塑料等材料制备结构，因而成为继硅微加工之后的又一项重要的在MEMS制造工艺。

MEMS制造工艺与MEMS设计的联系是另一个需要引起特别关注的问题。事实上，任何成功的设计都不是仅仅考虑应用需求的结果，加工工艺的特长与限制性因素无疑也是设计的重要依据。对于MEMS而言，由于目前设计软件的发展水平和产品生产的代工模式，制造工艺对结构设计有着先决和指导意义。因此，专门从事产品设计的MEMS研发人员也必须对制造工艺进行深入的了解。下面介绍几种典型的 MEMS 制造工艺。

5.4.1 光刻

光刻（photolithography）可直译为照相平版印刷术，是 IC 工业发展出的图形转移技术。硅微加工和 LIGA 这两大 MEMS 主流工艺，均采用光刻作为获得初始微小图形的技术手段。本节将结合 MEMS 的特点讲述光刻的原理以及硅微加工中的光刻装备和工艺流程。

在光刻工艺中用以形成图形的结构层的材料是一种称为光刻胶（photoresist）层的有机材料，其特性是对于某一特定波长附近的光线十分敏感。在有适合波长和足够光强的光照下，被曝光部分的光刻胶会发生充分的胶联反应，使其在特定溶液（显影液）中的被溶解性得到大幅度的改变。如果被曝光的光刻胶部分变得更容易被溶解，则该种光刻胶属于正性光刻胶的范畴，反之则属于负性光刻胶的范畴。在随后类似于照相技术环节的显影（developing）过程中，无论正胶还是负胶，其相对较易溶解的光刻胶部分（正胶的曝光区域 / 负胶的未曝光区域）被溶解掉，而其余部分得到保留，如此在原本平坦连续的光刻胶层中实现了局部的空洞。这样，正性胶显影得到的图形结构与原始版图实空一致而负性胶最终得到的图形结构与原始版图则实空相反。通常，这一光刻过程可以看作具有一定厚度的平面造型，也就是说图形通过光线的传递从掩模版图上转移到了光刻胶层。由于光线通常能够通过很窄的缝隙，因此光刻工艺可以实现尺度非常微小的图形转移，以满足微加工对特征尺度（线宽）的需要。

光刻工艺流程中，首先，光刻胶被均匀涂布在基底表面形成光刻胶层（PR layer），在光刻胶层上方平行放置一块制有掩模版图的平板，称为掩模版或光刻版（mask glass）；然后，平行光通过光刻版图形中的透明部分垂直照射光刻胶层，进行区域性曝光（exposure）；最后，随后的显影过程溶解掉曝光部分的正性光刻胶，图形从光刻版到光刻胶层的转移至此完成。

由上述的工艺原理可知、将照相术与平版印刷术结合在一起的光刻技术，既依靠光学方法固有的细微分辨率进行高精度（目前已至纳米量级）的图形转移，同时又利用平版印刷的批量化特性获得高效的处理能力，因此它能够较好地满足 MEMS 的加工要求。

为了使读者更加详细地了解光刻过程，本书详细列举了光刻的整个流程，具体步骤如下。

（1）清洗光刻基底（清洗溶液由基底材料决定）。对于硅晶圆，通常的清洗步骤包括：去离子水（RI water）清洗、酸洗、氨水清洗、丙醚沸煮、甲醇超声波振荡清洗等，目的是去除基底表面的固体颗粒、金属离子、有机物残余等。清洗后的基底经吹干或甩干后还需数分钟的烘干。

（2）涂胶、匀胶。烘干后的晶圆被真空吸附于匀胶机（spin coater）的载片台上，然后滴上一定量的液态光刻胶随着载片台的旋转离心作用使得晶圆自然处于水平状态，光刻胶也随之被摊薄、甩匀。匀胶过程通常需持续数十秒，胶层厚度主要取决于胶的黏度和匀胶时的转速等工艺参数。

（3）烘干（前烘）。涂胶后的晶圆在曝光前通常还需进行一定时间的烘干，称为前烘。以 AZ4533 光刻胶为例，需在 90 ℃下前烘 30 min。前烘的目的是减少光刻胶中的液态溶剂成分，对光刻胶进行一定程度的固化，以利于曝光得到精细的轮廓。

（4）曝光。在光刻机上进行，对准精度由显微镜分辨率和人为因素决定，另外还必须控制光强和曝光时间，这是保证图形精度的重要参数。

（5）烘干（中烘）、显影。烘干后以固定胶层中不同溶解特性物质的位置随后进行显影，显影液根据工艺要求可以进行一定程度的稀释，显影时间必须准确控制。

（6）漂洗。去除晶圆上的残留物质。

（7）烘干（后烘）。显影后的晶圆通常还需进行较前烘更高温度的后烘。AZ4533 光刻胶的后烘温度为 130 ℃，时间约为 30 min。后烘的主要目的是硬化已成型的胶层，使其在后续的刻蚀、改性等加工过程中具有更好的掩蔽能力。

（8）刻蚀等后续工艺。

（9）去胶。去除晶圆上残余的光刻胶，常用的除胶方法包括：硫酸双氧水溶液热煮、纯氧干法刻蚀、热氧化去胶等。

MEMS 加工和芯片一样有两大瓶颈问题：一是光刻机（包括设计软件）；另一个就是光刻胶。高端光刻机被荷兰阿斯麦（ASML）公司所垄断，高端光刻胶被日本垄断。日本合成橡胶、富士电子材料、日本信越、东京日化等日本巨头处于绝对的统治地位，占据了全球 85% 的市场。虽然目前还没有禁止出口，但并不意味我国就无忧。2019 年，就发生日本突然限制韩国出口光刻胶，使韩国半导体产业几乎崩盘，前车可鉴，我国在此问题上也应未雨绸缪。

光刻机是半导体生产制造的主要生产设备之一，其工作原理如图 5–10 所示，它是决定整个半导体生产工艺水平高低的核心设备。半导体技术发展都是以光刻机的光刻线宽为代表。按照曝光光源的不同，光刻机通常采用步进式（stepper）或扫描式（scanner）等，通过近紫外光（near ultra-violet，NUV）、中紫外光（mid UV，MUV）、深紫外光（deep UV，DUV）、真空紫外光（vacuum UV，VUV）、极短紫外光（extreme UV，EUV）、X 光（X-Ray）等光源对光刻胶进行曝光，使得晶圆内产生电路图案。

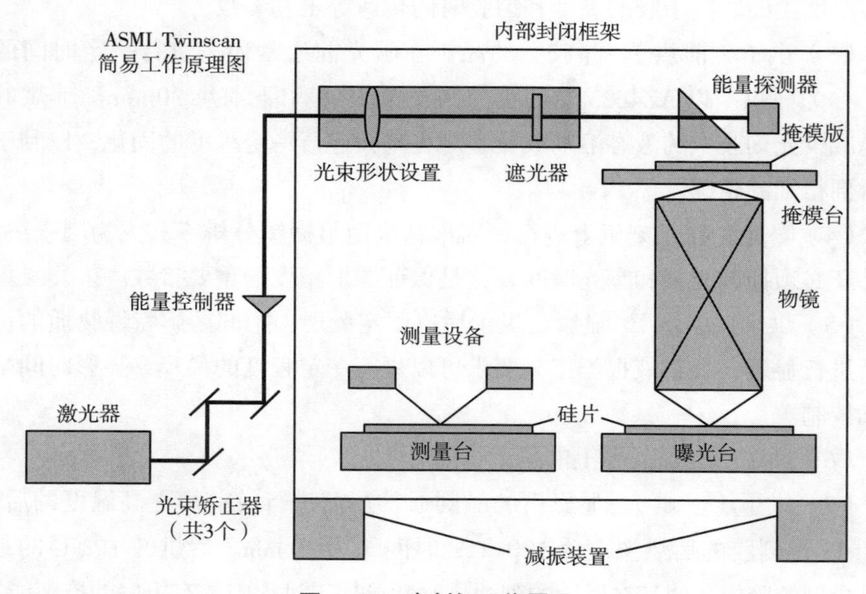

图 5–10　光刻机工作原理

一台光刻机包含了光学系统、微电子系统、计算机系统、精密机械系统和控制系统等构件，这些构件都使用了当今科技发展的尖端技术。从制备的精度上简单来说，光刻机分 G 线（制作 0.5 μm 以上 IC）、I 线（制作 0.5 ~ 0.35 μm IC）、KrF（0.25 ~ 0.15 μm IC）、ArF（制作 130 ~ 45 nm IC）和 EUV（制作 45 nm 以下 IC）几个等级，每个级别的光刻机需要不同分辨率的光刻胶，其中 KrF、ArF 和 EUV 光刻胶属于高端产品，技术要求特别高。

需要注意的是，与 LIGA 工艺中的立体光刻不同，在硅微工艺中的光刻中由于胶层较薄（通常在亚微米至微米量级），相对于 MEMS 特征尺度的下限，因此通常仅被看作微图形转移技术，而非完整意义的结构造型。事实上，真正

的结构造型还需要光刻之后的一系列加工过程来实现。这里需要明确的是，任何后续的加工过程如需进行选择性加工以实现造型的要求，则都需要光刻的结果（已完成图形转移的光刻胶层）作为在二维平面上的加工控制手段，即掩蔽层（mask layer）。

作为图形转移技术的光刻工艺，必须有原始的图形模版，称为掩模版，附加在光刻版上。MEMS 中 UV 光刻所使用的光刻版通常为正方形，厚度为 1.5 ~ 3 mm，平面大小依据被曝光的晶圆（wafer）尺寸以及所采用的光刻机而定，是一块单面附有金属铬层（厚度为 800 ~ 1000 Å）的石英玻璃（对深紫外光有很好的通透性）平板，掩模版图就构造于该铬层。

光刻版上的掩模版图是 MEMS 设计过程的最终结果，光刻版的制备则是 MEMS 制造过程的初始环节。它是一个精细却不必批量化的工艺过程，一直以来在不断进化。目前，最具柔性的 UV 光刻版制备过程大致如下：掩模版图经 CAD 软件工具设计得到掩模文件（PG file）；根据文件对石英玻璃表面铬层上 0.5 ~ 1 μm 厚的电子束敏感胶层进行电子束直写（electron beam writing）曝光；显影完成后，借助光刻胶层图案的掩蔽对胶层进行刻蚀（etching，即去除材料的微加工工艺，最后去除多余胶层，制备得到最后的光刻版）。

光刻机的功能主要有两个：一是将光刻胶层进行曝光；二是将掩模版与晶圆对准。因此也常称其为曝光机或对准机（mask aligner）。光刻机的基本原理为：光源负责提供足够强度的光照，光学系统对光源发出的光进行处理和控制，将其垂直投射到光刻版上；透过光刻版的光线最终到达基底之上的光刻胶层，实现既定剂量的曝光。无疑，光线、光刻版和光刻胶层间的几何位置关系由光刻机的机械调整机构和光学观测系统来实现。

光刻机的曝光系统包括曝光源和光路通过的多重透镜装置，根据使用要求，可以很简单，也可能十分复杂。根据曝光源的不同，可以将光刻分为光学光刻、粒子束光刻、电子束光刻等。光学光刻较为常见，通常可细分为可见光、紫外光（UV）、深紫外光（DUV）、极深紫外光（EUV）、X 射线光刻，等等。

MEMS 与 IC 的一个重要差别在于 MEMS 是由立体而非平面的微结构所组成的系统。因此，超越平面的微加工技术成为 MEMS 制造的重要环节。在许多场合，MEMS 都需要数百微米高度的微结构，以增加结构的强度，提供更大的作用力、力矩或功率等。为了批量化地制作高深宽比的准三维微结构，

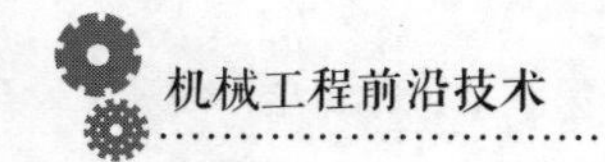

德国的研究人员在20世纪90年代发明了光刻电铸法（LIGA）工艺。随后，LIGA和准LIGA工艺作为对硅微加工的有力补充被广泛应用于多种MEMS器件的制备。

LIGA工艺由于要在胶层中光刻出高深宽比的微结构，通常采用穿透性很强的同步辐射X射线作为曝光源，因此成本较高。采用深紫外光作为曝光源的准LIGA工艺，成型的深宽比相较于LIGA小很多，但却因为光源便宜而具有更强的竞争力。对准是指在对已有所加工的基底进行光刻时，实现掩模版图与已制备结构的对准。因此，光刻机配有一定倍数的光学显微镜以及一系列的调整与锁死机构，供操作者完成光刻时的对准以及位置的保持。

MEMS体硅微加工要对硅片的正反面都进行加工，因此必须实现双面对准光刻。简单的双面对准可以借助红外显微镜观察正反面的图形，以将其对准。更好的方法是改造普通光刻机，使其成为专门型双面对准光刻机，从而在晶圆正反两面同时进行光学图像的拾取。

5.4.2 非等离子体硅微加工技术

硅微加工是目前MEMS的主流制造工艺，是MEMS在发展的过程中对IC硅工艺的有选择继承和多方位拓展，包含多种单项MEMS硅微加工技术。

硅微加工技术参照改变加工材料的方式来划分有4种情况，即材料的增长、去除、变形和改性。材料的增加，在硅微加工中主要是在衬底材料上进行薄膜淀积（film deposition）和在块体材料之间进行键合（bonding），材料的去除主要依靠刻蚀（etching），材料的改性则包括掺杂（doping）、表面氧化（oxidation）、退火（annealing）等。MEMS硅微加工所针对的材料除个别特例，一般不涉及变形的情况。

与常规的机械加工技术中主要依靠力学作用进行切削的情况不同，粒子物理、化学反应以及一些物理化学的复合效应在MEMS硅微加工技术中扮演着主要角色。显然，这种采用以原子（团）、分子、离子、电子等微观粒子作为加工媒介的工艺方法，其工艺环境必然是液体或气体。习惯上称液体环境的加工方法称为“湿法”；相应地、气体（包括等离子体）环境的加工则称为“干法”。考虑到等离子体（plasma）的特殊性，本节将讲述MEMS硅微加工以液体或普通气体为加工环境和媒介的单项硅微加工技术。

在各类衬底上进行各种薄膜的淀积（deposition），也称沉积，是IC薄膜

工艺所必需的，同样也是MEMS硅微加工技术的重要组成。淀积所生成的薄膜在IC工艺中可以是电子器件层、隔离层、电路互连层，也可以是刻蚀或离子注入所需的掩蔽层。在MEMS中薄膜同样可能扮演相同的角色，但还可能是表面硅微工艺中的牺牲层，或者是作为具备力学、光学、化学等特殊功能的结构层而被制备多样的用途，自然就需要淀积多种材质、特性和结构的薄膜。根据各种淀积技术的不同优势，金属薄膜通常采用蒸发（evaporation）、溅射（sputtering）等物理气相沉积（physical vapor deposition）的技术制备，而电介质和半导体膜则多采用化学气相沉积（chemical vapor deposition）的方法制备。这些硅微加工所采用的薄膜淀积方法都是在气体环境下（气相）进行的干法工艺，相比在溶液中进行的化学镀、电镀等湿法工艺具有明显的质量优势。

刻蚀（etching）在MEMS硅微加工中扮演着类似于机械切削在传统机械加工中的角色，是硅微加工中去除材料的主要方法，也是MEMS微结构的主要造型手段。刻蚀是指对已完成图形转移（如光刻）表面具有掩蔽层（光刻胶层或者其他材料薄膜）的工件，采用物理、化学或物理化学相结合的刻蚀机理，去除未被掩蔽部分材料，保留被掩蔽部分材料的工艺过程。根据刻蚀加工是在液态环境还是在气态（包括等离子态）环境下进行，可分为湿法刻蚀与干法刻蚀。

在MEMS硅微加工中对材料性质加以改变的工艺方法主要包括：硅的热氧化、半导体掺杂、薄膜退火等。热氧化法显然仅对硅衬底适用，但其制得的二氧化硅层较淀积方法制备的淀积层更为致密，有着较高的密度和较低的电阻率。另外，由于该方法较为简单经济，所以在IC和MEMS硅微加工中相较淀积方法常常优先采用。

事实上，硅表面暴露在空气中时，空气中的氧会自然地和硅反应生成二氧化硅，不过这种氧化反应在常温常压下不会一直进行下去，原因是氧原子必须要扩散穿过已生成的二氧化硅层才能够继续与硅发生反应，而常温常压下空气中氧原子的扩散能力使硅片表面的这种自然氧化层的厚度通常在20～40 Å的范围内，根本不能作为有效和可靠的氧化层直接加以利用。

硅热氧化工艺采用高温乃至高压的方法来促进氧的扩散能力，从而实现氧化反应的持续进行，氧化层的增长速度和反应温度与氧气的分压呈指数正比关系，并随反应时间的持续而逐渐降低。

硅热氧化工艺在实际中分为2种：干氧法和湿氧法。干氧法使用氧气作为氧化剂，而湿氧法使用水蒸气。采用水蒸气的好处是水蒸气的扩散能力强，氧化层增长速率更高，通常比干氧法高一个数量级，但水蒸气高温分解产生的氢气也带来了氧化层中的针孔现象，使得湿氧法制备得到的二氧化硅层疏松，密度较低。

半导体最为重要的一个优点就是材料的电特性能够通过在材料内部掺入一定量的杂质元素而获得巨大的改变，这也是实现各类半导体电子器件工作机理的主要物理基础。本书对此不作深入探讨，感兴趣的读者可以查阅有关半导体器件的著作。掺杂（doping）在 MEMS 中的作用除了建构电子器件，还可以用于实现其他功能，例如具有压阻效应的硅电阻以及前文提到的湿法刻蚀控制区等。

对硅进行掺杂的杂质，通常是Ⅲ族和Ⅴ族元素，如 B、As、P、Ga 等，从而得到 P 型或 N 型的掺杂区域。硅的原子数密度是 5×10^{22} atoms/cm^3，以常见的杂质原子数密度为 10^{17}atoms/cm^3 来估算，掺杂浓度不过百万分之几，但材料的电特性以及工艺特性却因此产生了非常大的变化。

当杂质被掺入硅片形成掺杂区域后，它们可能在硅片中进行再分布，再分布可能是有意进行的，也可能是后续热处理过程的负效应。这种杂质原子在硅片中的运动主要是由扩散引起的，也就是说是随机热运动的结果，其结果是掺杂区域的边界得到扩张，而掺杂浓度梯度有所降低。

热扩散是最早被利用以实现掺杂的工艺方法。杂质气体原子通过掺杂窗口向硅基底深处扩散的同时也向周围扩散，其运动规律符合菲克扩散模型，杂质浓度随温度的增加而降低。目前的 IC 工业中只有需要制作重掺杂薄层时才会采用扩散工艺来掺入杂质，而对于分布控制要求较高的轻掺杂，主要是采用离子注入工艺来实现。

在离子注入过程中，杂质原子首先被电离，然后经静电场加速入射到硅片表面，通过测量离子电流可以严格地控制掺杂剂量，剂量范围通常在 $10^{11}\sim10^{18}$ atoms/cm^3。另外，通过控制加速静电场的电场还可以控制杂质离子的穿透深度。离子注入由于对掺杂分布具有良好的控制能力而替代扩散工艺成为普遍应用的掺杂技术，但也存在其固有的缺点：首先，入射离子会损伤半导体晶格，造成缺陷；其次，很浅和很深的注入分布难以实现；再次，高剂量注入时的生产效率较低；最后，离子注入机通常十分昂贵。

退火（annealing）是一种以高温加热手段改变材料内部组织和应力分布的

热处理工艺。通常对材料的化学性质不作改变只是帮助内部晶体组织进行重整与内应力的释放。薄膜的内应力是其表面能力的表征，当薄膜材料原子的扩散能力通过退火的高温过程得到加强后，薄膜表面依附能力趋于最小化的能力将使内应力得以降低。同时材料内部存在的晶体缺陷如失配、晶错等也可通过退火中的晶体生长过程得到改善。薄膜中的应力可能在薄膜淀积时就存在也可能是在之后的其他工艺环节中由于薄膜与基底材料间的热胀失配而造成的，内应力会影响薄膜基底的依附能力，严重时会导致薄膜断裂、薄膜起皱、晶圆翘曲等。另外离子注入也不可避免地带来注入损伤，因此通常在薄膜淀积或离子注入工序之后都有相应的退火工艺。

退火的温度和时间随薄膜材料以及工艺要求的不同而不同。例如，多晶硅的退火温度一般在 600 ~ 1 100 ℃。退火过程中最重要的是保证晶圆内部温度的均匀性，以避免引起新的应力。另外退火还会引起掺杂的再分布，快速热处理（RTP）技术因此得到发展，以实现更好的温度均匀性和更短的再分布时间。

5.4.3　等离子体硅微加工技术

等离子体能产生大量处于激发态的气体原子（分子），并使极板遭受定向的离子轰击，这两方面的特点使得等离子体在材料的增长、去除和改性等各种硅微加工场合中较普通气体具有更丰富的能量施加手段，因而往往可以取得更为理想的加工结果。

等离子体加工的机理较为复杂，设备也较为昂贵，但是仍然保持了在气体环境中进行干法加工所具有的工艺过程易控制、环境易保持、自动化易实现等优点；并通常具有加工效率高、加工缺陷小、加工温度低等特性。因此制作 MEMS 器件和结构时等离子技术通常是优先考虑的工艺选项。

无论直流放电等离子体还是射频放电等离子体都会产生对阴极板的离子轰击，离子轰击在不同的等离子体微加工过程中有着不同的表现和功用。离子在撞击靶材后发生何种效应，主要取决于离子的能量。当离子能量小于 5 eV 时，发生的效应主要是离子的反射和在靶材表面的物理吸附；离子能量在 5 ~ 10 eV 的区间时，靶材表面材料会发生迁移或破坏，这种材料的结构重整效应可以用于对被加工材料的表面改性，但在 IC 加工中也经常会带来空隙、裂缝、晶错等缺陷，这时必须通过退火等热处理手段予以改善；当离子能量高于 10 keV 时，入射离子将穿过许多层原子的距离，深入到靶材内部并改变其物理结构，这种能量情况常见于离子注入工艺。

离子溅射发生在上述后两种情况之间的能量区域（即 10 eV ~ 10 keV），这时大多数的碰撞和能量传递发生在几个原子层内，如果有靶材表面原子或原子团通过碰撞获得足够的能量而从靶材表面逃逸出去，则离子溅射的效应就发生了。离子溅射的定义是：材料被高能注入离子通过碰撞作用所逐出的物理效应。对于典型的溅射能量，溅出的材料 95% 左右是单原子，其他大部分是双原子。

离子溅射技术可以用来实现清洁硅片表面、刻蚀特殊材料等加工目的，但该项技术最广泛的应用还是淀积 Al、W、Ti 等金属薄膜。离子溅射淀积的基本原理是：首先，等离子体对靶材（阴极）进行离子轰击，溅射出靶材原子；其次，这些溅射出的气态靶材原子到达晶圆表面（阳极）；最后，靶材原子在晶圆表面上发生淀积，从而生成靶材材料的薄膜。要实现这样的加工机理，离子淀积装置除能够产生等离子体并使离子轰击具有足够的能量产生溅射之外，通常还要能对阳极进行加热以提高淀积质量，并配备其他一些提升淀积效率和操作便利性的设施。

离子溅射出的原子和原子团带有 10 ~ 50 eV 的能量，差不多是蒸发得到的气体原子能量的 100 倍，这使得溅射淀积薄膜的原子表面迁移率较蒸发淀积薄膜大为提高，从而改善了台阶覆盖效应。在离子溅射复合材料和合金时，其淀积材料的化学配比在初始时会与靶材略有不同，但随着溅射过程的进行薄膜的成分会重新接近靶材材料。由于该工艺的这些优点以及很宽范围的材料适用性，离子溅射通常被认为是较电子束蒸发更为理想的物理气相淀积薄膜的方法。

下面将要讨论的等离子体增强化学气相沉积（plasma enhanced CVD，PECVD）技术，同样遵循普通化学气相沉积（CVD）系统的基本加工原理，但与常压化学气相淀积法（APCVD）和低压化学气相沉积法（LPCVD）有不同之处：在 PECVD 系统中供给表面反应所需能量的主要手段不再是衬底加热，而是等离子体中的处于激发态的化学活性反应基以及等离子体鞘层对衬底表面的离子轰击。因此，PECVD 不仅具有更高的沉积效率，而且可以工作在相对较低的衬底温度下（小于 400 ℃），这对于某些必须避免高温的沉积场合非常适用，例如在铝层上沉积电介质薄膜。离子轰击所带来的另一个好处是增强了

沉积反应次生物质的表面扩散能力，从而使 PECVD 具有更好的台阶覆盖，乃至能够很好地填充小尺寸沟槽。

PECVD 主要用于电介质薄膜的淀积，因此采用射频（RF）放电产生等离子体。RF 频率通常低于 1 MHz，常见的设备结构形式分为冷壁平行板和热壁平行极两种。PECVD 通过均匀化供气和控制载片台温度使得淀积过程可以工作在扩散控制区和反应控制区，但显然不具备批量化加工的特点。热壁 PECVD 工作在反应控制区，具有一定的批量处理能力，但和其他类似的热壁系统一样存在均匀性和颗粒污染的问题。

由于普通气体状态的刻蚀剂很少在实际中被采用，等离子体刻蚀事实上可以看作与干法刻蚀相等同。与湿法刻蚀相比等离子体刻蚀最重要的优点是其更容易重复，因为等离子体可以迅速地开始和结束，并且对晶圆表面的温度变化也不那么敏感。再者，各向异性等离子体刻蚀不像各向异性湿法刻蚀那样依赖于晶圆的晶向。此外，等离子体刻蚀更适于较小特征尺度的结构，并具有很少的颗粒污染，而且几乎不产生化学废液。

一个常规的等离子体刻蚀工艺过程可以简单地分解为以下几个部分。通入反应腔的气体必须在等离子体中分解成可以与晶圆进行化学刻蚀反应的原子或原子网，这些原子必须扩散并吸附于晶圆表面——被吸附原子可以进行表面扩散并和晶圆表面发生反应，反应的生产物必须分解吸附从而离开晶圆表面并被抽出反应腔，与湿法刻蚀一样干法刻蚀的速率由以上步骤中最慢的一步决定。要说明的是，上述认识只是对干法刻蚀最简化的表述，实际的等离子体刻蚀过程往往是具有复杂机理的物理化学过程。

等离子体刻蚀的基本刻蚀机理有 4 种：溅射刻蚀（sputtering etching）、化学反应刻蚀（chemical etching）、离子诱导 / 增强刻蚀（ion induced/enhanced etching）、阻蚀层离子辅助刻蚀（inhibitor-driven ion assistant etching）。这 4 种刻蚀机理可以单独也可能共同存在于一个现实的刻蚀过程中。

溅射刻蚀是一个纯物理过程，该工艺过程使用的是惰性气体，如氩气，而被刻蚀晶圆则处在溅射沉积中靶材的位置。单独采用这一机理的等离子体刻蚀系统称为离子镜（ion-mirror），通常用于难腐蚀材料，如某些惰性金属或者陶瓷的刻蚀。由于腔内气体压力很低（10^{-3} Torr），离子轰击具有较好的方向性，从而刻蚀具有较好的各向异性。溅射刻蚀的主要缺点是刻蚀选择性差，接近 1∶1，另外即使采用高密度等离子体，没有化学腐蚀参加的溅射刻蚀速率通常也会很低（低于 1 000 Å/min）。

化学反应刻蚀的机理与湿法刻蚀类似，但要复杂得多，其中对硅进行刻蚀的基本思想是用硅－卤键代替硅－硅键并产生挥发性的硅卤化物。根据能量平衡理论，化学反应朝着能量有利的一方进行，由于 Si–F 键能（130 k/mol）大于 Si–Si 键能（42.2 k/mol），并考虑到 SiF_4 是挥发性的，所以氟对硅的纯化学刻蚀是必然会发生的，这也是为什么许多采用氟系气体的等离子体刻蚀表现出强烈的化学刻蚀特征的原因。化学反应刻蚀通常意味着高刻蚀速率、高选择性和几乎完全各向同性的刻蚀。

同样，根据反应能量平衡理论，氯与溴不能直接与硅自然反应进行刻蚀。但是，在离子轰击提供一定能量的帮助下，氯与溴对硅的刻蚀完全能够实现，我们把这种刻蚀机理称为离子诱导 / 增强刻蚀。等离子体一方面能够使反应元素处于能量较高的激发态。另一方面，对晶圆表面的离子轰击产生不饱和键，暴露给反应元素，这两者都会帮助刻蚀反应的进行，而后者对于离子诱导刻蚀具有决定性意义。离子诱导 / 增强刻蚀具有较好的各向异性，在刻蚀速率、选择性方面处于溅射刻蚀和化学反应刻蚀之间。

与离子诱导 / 增强刻蚀一样，阻蚀层离子辅助刻蚀过程中既包含物理效应也包含化学反应。在刻蚀反应腔，PECVD 在被刻蚀表面上沉积薄膜充当阻蚀层，或者气体反应元素与被刻蚀表面原子发生化学反应，生成物并非全部挥发，不挥发的生成物因而在槽底和侧壁形成阻蚀层。离子轰击会溅射，辅助刻蚀去除槽底的阻蚀层，使刻蚀继续向下进行，而侧壁的阻蚀层由于得不到足够的离子轰击而得以继续存在，并保护侧壁不被刻蚀。

了解了这 4 种等离子体刻蚀的基本机理，我们就可以明白 MEMS 如果要通过刻蚀来完成高、深、厚的结构造型必须依靠第 4 种刻蚀机理——阻蚀层辅助刻蚀。因为只有这种刻蚀机理能够在理论上实现完全的各向异性刻蚀。不过这种刻蚀机理由于需要刻蚀和阻蚀相互妥协，以使槽底刻蚀持续发生的同时，侧壁阻蚀层保持存在，因而通常难以发挥等离子体刻蚀的优势。

5.4.4 封装技术

（1）封装技术概述。

电子封装技术在截然不同的半导体芯片与印制电路板（PCB）之间扮演着至关重要的桥梁角色。

封装必须无条件地提供互连电子封装，主要是提供电互连，但热量的传导可能也是必要的封装。要提供一级（由芯片到封装结构）的电互连，同时还必须保证二级（由封装到电路板）电互连的实现，电子器件需要电源、接地以及信号传输通路。电源和对地连接的要求相对而言不是十分严苛，通常在高引脚数的封装中可以不去考虑电源和对地连接的引脚问题。然而随着作为时钟周期函数的工作频率已经提高到了 GHz 的量级，信号传输日益成为一个重要问题。

封装的类型通常由引脚数来决定，如果引脚数量多达 1 000 个以上，倒装芯片封装（FCIP）就成为必需的封装形式。这是因为普通的引线键合互连方法会造成两种严重后果：一是引线键合互连无法应付这种高数量互连，其传输信号变差；二是引线键合互连是按顺序逐个加工，其成本会因为大数量的引脚而上升到难以接受的水平。

在建立电互连的同时，保护芯片免受外部力、热、化学等有害因素的损害或干扰也是封装的基本任务，因此封装中的保护结构、材料以及可靠性决定了封装的基本类型。早期的封装是全气密的真空密封外壳网，较低的气体压力对于电子和光电子系统的工作尤为重要。阴极射线管（CRT）以及大量的各种真空整流器和放大器电子管都使用能在氧气中燃烧的电热灯丝。这些器件采用了电子流，常压的大量气体分子会阻止这种电子流动。整个封装的设计目标就是努力维护一个良好的真空环境。然而，固体电子学的问世彻底改变了这一情形，从而使真空封装对主流电子器件不再重要。半导体芯片钝化的改进使非气密塑料得以应用，直至今日这种材料仍然是应用最广泛的封装保护材料。然而许多器件和系统还是需要一种更高级的保护。

IC 芯片要靠能量来驱动，因此其中一部分能量不可避免会转化为热量，而芯片过热将损害其自身性能，所以将过多的热量作为废物处理也是封装通常要面对的课题。热量既可以从芯片的有源面散除，也可以从其背面散除。对于倒装芯片来说，因其有源面朝下，凸点就可用作通往封装的热通道，当然也可将其下方的填料的导热性设计得更强，无论哪种情况热量均被传递到封装结构的底部，然后可通过二级封装热导体传递到印刷电路板上。在某些情况下，会在封装结构的底部设计专门的散热片。为了最大限度地提高传热效率，必须把封装传热结构键接到电路板上的金属板上，以传递热量。通常会在封装散热片与电路板之间形成焊接点。

某些封装可以确保器件的整体性能，而其他一些封装则可能降低器件的性能但却会节约成本。通常采用低成本的有机基板FCIP，但是可靠性较低，在经过几十甚至几百个热循环之后，一级互连常常会损坏，这是因为芯片和封装的热膨胀系数不同而引起连接点疲劳所致。不过加入芯片下填料可使器件的可靠性水平至少提高10倍。封装也可通过减少“寄生参数”来改进其电性能。而采用这一方法可能需要某种特定介电常数的绝缘体或嵌入式无源器件。随着IC前道工艺的提升日渐困难，改进封装往往对于器件的整体性能和成本来说是更为有利的选择。

优异的封装设计必须能够满足最简单、最便利地完成组装工艺的要求。如今，表面安装技术已成为实际意义上的标准组装，几乎所有新型的封装设计都在努力适应这一工艺。

（2）MEMS封装技术概述。

当前各种各样的MEMS器件亟须进行适当的封装。事实上，对于很多MEMS设计而言尚不存在效果满意的封装技术。可以说，MEMS为封装研发者和制造商带来了一系列最新的也是最具诱惑力的挑战。

一般可以把MEMS分为两类：一类是具有可动部件的器件；另一类是能使物质产生运动或能让其他器件产生机械动作的器件。第一类运动器件一般在芯片活动面上有裸露的可动部分，在最终封装前有些运动器件的可动部分在其内部已经被保护了，这包括晶圆级封装或封帽的芯片。对于仅需要电输入的惯性器件来说，封帽是目前最普遍和最成熟的方法，但是为了适应那些需要外部物质的MEMS器件，封帽就会变得很复杂。某些在制造后通过晶圆键合装配或分离元件装配的MEMS单元（如微泵）可由其结构内部保护自身的可动部分。这时，器件本身就具备了封装的特性，其他一些具有活动表面的元件可在晶圆级甚至芯片级封装过程中被封帽或其他类型的包封保护。封帽可以看作封装的一部分或者归为预封装步骤，这种工艺也称为零级封装，因为它是发生在芯片连接或一级装配之前的。

具有暴露的可动部分的器件显然需要自由空间封装设计，但在当前的MEMS发展阶段，封装方法有限，器件在液体或胶体中的包封是自由空间的一个特例，这时MEMS芯片仍可工作，这一方法已用于压力传感器。这种压力传感器被疏水且富有弹性的凝胶体——马克弹性模塑聚合物包裹后仍然可以运作。值得注意的是，由于在腔体封装中没有因撞触包封剂或模塑化合物而产生

的应力，所以那些带有帽子而又没有外部或裸露可动部分的 MEMS 器件也能够工作得很好。与封装材料（尤其是能够收缩的热性聚合物）的直接接触一般会增加应力，对器件产生影响，使其性能降低。MEMS 芯片对应力的敏感程度要比电子芯片高几个量级，许多 MEMS 器件需要自由空间或腔体类封装，因而这一特征被归为 MEMS 封装的标准要求。几乎所有器件，甚至是那些已经具备封帽的器件，在腔体封装后都会工作得更好。

MEMS 对封装的主要要求如下。

①自由空间（气体、真空或流体）。自由空间封装是指空气或空气腔封装。以前光电器件和早期电子系统的封装全部是自由空间和全密封真空结构的封装，到目前仍然被认为是最好的封装技术。由于玻璃被人们所熟知且来源广泛，易于加工，所以世界上第一个封装就是由玻璃制成的。尽管在显示器件中仍然保留着玻璃封装，但后来的真空封装大多数由金属、陶瓷或金属与陶瓷相结合而制成。

目前，非光腔腔体封装主要使用两类材料——金属和陶瓷。金属封装可以加工成任意尺寸，但是形状一般是方形的盒状结构。

封装制造工艺一般关注的是总成本，而非材料成本，除金等少数金属外，大多数金属并不昂贵。所以，当为了降低成本而要进行封装选择时，要优先考虑工艺步骤。另外，电子封装所需的金属外壳需要增加绝缘材料，以便使电互连能安全地通过金属外壳，绝缘材料在键合和热胀方面必须与金属相容，同时也必须能提供气密性。

陶瓷材料也常用于制造腔体封装、开口封装或裸露封装。它们常用在采用倒装芯片或直接贴片（DCA）的中央处理器。一般来说，陶瓷腔体封装比同样的金属封装制造成本低，部分原因是其良好的绝缘性能。与金属封装相反，也正是由于它们的绝缘性，反而需要为其添加导体。然而利用已经成熟的电路工艺在陶瓷上添加金属图形是相当容易且廉价的。由于金属导体可以添加在高密度多层结构中，陶瓷封装技术能够在封装内部实现复杂布线和多层器件的连接。

MEMS 器件可以浸入液体中并正常工作，事实上，MEMS 泵本身就需要液体。即便不是泵，将 MEMS 器件放在介质中也是有好处的。液体还能够提供一个较低的介电常数，并且有助于传热。这样虽然消除了封装对气密性的要求，但是如果液体需要被吸进或在封装内循环时，就需要更复杂的设计，还需要过滤或分离技术。然而，如果液体样品是导电的，那么就必须对电互连进行隔离。

②低沾污。对于几乎所有的封装来讲，低沾污都是相当重要的；而对于许多 MEMS 来说，低沾污尤为关键。沾污问题比看上去要更复杂和更困难，因为在器件组装过程中，外部物质可以进入封装，甚至形成颗粒。封装本身和组装材料也可能是沾污来源，特别是以气体或蒸气的形式。更糟糕的是，只要存在互相接触的磨损机构，MEMS 器件就会在使用过程中产生颗粒。

③减少应力。虽然封装对于带帽的 MEMS 器件是一个可行的方法，但从减小应力的角度考虑，采用腔体形式的封装是有好处的，因为这种形式可以消除顶部和四周都存在的应力。可减小应力是腔体封装一项很重要的优点，这也是采用腔体形式封装的主要原因。

MEMS 器件必须牢固地附着于封装之上，一般使用焊料或有机粘接剂使芯片底部连接封装基底。聚合物材料可以吸收温度循环期间由热膨胀的差异所导致的应力，这一点很有价值，甚至十分关键。由于封装常常由比硅或其他常用 MEMS 材料具有更高热膨胀系数的材料所组成，热胀失配的问题是十分常见的。芯片黏结剂是添加了银的热固性环氧树脂，它能实现热导和电导。当需要电绝缘时，可以使用氧化铝、氧化硅和金属氮化物等非导电填料。

④温度限制。某些类型的 MEMS 器件具有对温度的限制要求，事实上它们不能承受与常规电子器件承受的相同温度。具有明显温度限制的器件需要特殊的封装，这种封装不经历焊料装配所需的极端温度。二级互连可以是“插针与插座”这样的机械式，其中引脚阵列封装（PGA）或类似封装是不错的选择。

⑤封装内环境控制。非气密封装内部的气体只能在短时间内得到控制，最终将与外部环境达成平衡。气密封装（准气密封装）可以通过封装内添加剂来实现对内部气体含量的控制。吸附剂是可以与封装内特定分子发生反应的化学清除剂，吸气剂是其中的一类。颗粒吸附剂能够吸收和黏住从 MEMS 器件上脱落的微小固体，它们是性能稳定、不释放气体的黏性聚合物。

⑥外部通道的选择。电子封装的目的之一是隔离所有可能来自外部环境的影响，而 MEMS 并非都需要完全隔离，对于许多 MEMS 而言，封装更多意义上是一个机械平台而非保护性的外壳。

封装内部的 MEMS 器件或系统可能需要环境中所没有的物质，这必须由储备或者取样容器提供。喷墨打印机就是一个很好的例子，MEMS 喷墨芯片通

常与一组 3 个或 3 个以上的彩色墨盒相连。人们有望见到多种 MEMS 喷墨芯片、微泵、取样器件、反应器、合成器、人体监测器和药物运送产品，以及其他尚未开发和发布的新产品，构建能实现电源、信号和材料互连的封装也是可能的。

5.5　本章小结

据悉，美国食品药物管理局（FDA）于 2020 年 3 月紧急授权加利福尼亚州 Cepheid 公司一种利用 MEMS 和微流体的 PCR 工具与技术来检测新型冠状病毒 SARS-CoV-2 的新方法，帮助医疗机构快速检测新冠病毒，体现了 MEMS 技术在生物医疗领域突出的作用。本章通过介绍 MEMS 定义及分类、发展过程、应用状况、制造工艺等方面的内容，旨在帮助同学们系统而深入地了解 MEMS 的发展历程及应用状况，掌握 MEMS 的相关制造工艺。通过 MEMS 的学习帮助机械类专业同学开阔思维、拓宽知识面、掌握先进的方法，培养学生创新思维和工程实践的能力。

5.6　思考题及项目作业

5.6.1　思考题

5-1　试解释微机电系统的定义？它的特点有哪些？

5-2　微机电系统的分类有哪些？

5-3　微机电系统的产业发展主要分为 4 个阶段，请加以说明。

5-4　请分析目前全球微机电系统产业发展概况。

5-5　试分析中国微机电系统的行业发展概况。

5-6　介绍微机电系统的行业应用情况。

5-7　介绍微机电系统的制造工艺有哪些？并对其概念加以阐述。

5-8　请解释光刻工艺的原理，光刻的主要工艺过程有哪些？

5-9　请解释非等离子体硅微加工技术的原理，它包括哪些主流技术？

5-10　请解释等离子体硅微加工技术的原理，它包括哪些主流技术？

5-11　MEMS 对封装的主要要求有哪些？

5.6.2 项目作业

作业题目： MEMS 制造工艺及应用研究

作业形式： 研究报告

作业要求：（1）分组，每组总人数不超过 5 人。

（2）每人提交一份研究报告，中英文均可，中文不低于 1 500 字，英文不少于 1 000 单词，按照研究论文格式进行撰写。引用部分必须标明出处。

（3）每组提供一份 PPT，选择 1 ~ 2 人进行讲解。PPT 讲解时间控制在 20 min 以内，以 15 页左右为宜。

作业内容： 选择 MEME 制造工艺中物理气相淀积、化学气相淀积、电镀、旋转铸模、溶胶 – 凝胶、光刻、刻蚀、干法刻蚀和湿法刻蚀、键合技术等技术中的一种进行论述，主要包括技术原理、加工工艺过程、应用状况、现阶段技术研究进展等方面进行阐述。

举例： PECVD 工艺在 MEMS 中的应用状况研究

提纲： 1. PECVD 工艺的原理及特点；

2. PECVD 工艺的加工工艺过程；

3. PECVD 工艺在 MEMS 中的典型应用实例；

4. PECVD 工艺中的最新研究进展。

第6章 机器人

6.1 机器人的概念及特征

6.1.1 机器人的概念

1921年，捷克作家卡雷尔·恰佩克（Karel Capek）的科幻小说《罗素姆的万能机器人（universal robot）》中的人造劳动者取名为Robot，捷克语的意思是苦力、奴隶。英语的“Robot”一词就是由此而来的，以后世界各国都用Robot作为机器人的代名词。

机器人是自动执行工作的机器装置。它既可以接受人类指挥，又可以运行预先编排的程序，也可以根据以人工智能技术制定的原则纲领行动。它的任务是协助或取代人类的工作，如生产制造业、建筑业，或是危险的工作。国际上对机器人的概念已经逐渐趋于一致，联合国标准化组织采纳了美国机器人工业协会给机器人下的定义：一种可编程和多功能的操作机；或是为了执行不同的任务而具有可用电脑改变和可编程动作的专门系统。

1942年，阿西莫夫（Asimov）在其出版的《Runaround》一书中，给机器人定下了三大定律：

①不得伤害人类，或者目睹人类个体将遭受危险而袖手不管；

②机器人必须服从人类给予它的命令，当该命令与第一定律冲突时例外；

③机器人在不违反第一、第二定律的情况下要尽可能保护自己不受伤害。

20世纪80年代增加了第零定律：机器人必须保护人类的整体利益不受伤害。

各国对机器人都进行了定义，具体如下。

日本工业标准局：一种机械装置，在自动控制下，能够完成某些操作或者动作功能。

英国：貌似人的自动机，具有智力的和顺从于人的但不具有人格的机器。

中国：机器人是一种自动化的机器，这种机器具备一些与人或生物相似的智能能力，如感知能力、规划能力、动作能力和协同能力，是一种具有高度灵活性的自动化机器。

美国机器人工业协会（RIA）：一种可以反复编程和多功能的，用来搬运材料、零件、工具的操作机；或者为了执行不同的任务而具有可改变的和可编程的动作的专门系统。

6.1.2　机器人的特征

机器人作为仿生机器或机器生命，应该具备 3 个特征。

特征一：机器人是一种机器，是由机电元件构成的机器。

与自然生命不同，机器生命不是有机物构成的，而是机电元件构成的。因此，机器人首先应该是机器。

特征二：机器人能自主地迁移，或于陆地上行走或爬行，或于大海里遨游，或于天空中飞翔。

机器人是可迁移或可移动的机器（mobile machine），或会爬行，或会行走，或会游泳和潜水，或会飞行。并且，机器人的迁移是自主的或自治的（autonomous）。

特征三：机器人具有感知能力和认知能力。

机器人像自然生命一样，或听，或看，或嗅，或尝，或触摸，其最高形式是：像自然生命一样，是智能的，有脑，会思考，会判断，会决策，并且能认知，会学习。

机器人具有以下两个共同点。

（1）是一种自动机械装置，可以在无人参与下，自动完成多种操作或动作功能，即具有通用性。决定通用性有两方面因素：一个是机器人自由度；另一个是末端执行器的结构和操作能力。

（2）可以再编程，程序流程可变，即具有柔性（适应性）。

机器人集中了机械工程、材料科学、电子技术、计算机技术、自动控制理论及人工智能等多学科的最新研究成果，代表了机电一体化的最高成就，是当代科学技术发展最活跃的领域之一。

6.2 机器人的组成及分类

6.2.1 机器人的组成

如图 6–1 所示，机器人包括三大部分 6 个子系统，其中三大部分指机械部分、传感部分和控制部分；6 个子系统是指驱动系统、机械结构系统、感受系统、机器人 – 环境交互系统、人机交互系统和控制系统。

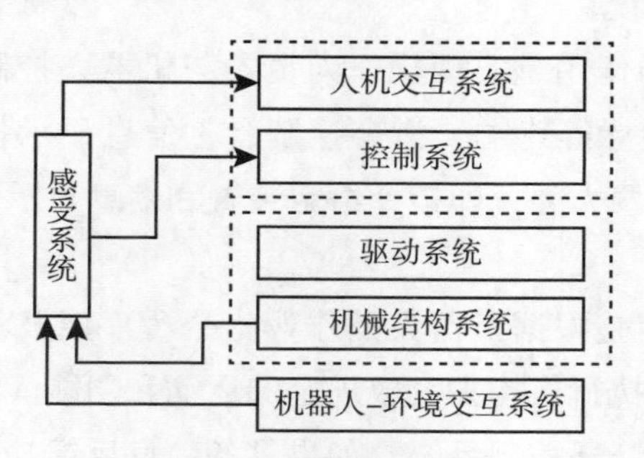

图 6–1　机器人系统图

下面分别对 6 个子系统的作用进行介绍。

（1）驱动系统。

驱动系统就是为了使机器人运行起来给各个关节即每一个运动自由度安置的传动装置。驱动系统既可以是液压传动、气动传动、电动传动或是把它们结合起来应用的综合系统，也可以是直接驱动或者是通过同步带、链条、轮系、谐波齿轮等机械传动机构进行间接驱动。

（2）机械结构系统。

工业机器人的机械结构系统包括基座、手臂、末端操作器三大部分。每部分都有若干个自由度，构成一个多自由度的机械系统。若基座具备行走机构，则构成行走机器人；若基座不具备行走及腰转机构，则构成单机器人臂。手臂一般包括上臂、下臂和手腕 3 部分。末端操作器是直接装在手腕上的一个重要部件，它可以是二手指或多手指的手爪，也可以是喷漆枪、焊具等作业工具。

（3）感受系统。

感受系统包括内部传感器模块和外部传感器模块，其作用是用以获取内部和外部环境状态中有价值的信息。由于智能传感器的使用，使机器人的机动性、适应性和智能化水平得以提高。虽然人类的感受系统对感知外部世界信息是极其灵敏的，但对于一些特殊的信息，传感器比人类的感受系统更准确。

（4）机器人 – 环境交互系统。

机器人 – 环境交互系统的作用是实现工业机器人与外部环境中的设备相互联系和协调。可以将工业机器人与外部设备集成为一个功能单元，如加工制造单元、焊接单元、装配单元等。当然，也可以是多台机器人、多台机床或设备、多个零件存储装置等集成为一个去执行复杂任务的功能单元。

（5）人机交互系统。

人机交互系统的作用是实现操作人员参与机器人控制并与机器人进行联系。例如，计算机的标准终端、指令控制台、信息显示板、危险信号报警器等。该系统可以分为两大类，即指令给定装置和信息显示装置。

（6）控制系统。

控制系统的作用是根据机器人的作业指令程序以及从传感器反馈回来的信号，控制机器人的执行机构去完成规定的运动和功能。如果工业机器人没有信息反馈功能，则为开环控制系统；如果具备信息反馈功能，则为闭环控制系统。按控制原理分，控制系统可分为程序控制系统、适应性控制系统和人工智能控制系统。按控制运动的形式分，控制系统可分为点位控制和轨迹控制。

6.2.2 机器人的分类

根据机器人的应用环境，国际机器人联合会（IFR）将机器人分为工业机器人和服务机器人。现阶段，考虑到我国在应对自然灾害和公共安全事件中，对特种机器人有着相对突出的需求，中国电子学会将机器人划分为工业机器人、服务机器人、特种机器人 3 类。

（1）工业机器人。

工业机器人指在工业生产中使用的机器人的总称，主要用于完成工业生产中的某些作业。主要应用为：焊接机器人、搬运机器人、码垛机器人、包装机器人、喷涂机器人、切割机器人。

（2）服务机器人。

服务机器人是机器人家族中的一个年轻成员，到目前为止尚没有一个严格的定义。不同国家对服务机器人的认识不同，可以分为专业领域服务机器人和个人 / 家庭服务机器人。服务机器人的应用范围很广，主要从事维护保养、

修理、运输、清洗、保安、救援、监护等工作。

（3）特种机器人。

特种机器人是指应用于专业领域，一般由经过专门培训的人员操作或使用的，辅助和 / 或代替人执行任务的机器人。特种机器人指除工业机器人、公共服务机器人和个人服务机器人以外的机器人。一般专指专业服务机器人。包括飞行机器人、水下机器人、娱乐机器人、军用机器人、农业机器人等。

6.3　机器人的发展历程

6.3.1　维纳与控制论

控制论之父诺伯特 · 维纳（Norbert Wiener）说："就其控制行为而言，所有的技术系统都是生物系统的仿制品。"维纳所说的"技术系统（technological system）"，就是人工系统（artificial system）或人造系统（man-made system），就是机器。自然地，Robot（仿人机器或机器生命）就是一种技术系统，是最典型的生物系统的仿制品。

依据 1948 年维纳发布的《控制论》，机器和动物具有两种共同的基本的运动模式。

①能量流动模式：机器具有与动物类似的能量流动。电荷驱动马达带动齿轮运动的过程类似血液吸收养分供给骨骼驱动肌肉运动的过程。

②信息流动模式：机器具有与动物类似的信息流动。外界信息通过眼睛刺激大脑做出反应，对于机器人类似的就是外界信息被电子眼捕获传递给计算机然后做出处理。

维纳的《控制论》对于机器人学有如下两个重要的含义。

含义一：机器具有生命的特性。

含义二：生命的特型（包括学习和记忆）是可以移植给机器的。

维纳的《控制论》是理念，是哲学，是世界观，是方法论。维纳的《控制论》是机器人学（Robotics）的思想基础。

6.3.2　人工智能的发展

1956 年的夏天，在美国的达特茅斯大学召开的学术会议上宣告了人工智能（artificial intelligence，AI）科学的诞生。20 世纪 60 年代末 70 年代初，美国的斯坦福研究所研制出具有逻辑推理能力和行为规划能力的移动式机器人 Shakey，被认为是第一个具有智能的机器人，同时，也被视为是智能机器人学诞生的标志。

智能型机器人具有类似动物的大脑或神经系统，有感知和认知能力，具体表现在：①通过视觉和触觉传感器感知客观世界；②在与环境的交互过程中，其神经机能得以不断地发展；③最终，学会识别环境中不同的物体，懂得接近目标，或规避障碍。

如果把机器人的研究和发展进程与人类的进化类比，可以发现，机器人的进化与人类的进化一样，涉及两个方面。①肌体的进化：机电系统组织结构复杂性的增长；②智力的进化：机器智能行为复杂性的增长。

与人类的进化一样，机器人进化过程中具有典型意义的是机器人脑系统的发展。机器人的脑系统是计算机。计算机是机器人表现人工智能或机器智能的物质条件。

（1）20 世纪 50 年代：电子管一代。

代表性机器人：Elmer 和 Elsie。

感官：2 只光电二极管产生视觉，1 个灵敏开关产生触觉，光蓄电池高阻抗旁路产生饥饿感。

大脑：真空电子管作为神经元构成简单的神经系统。

行为：玩，游荡，照镜子。

吃：电量不足时寻求光照为电池充电。

睡：充电后找个光线柔和的地方休息。

（2）20 世纪 60 年代：晶体管一代。

代表性机器人：霍普金斯（Hopkins）野兽。

感官：红外传感器和声呐。

大脑：晶体管作为神经元构成的简单的人工神经线路。

行为：在走廊上巡游，依靠声呐避障，电量不足时依靠红外传感器寻找墙上黑色的电源插座自行充电。

莫拉维克（Moravec）认为，机器人野兽的行为复杂程度赶得上草履虫一类的单核细胞生物。

（3）20 世纪 70 年代：数字计算机一代。

代表性机器人：Standford Cart。

感官：电视摄像机（TV camera）作为电子眼。

大脑：1 台（与肌体分离的）电子数字计算机。

行为：电子数字计算机处理视觉图像，辨别二维环境，搜索地表上预先绘制的白色线条，并沿着白色线条巡游。

（4）20 世纪 80 年代：微型计算机一代。

代表性机器人：CoreSampler。

感官：数字摄像机和放射线探测器。

大脑：1 台（机载的）单板机。

行为：追踪放射线，采集核反应堆芯体样本。1983 年进入三里岛核电站安放核反应堆的地下室勘测核泄漏状况，1984 年再次进入并成功地取回核反应堆芯体样本。

（5）20 世纪 90 年代：多 CPU 一代。

代表性机器人：机器蜘蛛 Dantin。

感官：7 个数字摄像机组成电子复眼；每一条腿各安装有 1 个力传感器和 1 个位置传感器，足底有 1 个探测温度的热电偶，1 个探测地形的球形激光扫描仪，1 个检测二氧化硫含量的传感器和 1 个检测硫化氢含量的传感器。

大脑：8 个单片微型数字计算机形成的计算网络。

行为：探测火山喷发气体中的二氧化硫和硫化氢的含量。1994 年 Dante Ⅱ成功地对 Alaska 火山进行了勘探，在连续 5 天的勘探中，Dante Ⅱ独自待在火山坑中，自主与遥控相结合，开展火山勘探活动。

（6）21 世纪以后：人形化一代。

代表性机器人：ASIMO。

感官：感知身体姿态的陀螺仪和倾角仪，感知足关节和腿关节运动的力传感器，感知臂关节运动的力传感器，感知声音的麦克，获取视觉信号的数字摄像仪探测器。

大脑：复杂的多 CPU 分布并行计算网络，各 CPU 并行地和协调地执行各种任务机。

行为：像人一样，轻松优雅地前进、后退、拐弯、上下楼梯；拥有各种仿生技能，包括：人脸识别、自然语言理解、手势和姿态识别、环境数字映射，以及互联网络联结操作。

6.3.3 机器人发展预测

美国卡内基梅隆大学移动机器人实验室主任莫拉维克（Hans Moravec）对机器人的发展做了一些预测。他认为机器人的发展大致分为以下几个阶段。

2010 年：非常自主的小型机器人出现，能执行具体的任务，如在家庭中承担清洁任务，自行勘测房间并规划行动路线，自行制定工作时间表，自行检测房间清洁程度并有针对性地进行清洁工作，自行充电和自我管理，无须人的照料，具有低等哺乳动物的智力水平。

2020 年：第一代万能机器人出现，其微型计算机的运算速度达到每秒百亿次，具有较为复杂的运算和运筹能力，智力达到中小型哺乳动物的水平，能执行若干不同的任务，如在家庭中处理各种家务杂事。

2030 年：第二代万能机器人出现，智力达到中等哺乳动物的水平，具有认知能力和条件反射的学习机制，能依据过去的经验面对选择，能逐渐地适应其特殊的和变化的生存环境。

2040 年：第三代万能机器人出现，智力达到灵长类动物的水平，具有生理的、心理的和文化的特征。

2050 年：第四代万能机器人出现，智力达到人类的水平。

除此之外，全球还有很多科学家对机器人的发展提出了自己的见解，总的来说悲观的观点和乐观的观点均有，本书做了一些总结供读者参考。

悲观的观点：2015 年霍金认为："在未来 100 年内，结合人工智能的计算机将会变得比人类更聪明。届时，我们需要确保计算机与我们的目标相一致。我们的未来取决于技术不断增强的力量和我们使用技术的智慧之间的赛跑。"同年，特斯拉公司首席执行官马斯克也提出自己悲观的论点："人工智能就像召唤恶魔，我认为我们对人工智能应该保持高度警惕。如果让我猜测人类生存的最大威胁，那可能就是人工智能。"

乐观的观点：2016 年，沙特政府授予了机器人"索菲亚（Sophia）"全球第一个机器人国籍。索菲亚的开发者是中国香港的汉森机器人公司（Hanson Robotics），建立者是著名的机器人设计师大卫·汉森（David Hanson）。比尔·盖茨在 2013 年发表了自己对机器人的见解："机器人与自动化技术，将成为未来发展的一大趋势，机器人或将成为后移动时代，一件改变世界的大事。"

6.3.4　各国机器人技术路线对比

虽然机器人发展的最终归宿还不确定，但是为了在机器人技术中占据主动地位，各国都提出了各自促进机器人发展的技术路线和目标，如表 6–1 所示。

表 6–1　五国工业机器人技术路线对比

国别	技术路线	主要内容	主要目标
美国	对工业机器人技术发展描述详细，指标明确	对工业产生极大影响的机器人技术进行梳理，主要包括具备可适应性及重构性的生产线技术。具体为：自动导航技术、绿色制造技术、机器人臂的灵巧操作技术、基本模型的供应链整合技术、纳米级制造技术、非结构化环境感知技术、机器人安全技术等，对每一项技术以时间跨度为单位分别按 5 年、10 年、15 年达到什么水平做出详细的说明	保持工业机器人技术全面领先
日本	对机器人产业进行综合性的描述	提出五大技术发展措施：一是易用性，在通用平台下，能够满足多种需求的模块化机器人将被大规模应用，未来要研发体积更小、应用更广泛、性价比较高的机器人；二是在机器人现有应用领域，要发展能够满足柔性制造的频繁切换工作，使用简便的机器人；三是机器人供应商、系统集成商和用户之间的关系要重新调整；四是研制世界领先的自主化、信息化和网络化的机器人；五是机器人概念将发生变化，以往机器人要具备传感器、智能控制系统、驱动系统等三个要素，未来机器人可能仅有基于人工智能技术的智能 / 控制系统即可	迈向世界领先的机器人新时代
德国	将工业机器人纳入“工业 4.0”的技术框架	通过充分利用嵌入式控制系统，实现创新交互式生产技术的联网、相互通信，即物理信息融合系统（CPS），将制造业向智能化转型。智能工厂、智能生产是工业 4.0 的主题，而这种“智能”的物理实体就是机器人，通过智能机器人、机器设备以及与人之间的相互合作，提高生产过程的智能性	技术整体领先
韩国	对机器人产业进行综合性的描述	提出 4 个方面的课题，包括提高机器人研发实力，在各产业推广机器人，营造开放的机器人产业链，构筑机器人产业融合系统，特别是提出了机器人健康设施的研究与开发	机器人产业成为支柱产业
中国	对工业机器人技术路线进行详细描述，指标明确	按照需求、目标、发展重点、应用示范工程、战略支撑和保障 5 个维度进行分析和描述。重点产品包括工业机器人、服务机器人、新一代机器人。关键零部件包括机器人专用摆线针轮减速器、谐波减速器、高速高性能机器人控制器、伺服驱动器、高精度机器人专用伺服电机、传感器。关键共性技术包括整机技术、部件技术、集成应用技术。提出建立国家机器人检测与评定中心，加强机器人基础共性标准、关键技术标准和重点应用标准的研究制定，积极参与国际标准化工作。对工业机器人的数量有明确目标，对具体的产品有具体的性能指标目标，并制定了到 2020 年、2025 年、2030 年的发展目标	形成较为完善的机器人产业体系

6.4　机器人的产业发展概况及趋势

6.4.1　全球机器人产业发展概况

据国际机器人联合会统计数据，2019 年全球工业机器人销量为 37.3 万台，增速较 2018 年有所放慢，但销量仍处于高位，是有史以来第三高的销量。如图 6–2 所示，据 IFR 统计，2020 年全球协作机器人占工业机器人安装量的比重上升至 3.9%。总的来说，协作机器人目前占据工业机器人的比重还很小，未来发展空间巨大。

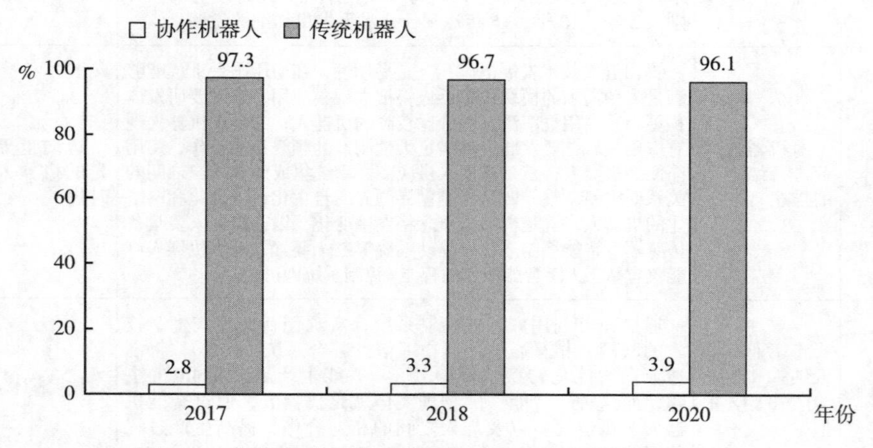

图 6–2　协作机器人及传统机器人在工业机器人中的占比

工业机器人产业发展至今，已形成较为完整的产业链。产业链上游包括控制器、伺服电机和减速器 3 个部分，是工业机器人产业链最核心的部件；产业链中游是本体制造；其下游是系统集成，主要集中在汽车制造和 3C 电子行业。由于工业机器人在整个机器人市场中占据统治地位，因此，本节主要讨论工业机器人的发展情况。

2014—2019 年，全球工业机器人年安装量平均增长率为 13%。2019 年，全球工业机器人市场规模为 159.0 亿美元。如图 6–3 所示，亚洲是工业机器人最大的市场，占有 64% 的份额，销售额为 104.8 亿美元；欧洲、北美地区销售额分别为 28.6 亿美元和 19.8 亿美元。中国、日本、美国、韩国和德国为工业机器人 5 个主要市场，2019 年全球 3/4 的工业机器人安装在以上 5 个国家。

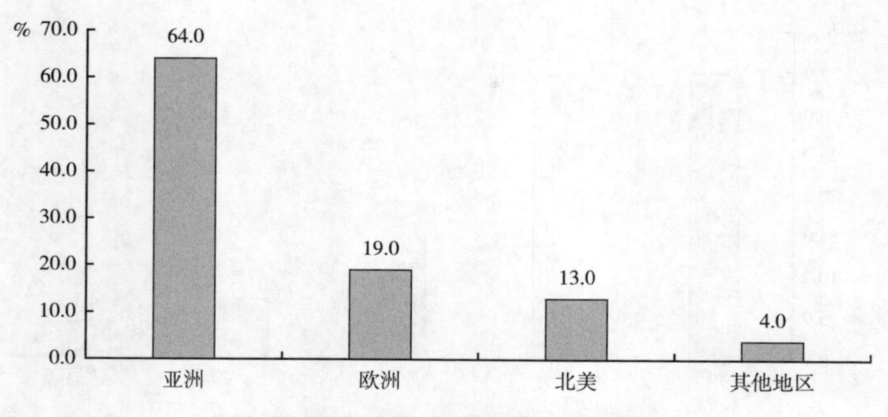

图 6–3　2020 年全球工业机器人市场结构

目前，工业机器人的应用主要集中在一些特定的行业。如图 6–4 所示，汽车、3C、金属制品、塑料化工和食品共 5 个行业是目前工业机器人应用最多的领域。IFR 最新统计数据显示，汽车行业占全球工业机器人安装总量的 34.48%，3C 行业占 32.15%，金属和机械行业占比 10.36%，塑料及化工行业占比 5.93%，食品和饮料行业占比 2.56%。随着人工成本上升、工业自动化水平提高，工业机器人用途不断增加，运用领域也不断扩大。

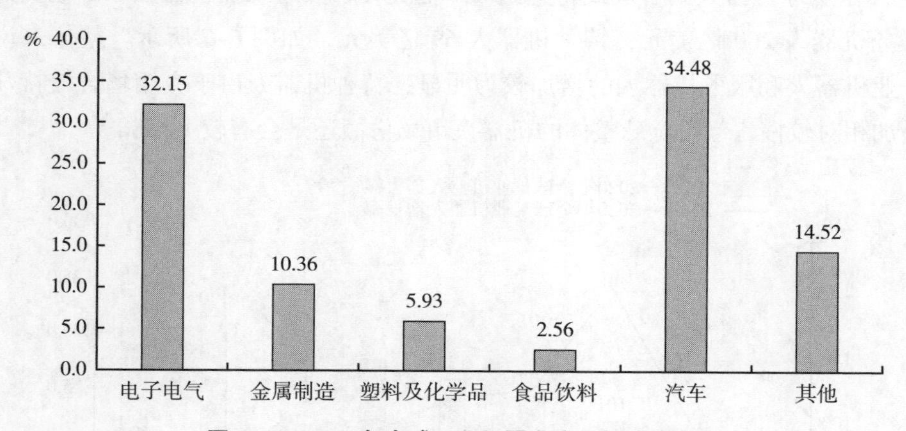

图 6–4　2020 年全球工业机器人应用领域分布

如图 6–5 所示，目前，在全球登记在册的服务机器人制造商中，欧洲地区服务机器人制造商数量最多，约占 42.0%，其中欧盟占 34.8%，瑞士、挪威占 7.2%；北美洲以 34.6% 的比重排名第二，亚洲排名第三，约占 19.1%。

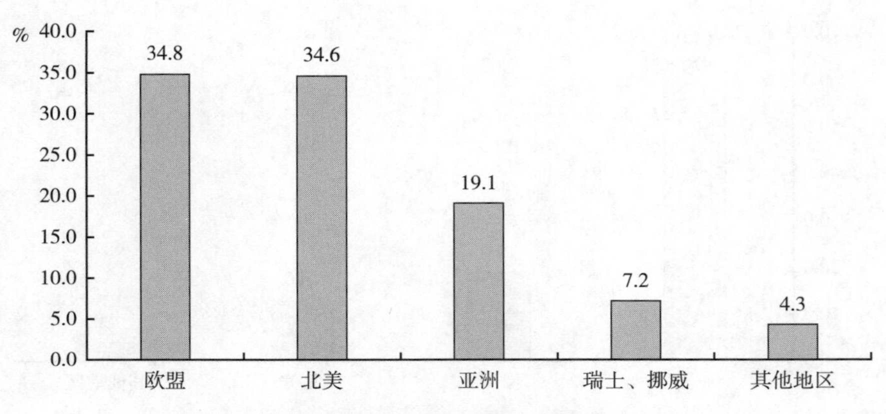

图 6-5 2020 年全球服务机器人制造商地域分布

当前，以互联网、大数据、人工智能为代表的新技术与制造业加速融合，促进了智能制造的发展。机器人产业的新技术、新产品大量涌现，成为新一轮科技革命和产业变革的重要驱动力，既为发展先进制造业提供了重要突破口，也为改善人们生活提供了有力支撑。如图 6-6 所示，2012—2020 年全球工业机器人销售额呈稳定增长的态势，每年的增长率均在 10% 左右，2020 年的全球的销售总额已经达到 199 亿美元。根据国际机器人联合会预测，预计到 2023 年全球机器人销售额或将达到 664 亿美元，其中工业机器人 335 亿美元，服务机器人 260 亿美元，特种机器人 69 亿美元，如图 6-7 所示。整体来说，工业机器人和服务机器人的增加较为明显，特种机器人由于应用场合较特殊，增加相对较慢，但是全球整体的机器人市场份额还是会有较大增长。

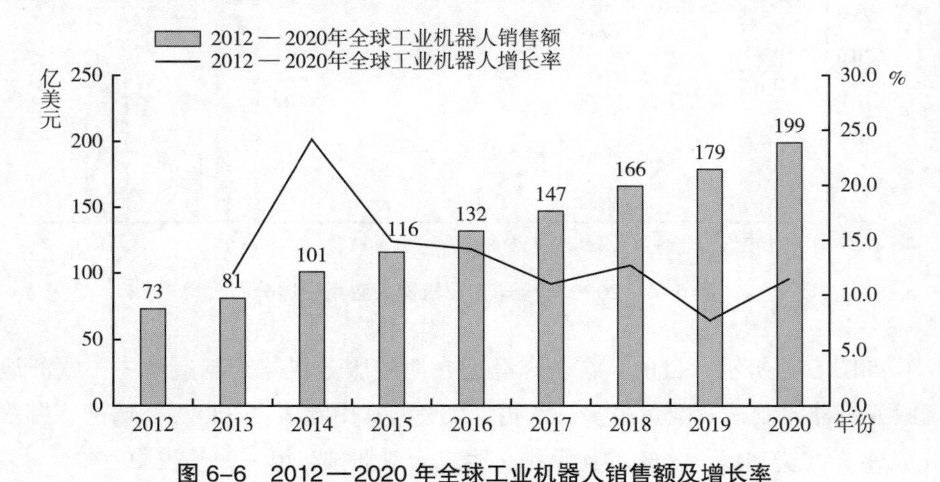

图 6-6 2012—2020 年全球工业机器人销售额及增长率

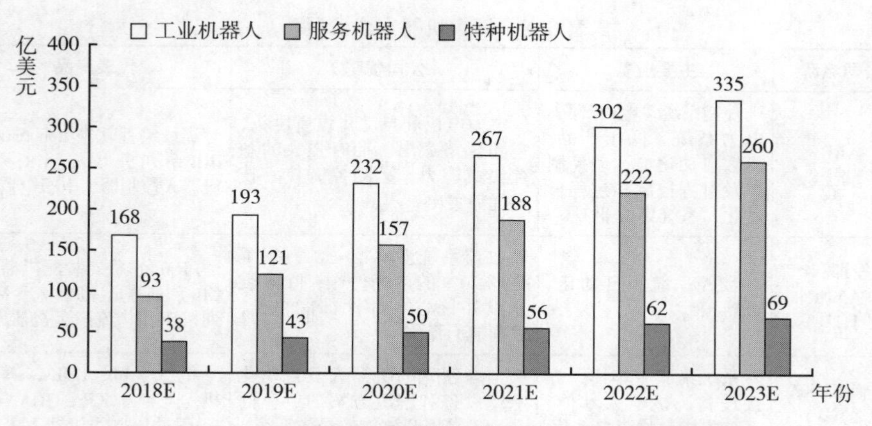

图 6-7 2018—2023 年全球机器人产业细分规模预测

6.4.2 全球机器人的竞争格局

发达国家占据工业机器人市场的绝大份额。近年来，全球机器人市场需求、技术创新与产业应用呈现快速发展态势，欧、美、日等发达国家和地区凭借既有的技术优势占据了市场绝大份额。总体来看，目前欧洲和日本是工业机器人本体主要供应商，ABB、库卡（KUKA）、发那科（FANUC）、安川电机四大巨头占据了全球工业机器人本体约 50% 的市场份额。另外，在机器人系统集成方面，除了机器人本体企业的集成业务，知名的独立系统集成商还包括德国的杜尔、徕斯和意大利的柯马等。在关键零部件方面，机器人减速器 70% 以上的市场份额被日本的纳博特斯克（Nabtesco）和哈默纳科（Harmonic）垄断。

日本已成为全球的工业机器人产业领导者。如表 6-2 所示，世界四大机器人企业巨头中，日本的发那科和安川电机占据其二。同时，日本在精密减速机、伺服电机等一些关键零部件方面技术优势明显。欧洲有着雄厚的工业基础，德国的库卡、瑞士的 ABB 在世界机器人四大企业中各占一席。德国以智能工厂为重心的工业 4.0 计划、英国的机器人战略以及法国的机器人发展计划，彰显了各国占领机器人产业制高点的决心。美国于 2011 年 6 月推出先进制造伙伴计划，明确要通过发展机器人重振制造业。与其他国家相比，美国工业机器人技术具有全面、先进、适应性强的特点，在系统集成领域有较大优势。韩国机器人产业发展迅猛，已成为世界范围内强劲的新生力量。值得一提的是，韩国制造业每万名产业工人所拥有的工业机器人数量高达 855 台。

表 6–2 四大机器人企业巨头

公司名称	主要业务	公司优势	代表产品
ABB（瑞士）	控制系统，电力产品，电力系统，低压产品，离散自动化与运动控制以及过程控制和过程自动化，系统集成业务	电力电机和自动化设备巨头，集团优势突出，拥有强大的系统集成能力，运动控制核心技术优势突出	离线编程软件 RobotStudio、IRB 系列机器人、IRC 系列机器人控制器、电子电器
发那科 FANUC（日本）	数控系统、自动化、机器人	数控系统世界第一，占据了全球 70% 的市场份额；除减震器以外核心零部件都能自给，盈利能力极强	LRMate 系列装配机器人、CR 系列搬运机器人、M 系列机床和物流搬运机器人等
库卡 KUKA（德国）	系统集成 + 本体，焊接设备、机器人本体、系统集成、物流自动化	全球领先的机器人及自动化生产设备和解决方案的供应商之一，采用开放式的操作系统	机械手臂、LBRiiwa 轻型机器人、KR、QUANTEC press 冲压连线机器人等
安川电机（日本）	伺服 + 运动控制器、电力电机设备，运动控制，伺服电机，机器人本体	日本第一家做伺服电机的公司，典型的综合机器人企业，伺服机、控制器等关键零部件均自给，性价比较高	GP、VA、MA、MFL、MFS 等系列搬运、码垛、机床机器人

目前我国工业机器人产业总体上还处于产业形成期，品牌认知度缺乏，应用市场基本被外资企业占据，四大巨头的产品在中国市场的占有率在 70% 左右。随着国外机器人企业纷纷在我国投资建设生产基地，自主品牌工业机器人生产企业发展的市场空间将进一步受限。如表 6–3 所示，日本、美国等国家的机器人生产状况比较稳定，研发实力不断提升，我国机器人生产也快速提高，制造成本具有明显优势。

全球科技巨头纷纷布局智能机器人领域，随着新一代信息网络技术与机器人技术的加速融合，具备自学习能力和自主解决问题能力的智能机器人成为未来机器人发展的重要方向。谷歌、英特尔、ABB 等全球领先的科技巨头通过收购机器人公司以及大量在人工智能技术方面取得先进成果的公司来加速布局智能机器人领域。2013 年，美国谷歌公司收购了包括波士顿动力公司（2016 年将其出售）在内的，以人工智能、机器人、机械手臂、设计等领域为专长的 8 家机器人公司，正式进军机器人领域。2014 年，ABB 投资了拥有先进的人工智能技术公司的 Vicarious，以此提高 ABB 工业机器人的人工智能化水平，增强工业机器人领域的发展优势。2016 年，英特尔投资了酒店服务机器人厂商 Savioke 及其典型产品 Relay，这款机器人能够在宾馆内传送牙膏、毛巾等物品，已经在 10 多家酒店应用。

表 6-3 2020 年主要机器人生产地区表现

项目	日本	欧洲	美国	韩国	中国
市场份额	占据主导，被欧洲瓜分一部分，在低端市场被中国瓜分一部分	可能增长（取决于新型机器人），在新的市场领域取得成功，如服务、医疗、中小企业应用等	基本不变，除了军事和空间机器人	高速增长，主要是重工业，之后在轻型机器人以及家庭服务机器人领域	高速增长，所有低价的服务机器人组装工业机器人起步，低端的零部件高速增长，但高端市场增长缓慢，低端机器人代工
出口以及国内增长率	低，直至服务机器人市场起步	低/中等，取决于新型机器人的应用	不变，除了军事和空间机器人	高速增加，起点低	从低端市场高速增加，起点低
合格的技术工人	不断增加	缓慢增加	低，增加	高速增加——强力教育推动	增长可能非常快
研发能力和知识产权	在高起点不断提升	从中/高起点不断提升	高速提升（军事、创新创业型企业）	高速提升，相对较低的起点	低起点，快速提升
创新潜力	中等	高	高	中等	中等
制造成本	中等/高	中等/低	高	低	最低
商业化潜力—工业化	中等	低，需要提升	中等	高	高/非常高
供应商和用户的聚集效应	中等	中等	低/存在变数	中等	存在变数

6.4.3 主要发达国家机器人产业发展政策

1. 美国

美国机器人产业发展政策概要如表 6-4 所示。

表 6-4 美国主要机器人产业政策

年份	政策名称	主要内容
1980	史蒂文森-维德勒技术创新法	建立研究和技术应用办公室，财政预算用于支持技术转让、创新活动
1983	战略计算倡议	政府投资 10 亿美元支持机器智能项目，包括芯片制造、计算机体系结构和人工智能软件
2011	先进制造伙伴计划	明确通过发展工业机器人重振制造业，开发新一代智能机器人
2011	国家机器人计划	主要分为四轮机器人计划：第一轮开发新一代智能机器人；第二轮改进机器人灵活性与协作能力；第三轮实现机器人传感、机器学习和人机交互；第四轮加速协作型机器人攻关

续表

年份	政策名称	主要内容
2013	机器人技术路线图：从互联网到机器人	强调机器人技术在制造业和卫生保健领域的应用，提出开发机器人技术在创造新市场、新就业岗位和改善生活方面的潜力
2017	国家机器人计划 2.0	加快美国协作型机器人的发展和应用。美国国家科学基金会预计每年投入 3 000 万~ 4 500 万美元支持 40 ~ 70 个项目开展基础研究

2. 德国

德国机器人产业发展政策概要如表 6–5 所示。

表 6–5　德国主要机器人产业政策

年份	政策名称	主要内容
1970	改善劳动条件计划	用机器人替换部分在危险、有害、有毒岗位工作的劳动力，扩大机器人应用率
1982	促进创建新技术企业	推动企业与高校、科研机构合作，建立技术园区，促进包括机器人在内的高新技术企业聚集
2006	德国高科技战略 2006—2009 年	设立包括机器人在内的首批重点投资领域，预计逐年投入 7 亿、13 亿、18 亿和 22 亿欧元用于国家研发预算；制订中小企业创新计划。总投资超 3 亿欧元，为科技企业提供创业融资等
2013	德国工业 4.0 战略	打造智能制造产业，让机器人成为新工业革命的切入点；发挥中小企业创新作用
2018	联邦政府人工智能发展战略要点	投入 2.3 亿欧元用于人工智能领域的研究成果转化，投入超过 1.9 亿欧元用于人工智能领域的研究和人才培养，由经济部资助 1.5 亿欧元用于人工智能领域研发的奖励
2019	国家工业战略 2030	对人工智能、机器人等急需突破的关键技术设立创新技术目录，修改竞争法以支持大企业合并。国家参股战略重要性企业，修改补贴法对部分领域进行补贴

3. 日本

日本机器人产业发展政策概要如表 6–6 所示。

表 6–6　日本主要机器人产业政策

年份	政策名称	主要内容
1980	财政投融资租赁制度	由 24 家工业机器人制造商，10 家保险公司共同成立日本机器人租赁公司，扩大机器人应用

续表

年份	政策名称	主要内容
1980	重要复杂机械装置特别折旧制度	特别增加由高性能电子计算机控制的工业机器人折旧条款，除普通折旧外还可享受 10% 的特别折旧优惠
1980	工业安全卫士设施等贷款制度	在原有制度基础上追加劳动安全工业机器人的新规定，国民金融公库向中小企业融资，发放低息设备贷款
1984	FMS 机器租赁制度	扩展机器人租赁业务，由单台转向 FMS 系统
1985	促进基础技术开发税制	企业购置技术开发类资产可免税 6%，鼓励企业购置技术研发设备，为机器人技术的研发创造条件
2014	日本振兴战略	推动机器人驱动的新工业革命，把机器人作为经济增长战略的重要支柱
2015	日本机器人战略：愿景、战略、行动、计划	到 2020 年，预计投入 1 000 亿日元扶持机器人项目，设置机器人革命促进会，培育机器人领域专项人才

4. 韩国

韩国机器人产业发展政策概要如表 6–7 所示。

表 6–7　韩国主要机器人产业政策

年份	政策名称	主要内容
1991	先导技术开发计划	制定系统开发计划以及基础技术开发计划，政府每年以一定比例的营业额进行科研资助
1999	科学技术革新特别法	设立国家科学技术委员会和科学技术评价院，强化对科研工作的监管评估
2005	21 项“国家有望技术”计划	将人工智能技术纳入国家今后重点发展的技术。利用经费支持重点技术研发人才培养以及地方和中小企业的发展
2009	第一次智能机器人基本计划	韩国政府投入 1 万亿韩元用于机器人相关技术研发与产业扶持，把工业机器人确定为机器人研究的主要方向之一
2012	机器人未来战略 2022	计划投资 3 500 亿韩元，推动机器人与各领域的融合应用，将机器人打造成为支柱性产业，重点发展智能工业机器人、家庭机器人、救灾机器人和医疗机器人四大类型
2017	机器人基本法案	探讨机器人伦理和责任问题，积极应对机器人和机器人技术带来的社会影响

6.4.4　中国机器人产业发展概况

6.4.4.1　中国机器人产业状况

我国机器人产业发展迅速，目前我国机器人设计和制造水平显著提高，新技术、新产品不断涌现，关键零部件的研制取得突破性进展，为产业转型升级赋予了新的动能。

根据国际机器人联合会的数据，2013 年至 2018 年中国已连续 6 年成为全球最大的工业机器人应用市场（年销量连续 6 年位居世界首位，装机量占全球市场的 36%），并成为推动全球机器人产业稳步发展最主要的力量。工业机器人作为工业自动化的通用设备，是“机器换人”的核心设备。据 IFR 统计，自 2016 年开始，中国工业机器人累计安装量位列世界第一，发展速度史无前例。2018 年，中国依然是全球最大的机器人市场，但 2018 年中国工业机器人销量增幅有所下降，仅为 2017 年的 1/3 左右，2019 年销量开始回升。

如图 6–8 所示，我国工业机器人从产量上看呈现逐年增加的良好态势。从 2018—2020 年我国工业机器人产量累计增长率来看，我国工业机器人产业经历了 2019 年行业“严冬”之后，自 2020 年 4 月逐步回暖，目前已进入加速增长期。新冠疫情下，中国工业机器人企业化危机为商机，使工业机器人产量实现逆势上扬。2020 年实现了较快增长，预计 2021 年工业机器人产量有望保持高速增长。

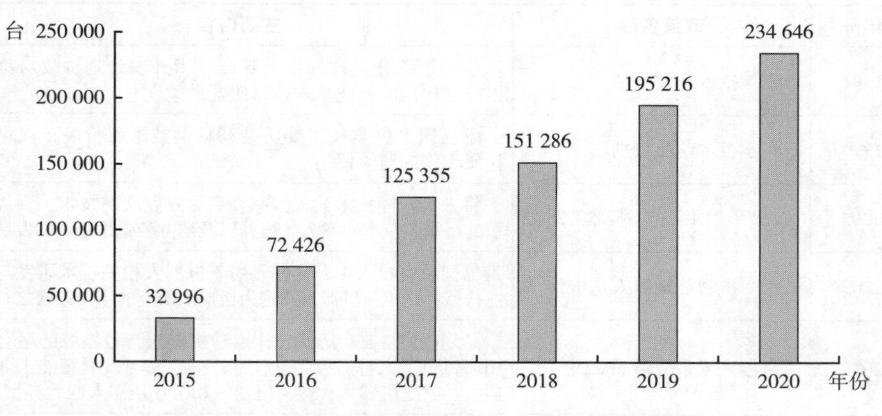

图 6–8　2015—2020 年中国工业机器人产量统计

中投产业研究院发布的《2021—2025 年中国机器人产业投资分析及前景预测报告》中显示：2018 年，我国机器人市场规模达到 535.9 亿元，同比增长 14.4%；2019 年，我国机器人市场规模达到 588.7 亿元，同比增长 9.8%。预计，2021 年我国机器人市场规模将达到 813 亿元，未来 5 年（2021—2025 年）年均复合增长率约为 15.80%，2025 年将达到 1 463 亿元。

根据机器人的应用环境，IFR 将机器人分为工业机器人和服务机器人。其中，服务机器人是指除工业机器人之外的、用于非制造业并服务于人类的各种先进机器人，主要包括个人 / 家庭用服务机器人和公共服务机器人。

服务机器人产业链的上游主要包括原材料和核心零部件。其中，核心零部件主要包括智能芯片、控制器、传感器、激光雷达等，这些零部件的供应厂商是典型的技术驱动型企业。产业链中游则主要是本机制造以及外加一些操作系统提供商、AI 引擎提供商、云系统提供商等。产业链的下游则主要为集成应用、各种消费场景应用等。中游做产品的板块商结合语音、图像等板块，通过虚拟机器人或实体机器人向下游各场景提供服务。

随着服务机器人行业的不断发展，目前市场上涌现出许多优秀的企业。如表 6–8 所示，ABB、库卡等国外厂商则在控制器等零部件领域占据先发优势，国内企业在激光雷达传感器、AI 芯片等新兴技术领域寻求突破，目前已取得阶段性成果，主要企业有沈阳新松、地平线、寒武纪等。

表 6–8　国内外服务机器人产业链主要参与者

项目	具体产品	主要产商
关键零部件	智能芯片	寒武纪科技、地平线、云天励飞、商汤
	控制器	ABB、FANUC、KUKA、SINSUN
	传感器	NXP、STMicroelectronics、Broadcom、Texas instruments
	激光雷达	Ecovacs、Slamtec、科捷
系统服务	语音交互	科大讯飞、云知声、出门问问
	操作系统	图灵机器人、小 i 机器人、CANBOT
	图像识别	商汤、旷视 Face++、川大智胜
本体制造	扫地机器人	Ecovacs、石头科技、Robot
	家用服务机器人	CANBOT、UBTECH、Ecovacs
	教育机器人	Partner、能力风暴、UBTECH

近年来，全球服务机器人市场发展迅速。根据 IFR 发布的统计数据显示，2019 年全球服务机器人实现销售收入 169 亿美元。其中，专业机器人实现销售收入 112 亿美元，占总收入的比重达 66%，个人 / 家庭服务机器人实现销售

收入57亿美元，占比为34%。随着服务机器人的不断渗透，预计未来行业将持续增长，至2023年销量将超过50万台，销售额预计达到277亿美元。

国内机器人产业主要集中在长三角、珠三角、京津冀、中部地区（主要包括湖南、湖北）、西部地区（主要包括重庆、成都和西安等地）和东北地区。在我国机器人产业发展中，长三角地区基础比较雄厚，珠三角地区、京津冀地区机器人产业日益发展壮大，东北地区虽有先发优势，但近年来产业整体发展较慢，中部地区和西部地区机器人产业发展基础较为薄弱，但具有后发潜力。珠三角地区机器人产业具有良好的技术研发基础和产业布局环境，重点聚焦在数控装备、无人物流、自动化控制器、无人机等领域。在产业规模方面，珠三角地区2020年机器人产品销售总收入达750亿元。

6.4.4.2 中国机器人的相关政策

我国各级政府在推动机器人产业发展方面也起到了非常重要的作用。我国很早就出台了发展智能机器人的相关政策。2006年2月，国务院发布《国家中长期科学和技术发展规划纲要（2006—2020年）》，首次将智能机器人列入先进制造技术中的前沿技术。此后，我国不断出台促进机器人产业发展的相关政策，特别是2016年至今，国家层面出台的政策较为密集，如表6-9所示。从国家层面的机器人相关政策来看，国家对于机器人产业发展不仅出台专项政策扶持，同时也对机器人相关应用领域提出了指导意见和促进政策，这些政策不仅覆盖了机器人的全类别，还在覆盖机器人关键技术研发、生产制造环节、下游应用的全环节，为我国机器人产业的发展提供了良好的政策环境。

在关于我国机器人产业政策的内容中，除“机器人”一词本身外，“服务机器人”“技术”“工业机器人”“智能机器人”等词的权重远远高于其他热词。由此也可以看出，我国机器人产业政策在上述领域具有较为显著的导向性。我国机器人产业虽然起步晚，但是在政策的支持下，也取得了显著的成绩。在全球范围内，除了日本、韩国，我国是全球第三个具备工业机器人完整产业链的国家。

表6-9 我国相关政策

时间	发布单位	政策名称	内容
2019年3月	工信部、国家广播电视总局、中央广播电视总台	超高清视频产业发展行动（2019—2022）	推动超高清视频技术在工业可视化、缺陷检测、产品组装定位引导、机器人巡检、人机协作交互等场景下的应用

续表

时间	发布单位	政策名称	内容
2019 年 10 月	工信部、国家发展改革委、教育部、财政部、人社部、商务部、国家税务总局、国家市场监督管理总局、国家统计局、中国工程院、国家知识产权局等	关于印发制造业设计能力提升专项行动计划	在高档数控机床和机器人领域，重点突破系统开发平台和伺服机构设计，多功能工业机器人、服务机器人、特种机器人设计等
2020 年 1 月	工信部、民政部、国家卫生健康委员会、国家市场监督管理总局、全国老龄工作委员会	关于促进老年用品产业发展的指导意见	发展家务机器人、助行机器人、情感陪护机器人；发展老人搬运、移位、翻身、夜间巡检等机器人产品；发展外骨骼康复机器人
2020 年 3 月	工信部	中小企业数字化赋能专项行动方案	推荐面向中小企业特别是小微企业需求的服务产品，明确产品提供商。服务产品包括软件产品、数字化设备、智能装备、智能机器人、服务、解决方案、小程序、工业 APP、工具包等
2020 年 4 月	国家邮政局、工信部	关于促进快递业与制造业深度融合发展的意见	支持制造企业联合快递企业研发智能立体仓库、智能物流机器人、自动化分拣设备、自动化包装设备、无人驾驶车辆和冷链快递等技术装备，加快推进制造业物流技术装备智慧化

6.4.4.3　中国机器人产业存在的不足及对策

（1）中国机器人产业的不足。

①工业机器人部分关键技术有待突破。在工业机器人领域，我国面临的较大挑战来自核心零部件。工业机器人的核心零部件主要有减速器、伺服电机及驱动器、控制器。这 3 个核心零部件占工业机器人总成本的 72%，其中减速器占 36%。工业机器人使用的减速器主要有两类：一是谐波减速器，负载在 10 kg 以下工业机器人一般使用谐波减速器，10 ~ 20 kg 的机器人小臂、手腕关节可以采用谐波减速器；二是 RV 减速器，负载在 20 kg 以上的工业机器人则主要使用 RV 减速器。目前，我国的谐波减速器已经实现国产化，但 RV 减速器全球市场 80% 的份额被日本企业纳博克斯特占据，我国的 RV 减速器行业仍以外资品牌为主。国内在 RV 减速器领域的关键技术仍有待突破。伺服电机及驱动器国内可以生产，但产品的稳定性、可靠性有待提升。控制器是我国与国外技术差距最小的领域。

②手术机器人与国外差距较大。在服务机器人领域，我国与国外差距较

大的是手术机器人。手术机器人对于安全性能要求较高，而且更加强调“医生－机器人－患者”三者的共融。因此，如果医生不接受操作系统，手术机器人就难以得到推广。目前，手术机器人商业化最成功的是达·芬奇手术机器人，这一品牌的机器人在我国诸多医院得到应用。2019 年 12 月，我国自主研发的第一台微创手术机器人“妙手S”系统进入临床试验阶段。据悉，“妙手S”从软件到硬件均实现了国产化。由于我国手术机器人起步晚，技术上与国外同款产品存在差距，其商业化进程较为缓慢。

③特种机器人的应用场景仍需拓展。在特种机器人领域，国内技术、产品与国外几乎处于同一赛道上，目前差距较小，甚至有些领域国内企业已经成为全球领跑者，比如无人机。我国特种机器人领域存在的不足来自应用场景。目前，我国的特种机器人市场规模主要依赖应用场景，因此，提供场景是特种机器人发展面临的问题。

（2）中国机器人产业发展对策。

随着中美关系及全球局势的发展变化，加上新冠疫情在世界各地的蔓延，未来国际政治经济形势将更加复杂。全球经济低迷，全球产业链、供应链因非经济因素而面临冲击，国际经济、科技、文化、安全、政治等格局都在发生深刻调整，世界进入动荡变革期。在这一大背景和大环境下，我国机器人产业作为战略新兴产业该如何应对？

①面向世界科技前沿，攻克机器人领域关键核心技术。习近平总书记指出，实践反复告诉我们，关键核心技术是要不来、买不来、讨不来的。只有把关键核心技术掌握在自己手中，才能从根本上保障国家经济安全、国防安全和其他安全。机器人领域的关键核心技术也一样，要对标全球领先技术，依靠自主研发、自主创新才能摆脱依赖外资品牌的局面，才能从根本上解决我国机器人产业健康的动力源问题。

②面向经济主战场，加速部分机器人技术的产业化、市场化。我国经济已由高速增长阶段转向高质量发展阶段，经济的高质量发展离不开科技的支撑。在各产业领域，多种重大颠覆性技术不断涌现，科技成果转化速度明显加快。这也要求机器人领域部分技术需要加速转化，以实现产业化和市场化，如医疗领域的机器人技术及相关产品。这样才能为经济发展提供科技支撑，同时也获得市场的反馈与回馈，形成技术与市场的有效互动与良性循环。

③面向国家重大需求，努力为国家战略提供支撑。战略性新兴产业是未

来发展的战略支点，是国际角逐的必争之地。我国对战略性新兴产业的政策供给在不断优化，由项目导向向以企业和产业对要素和市场环境的适应为基础的能力导向调整，以发现和强化产业和企业的核心能力为关键。机器人产业作为战略性新兴产业的典型代表，也必将面向国家重大需求和发展战略，产业不仅要做大，更要做强，同时还要确保关键技术自主可控。任何一个产业的发展与壮大都不是一蹴而就的，而是一项长期、系统的工程，机器人产业也不例外。我国机器人产业经过前期的积累与发展，有了一定的基础。未来的"十四五"规划，特别是"新基建"和"双循环"战略，都为我国机器人产业提供了良好的发展机遇，我国机器人产业也将进入高质量发展期。

6.4.5 全球机器人发展趋势

6.4.5.1 机器人发展的趋势

近年来由于传统制造行业发展缓慢和受人工智能的冲击，为了提升生产效率、管理效率、节约成本，企业纷纷向自动化、数字化和智能化转型。新一代智能制造将以（工业）互联网为基础设施，贯穿于设计、生产、管理和服务等制造活动的各个环节。工业机器人主要服务于生产环节，其数字化和智能化发展直接决定了企业的生产效率和生产成本。目前工业机器人的发展态势主要向着人机协作、智能化、新工业用户、数字化及小型化和轻量化5个发展方向进行。

（1）数字化。所谓数字化，指在某个领域的各个方面或某种产品的各个环节都采用数字信息处理技术。工业机器人本身就是最典型的机电一体化数字化装备，其技艺附加值高，运用范围广，可提高制造业中生产过程的可控性、减少生产线人工干预。疫情期间，有很多厂家短期内就利用了企业的数字化能力做到了迅速转型，如向口罩生产线的转型。高效、智能的数字化在工业机器人上的运用可以更进一步地帮助企业提高生产效率与能源效率，实现柔性化、智能化的生产。大数据、机器学习、人工智能、物联网、云计算和区块链等数字技术的运用可以实现生产线上远程操控机器人、优化工业机器人的生产效率、实现产品生产的快速转型等。

（2）智能化。工业机器人的智能化除了通过内部传感器和外部传感器感知自身的状态和外部环境的状态，还可以根据获得的信息进行逻辑推理、判断决策等。工业机器人智能化是系统层面的问题，其智能化涉及很多的关键技术，比如传感器技术、导航与定位、机器人视觉、智能控制和人机接口技术等。智能化从对客观环境的感知中提取信息，进行处理并加以理解，最终用于工业智能制造中的实际检测、测量和控制等自动化工作。工业机器人的智能化发展目前已用于解决碰撞的检测与处理、故障的检测与处理、不良产品的剔除等，能够提升企业生产线的使用效率、产品质量等。但其与机器视觉的融合仍有较大的发展空间，目前我国的研究多集中在物件的智能定位、抓取和自主搬运方面。

（3）人机协作。协作机器人（collaborative robot）简称 Cobot 或 Co-robot，是和人类在共同工作空间中有近距离互动的机器人，是为与人共同工作并执行相应的生产任务而设定的。科技的发展对生产速度和效率提出了更高的要求，安全和灵活的机器人已经应用于生产线上，实现了与人的合作。协作机器人为重复性任务增加了不知疲倦的耐力，减少了人力成本，且可以通过增加传感器来适应变化，具有较高的灵活性。但其成本较高，尚未得到大规模应用。

（4）新工业用户。2018 年汽车行业仍然是全球最大的机器人应用行业，占比为 30%，其次为电气、电子、金属和机械行业。但目前新能源电池、环保设备、高端装备和线路巡检等中小型制造企业等都变成了工业机器人的新工业用户，有效提高了制造业整体的自动化水平。

（5）小型化和轻量化。随着工业机器人的应用领域越来越广泛，各生产企业对工业机器人的重量、体积都提出了更高的要求，轻量化、小型化成为一种新的发展趋势。日本爱普生折叠手臂六轴机器人 N6，可在现有同级别机械臂 60% 的工位空间内完成灵活操作；折叠手臂六轴机器人 N6 采用内部走线设计，其折叠手臂可自然进入高层设备、机器和架子等狭窄空间。

6.4.5.2 机器人市场需求趋势

工业机器人能提供稳定的高效率与高质量的产品，尤其在生产节奏快的自动化生产线和恶劣的生产环境中，工业机器人比工人更具有效率优势。市场需求的转变对全球工业机器人产业的发展有着决定性的影响。

（1）人口的缓慢增长加大了用人成本。发达国家及包括中国在内的部分发展中国家的人口处于缓慢增长阶段，大多数发达国家的人口呈现负增长的现象。机器人的应用在极大程度上缓解了人口缓慢增长所带来的劳动力不足、劳动费用过高等问题。工业机器人不仅能降低企业的用人成本，更能提高工作效率，为企业带来最大的收益。

（2）产品加工精度要求的提高。随着科技的进步，精密器件的生产由人工操作逐渐转为机器操作，例如四轴机器人在焊接、点胶等技术上的应用逐渐呈链式作业。对加工精度要求较高的产品主要有电子产品、精密机械表等精密仪器。

（3）以高科技为基础的装备制造业的发展。在工业发达国家中，工业机器人及自动化生产线成套装备已成为高端装备的重要组成部分及未来发展趋势，工业机器人已经广泛应用于汽车及汽车零部件制造业、机械加工行业、电子电气行业、橡胶及塑料工业、食品工业、物流、制造业等领域。

6.5　本章小结

尽管我国基本掌握了本体设计制造、控制系统软硬件、运动规划等工业机器人相关技术，但总体技术水平与国外相比，仍存在较大差距。我国缺乏核心及关键技术的原创性成果和创新理念，精密减速器、伺服电机、伺服驱动器、控制器等高可靠性基础功能部件方面的技术差距尤为突出，长期依赖进口。我国机器人市场由外企主导，自主品牌亟须发展壮大。由于用户企业已经习惯使用国外品牌，特别是使用量最大、对设备品质要求最高的汽车和电子工业，导致自主品牌的本体和零部件产品不能尽快投入市场，甚至有成功应用经验的产品也难以实现推广应用。其次，我国工业机器人生产企业规模普遍偏小。因此，国家的发展得靠我们当代大学生来努力建设，打破国外垄断，为祖国建设添砖加瓦。

6.6　思考题及项目作业

6.6.1　思考题

6-1　试解释我国对机器人的定义。

6-2　Asimov 在其出版的《Runaround》一书中给机器人定下的三大定律是什么？

6-3　机器人的特征有哪些？

6-4　请分析机器人的系统组成。

6-5 根据机器人的应用环境，可将机器人分为哪三类？

6-6 Wiener 的《控制论》对于机器人学有哪两个重要的含义？

6-7 对比各国机器人技术路线，给我们怎样的启示？

6-8 中国机器人产业存在哪些不足？

6-9 面对中国机器人产业存在的不足，有哪些对策？

6-10 请分析目前全球机器人的发展趋势。

6.6.2 项目作业

作业题目： ××× 机器人的概况及应用研究

作业形式： 研究报告

作业要求：（1）分组，每组总人数不超过 5 人。

（2）每人提交一份研究报告，中英文均可，中文不低于 1 500 字，英文不少于 1 000 单词，按照研究论文格式进行撰写。引用部分必须标明出处。

（3）每组提供一份 PPT，选择 1～2 人进行讲解。PPT 讲解时间控制在 20 min 以内，以 15 页左右为宜。

作业内容： 选择工业机器人（搬运机器人、焊接机器人、喷涂机器人、装配机器人、码垛机器人等），特种机器人（水下机器人、娱乐机器人、军用机器人、农业机器人等），服务机器人（机器狗、居家机器人、医疗机器人、公共服务机器人等）中的一种进行论述，主要针对其概况、结构、应用研究进展等方面进行阐述。

举例： 搬运机器人的概况及应用研究

提纲： 1. 搬运机器人的定义及特点；

2. 搬运机器人的国内外产业发展状况；

3. 搬运机器人的应用实例；

4. 搬运机器人的最新研究进展。

第7章 特种加工技术

7.1 特种加工技术简介

7.1.1 特种加工技术的概念

特种加工也称为非传统加工或现代加工，泛指用电能、热能、光能、水能、电化学能、化学能、声能及特殊机械能等能量达到去除或增加材料的加工方法。特种加工技术主要包括激光加工技术、高压水射流加工技术、电子束加工技术、离子束及等离子技术和电加工技术等内容。到目前为止，已经产生了多种这一类的加工方法，为区别现有的金属切削加工，将这类传统切削加工以外的新的加工方法统称为特种加工。

7.1.2 特种加工技术的特点

（1）不用或少用机械能，而是用其他能量（如电能、光能、声能、热能、化学能等）对工件进行加工。

（2）工具不受显著切削力的作用，对工具和工件的强度、硬度和刚度均没有严格要求。

（3）加工变形小，发热少（仅局限于工件表层加工部位很小区域内），工件热变形小，加工应力小，易于获得好的加工质量。

（4）加工中能量易于转换和控制，有利于保证加工精度和提高加工效率。

7.1.3 特种加工技术的分类

特种加工一般按能量来源及形式、作用原理进行分类，主要有以下四大类。

（1）机械过程。利用机械力，使材料产生剪切、断裂，以去除材料，如超声波加工、水喷射加工、磨料流加工等。

（2）热学过程。通过电能、光能、化学能等产生瞬时高温，熔化并去除材料，如电火花加工、高能束加工、热力去毛刺等。

（3）电化学过程。利用电能转换为化学能对材料进行加工，如电解加工、电铸加工（金属离子沉积）等。

（4）化学过程。利用化学溶剂对材料的腐蚀、溶解，去除材料，如化学蚀刻、化学铣削等。

具体分类详见表 7–1。

除此之外，还有多种加工方法有机结合的复合加工方法，主要原理是利用机械、热、化学、电化学的复合作用，去除材料。常见的复合形式如下。

机械化学复合——如机械化学抛光、电解磨削、电镀珩磨等。

机械热能复合——如加热切削、低温切削等。

热能化学能复合——如电解、电火花加工等。

其他复合过程——如超声切削、超声电解磨削、磁力抛光等。

复合加工的形式详见表 7–2。

表 7–1　常用特种加工方法分类表

特种加工		能量来源及形式	作用原理	英文缩写
电火花加工	电火花成形加工	电能、热能	熔化、汽化	EDM
	电火花线切割加工	电能、热能	熔化、汽化	WEDM
电化学加工	电解加工	电化学能	金属离子阳极溶解	ECM（ELM）
	电解磨削	电化学能、机械能	阳极溶解、磨削	EGM（ECG）
	电解研磨	电化学能、机械能	阳极溶解、磨削	ECH
	电铸	电化学能	金属离子阴极沉积	EFM
	涂镀	电化学能	金属离子阴极沉积	EPM
电子束加工	切割、打孔、焊接	电能、热能	熔化、汽化	EBM
离子束加工	蚀刻、镀覆、注入	电能、动能	原子撞击	IBM
等离子体加工	切割（喷镀）	电能、热能	熔化、汽化、（涂覆）	PAM
激光加工	激光切割、打孔	光能、热能	熔化、汽化	LBM
	激光打标记	光能、热能	熔化、汽化	LBM
	激光处理、表面改性	光能、热能	熔化、相变	LBM

续表

特种加工		能量来源及形式	作用原理	英文缩写
物料切蚀加工	超声加工	机械能、声能	磨料高频撞击	USM
	磨料流加工	机械能	切蚀	AFM
	液体喷射加工	机械能	切蚀	FJM
化学加工	化学铣削	化学能	腐蚀	CHM
	化学抛光	化学能	腐蚀	CHP
	光刻	光能、化学能	光化学腐蚀	PCM
增材制造	立体光固化成型	光能、化学能	增材法加工	SL
	激光选区烧结	光能、热能	增材法加工	SLS
	叠层实体成型	光能、机械能	增材法加工	LOM
	熔融沉积成型	电能、热能、机械能	增材法加工	FDM

表 7–2　复合加工方法分类表

特种加工		能量来源及形式	作用原理	英文缩写
复合加工	电化学电弧加工	电化学能	熔化、汽化腐蚀	ECAM
	电解、电火花机械磨削	电能、热能	离子转移、熔化、切削	ESMG
	电化学腐蚀加工	电化学能、热能	熔化、汽化腐蚀	ECCM
	超声放电加工	声能、热能、电能	熔化、震动腐蚀	EDM–UM
	电解机械抛光	电化学能、机械能	切削腐蚀	ECMP
	超声切削加工	机械能、声能、磁能	切削腐蚀	UVC

从加工原理和特点分类，可分为去除加工、结合加工、变形加工三大类，如表 7–3 所示。

去除加工又称为分离加工，是从工件上去除多余的材料，如金刚石刀具精密车削、精密磨削、电火花加工、电解加工等。

结合加工是利用理化方法将不同材料结合（bonding）到一起。按照结合的机理、方法、强弱又可以分为附着（deposition）、注入（injection）、连接（joined）3 种。附着加工又称为沉积加工，是在工件表面上覆盖一层物质，属于弱结合，如电镀、气相沉积等。注入加工又称为渗入加工，是在工件表面注入元素，使之与工件基体材料产生物化反应，以改变工件表层材料的力学、机械性质，属于强结合，如表面渗碳、离子注入等。连接是将两种相同或不同材料通过物化方法结合到一起，如焊接、黏结等。

变形加工又称为流动加工，是利用力、热、分子运动等手段使工件产生变形，改变其尺寸、形状和性能，如液晶定向。

表 7–3　特种加工方法

<table>
<tr><th>分类</th><th colspan="2">加工成形原理</th><th>主要加工方法</th></tr>
<tr><td rowspan="4">去除加工</td><td colspan="2">电物理加工</td><td>电火花线切割加工、电火花加工</td></tr>
<tr><td colspan="2">电化学加工、化学加工</td><td>电解加工、蚀刻、化学机械抛光</td></tr>
<tr><td colspan="2">力学加工（力溅射）</td><td rowspan="2">超声加工、离子溅射加工、等离子体加工、磨料喷射加工、电子束加工、激光加工</td></tr>
<tr><td colspan="2">热物理加工
（热蒸发、热扩散、热溶解）</td></tr>
<tr><td rowspan="9">结合加工</td><td rowspan="4">附着加工</td><td>化学</td><td>化学镀、化学气相沉积</td></tr>
<tr><td>电化学</td><td>电镀、电铸</td></tr>
<tr><td>热物理（热熔化）</td><td>真空蒸镀、熔化镀</td></tr>
<tr><td>力物理</td><td>离子镀、物理气相沉积</td></tr>
<tr><td rowspan="4">注入加工
（渗入加工）</td><td>化学</td><td>氧渗氮、活性化学反应</td></tr>
<tr><td>电化学</td><td>阳极氧化</td></tr>
<tr><td>热物理（热熔化）</td><td>晶体生长、分子束外延、渗杂、渗碳</td></tr>
<tr><td>力物理</td><td>离子束外延、离子注入</td></tr>
<tr><td>连接加工</td><td>热物理、电物理化学</td><td>激光焊接、快速成型加工、化学黏结</td></tr>
<tr><td rowspan="3">变形加工
（流动加工）</td><td colspan="2">热流动、表面热流动</td><td>塑性流动加工（气体火焰、高频电流、热射线）</td></tr>
<tr><td colspan="2">黏滞流动</td><td rowspan="2">液体流动加工（金属、塑料等注塑或压铸），液晶定向</td></tr>
<tr><td colspan="2">分子定向</td></tr>
</table>

目前最常见的特种加工方法有：电火花加工、电火花线切割加工、激光加工、电解加工、高能粒子束加工、超声加工等。特种加工技术已经成为先进制造技术中不可缺少的分支，在难切割、复杂型面、精细表面、优质表面、低刚度零件及模具加工等领域已经成为重要的工艺方法。

总体而言，特种加工可以加工任何硬度、强度、韧性、脆性的金属材料或非金属材料，且专长于加工复杂、微细表面和低刚度零件。同时，有些方法还可以进行超精密加工、镜面光整加工和纳米加工。外因是条件，内因是根本，事物发展的根本原因在于事物的内部。特种加工技术之所以能产生和发展的内因，在于其具有传统切削加工所不具备的本质和特点。同时，也充分说明

“三新”（新材料、新技术、新工艺）对新产品的研制、推广和社会经济的发展起着重大的推动作用。

7.2　电火花加工技术简介

7.2.1　电火花加工技术发展概况

1943 年，苏联拉扎林科夫妇在研究开关触点受火花放电腐蚀损坏的现象和原因时，发现电火花的瞬时高温可以使局部的金属熔化、氧化而被腐蚀掉，从而开创和发明了电火花加工方法。

线切割机也于 1960 年发明于苏联，我国是第一个用于工业生产的国家。

到 20 世纪 70 年代，出现了高低压复合脉冲、多回路脉冲、等幅脉冲和可调波形脉冲等电源，在加工表面粗糙度、加工精度和降低工具电极损耗等方面又有了新的进展。在控制系统方面，从最初简单地保持放电间隙，控制工具电极的进退，逐步发展到利用微型计算机对电参数和非电参数等各种因素进行适时控制。

虽然电火花加工的基础理论、加工工艺理论、控制理论等方面在进入 20 世纪 80 年代以后都有了一定的发展，但是由于放电加工过程本身的复杂性、随机性以及研究方法和手段缺少创新性，近几十年来在研究电火花加工机理方面并未有突破性进展，所以有必要借鉴其他研究领域的成功经验，引入先进的研究方法和试验技术，克服传统的局限性，深入剖析和揭示整个放电过程的内在本质，建立可以客观反映放电过程规律的理论模型，指导电火花加工工艺理论和控制理论的研究。

7.2.2　电火花加工技术原理

电火花加工技术的原理为：电火花加工基于电火花腐蚀原理，是在工具电极与工件电极相互靠近时，极间形成脉冲性火花放电，在电火花通道中产生瞬时高温，使工件材料局部熔化，甚至气化，从而将材料蚀除下来。其原理图如图 7–1 所示。

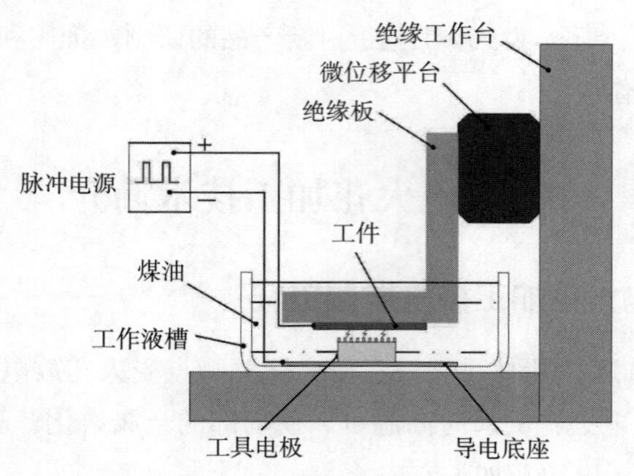

图 7–1 电火花加工原理图

7.2.3 电火花加工过程

两电极表面的金属材料是如何被蚀除下来的呢？这一过程大致分为以下几个阶段。首先，放电开始后，正负电极施加不同电位后，极间工作介质的电离、击穿形成等离子放电通道，此时电子向正极运动，正离子向负极移动，轰击电极表面；其次，由于等离子放电通道内瞬时温度超过 10 000 ℃，导致电极表面材料局部溶化甚至气化，而正负离子在电场作用下向两极运动，会相互碰撞，使得放电通道发生膨胀；再次，由于放电过程为瞬时行为，极间间隙又很小，压力急剧增大导致放电过程中伴随爆轰冲击，将熔融态或气化材料冲击抛出电极表面，被工作液介质快速冷却，并被冲出极间区域；最后，极间介质的消电离，一次放电结束后，需要间隔一段时间，使得极间的介质消除电离状态，恢复到原来的绝缘状态。

7.2.4 电火花加工特点

几乎所有的加工方法都存在一定的优缺点，电火花加工也不例外，其主要的优点包括以下几个方面。

（1）适合加工难加工的材料。脉冲放电的能量密度高，便于加工用普通的机械加工方法难于加工或无法加工的特殊材料和复杂形状的工件，比如钼、钛合金等，不受材料硬度和热处理状况的影响。

（2）无宏观切削力。加工时，工具电极与工件材料不接触，两者之间宏

观作用力极小。工具电极材料不需比工件材料硬，因此，工具电极制造容易。

（3）设备及工艺简单。加工工艺较简单，可以提高工件使用寿命，降低工人劳动强度。

其主要的不足之处如下。

（1）只能对导电材料进行加工。通过电火花加工原理的分析可以看出，电火花加工所用的工具和工件必须是导体或者半导体，所以塑料、陶瓷等绝缘的非导体材料不能用电火花进行加工。

（2）加工精度受到电极损耗的限制。由于加工过程中，工具电极同样会受到电、热的作用而被蚀除，特别是在尖角和底面部分，蚀除量较大，又造成了电极损耗不均匀的现象，所以电火花加工的精度受到限制。

（3）加工速度相对较慢。由于火花放电时产生的热量只局限在电极表面，而且又很快被介质冷却，所以加工速度要比机械加工慢。

（4）最小圆角半径受到放电间隙的限制。

虽然电火花加工具有一定的局限性，但与传统的切削加工相比仍有巨大的优势，因此其应用领域日益扩大，目前已广泛应用于机械（特别是模具制造）、航空航天、电子、电器、仪器仪表等行业，用来解决难加工材料及复杂形状零件的加工问题。

7.2.5　电火花加工机床及应用

7.2.5.1　电火花加工机床

电火花加工机床设备主要有以下 5 个部分组成：机床本体、脉冲电源、自动进给调节系统、工作液过滤和循环系统、数控系统。

电火花加工机床按照用途分大致可分为四大类：第 1 类为电火花成型加工机床，主要用来加工各种模具、型腔、型孔，这一类机床占全部电火花加工机床的 80% 左右；第 2 类为电火花线切割机床，被用来切割零件和加工冲模；第 3 类为工具电极相对于工件既有直线进给运动又有旋转运动的电火花镗、磨螺纹等加工机床；第 4 类为可对工件进行表面处理的电火花加工机床，如电火花刻字等。

随着电火花加工工艺的改进，电火花加工机床也有了很大的发展，如在广泛地采用矩形波脉冲电源的同时，又发展了各种叠加波形的脉冲电源和各种矩形波派生电源。在间隙自动调节方面，也由只对电极间隙进行测量、控制，向对多参数进行自适应控制的方向发展等。所有这一系列的改进和发展，已使电火花加工进入了一个新阶段。

7.2.5.2 电火花线切割加工技术简介

（1）电火花线切割加工技术发展概况。

电火花成形不仅需要制作复杂的成形电极，而且材料浪费很大，还有电极损耗等诸多问题。为了实现用一根简单的金属丝作工具电极来切割出复杂的零件，苏联学者于 1955 年提出了电火花线切割机床设计方案，并于 1956 年制造出第一台靠模仿形电火花线切割机床，1958 年在苏联国内公开展出。为了改善电火花线切割的加工轨迹控制，捷克机械及自动化研究所于 1958 年研制出光电控制的电火花线切割机床。苏联于 1965 年又研制出数字程序控制电火花线切割机床。我国也在 1964 年开发高速走丝电火花线切割机床的基础上，于 1969 年研制成数控高速走丝电火花线切割机床，曾在国际上形成了一个富有中国特色的一类数控电火花线切割产品。

随着数控电火花线切割技术的产生和不断完善，电火花线切割技术的特点及优越性越来越明显，并迅速在各个工业制造部门得到推广应用，逐步成为制造部门一种必不可少的工艺手段。日本、瑞士等工业发达国家则抓住机遇，并借助电子技术的发展将电火花线切割技术推向一个迅速发展的阶段。日本西部电机株式会社于 1972 年在国际博览会上首次展出了 EW–20 数控电火花线切割机床；1977 年瑞士将电火花线切割电源全部换成晶体管电源；1980 年瑞士推出了电火花线切割机床附加高速切割装置，并改进了电源及供液方式；1982 年瑞士夏米尔公司研制出 F432DCNC 型精密高速电火花线切割机床，采用了自动穿丝装置及镀锌铜丝作为电极丝。我国的高速走丝电火花线切割机床因走丝速度快，排屑条件好，最大切割速度达到 266 mm^2/min。北京控制工程研究所于 1983 年就成功地切割出 500 mm 厚的钢件和 610 mm 厚的铜件。

20 世纪 80 年代后期和 90 年代，是电火花线切割技术不断完善和稳步发展的时期。日本为了提高加工精度，不仅采用了齿隙补偿和螺距补偿技术，而且用陶瓷材料制作机床工作台面和夹具。为了克服电解变质层的影响，日本和瑞士都先后开发了无电解电源，例如日本三菱公司的 AE 电源、沙迪克公司的 BS 电源、FANUC 公司的 AC 电源，以及瑞士夏米尔的 SI 电源等。为了改善加工表面质量，日本和瑞士制造商都开发应用了窄脉宽高峰值电流的镜面加工电源，日本沙迪克公司和三菱公司还采用了混粉镜面加工技术。为了满足现

代工厂自动化生产需要，各制造厂商不仅开发采用了自动穿丝装置，而且还开发了防断丝装置以及智能化软件系统；伺服控制系统也采用了模糊控制技术。计算机控制技术也不断提高，从 16 位机已逐步上升到 64 位机。伺服控制的增量也从 1 μm 上升到 0.1 μm，日本沙迪克公司还采用了直线电机驱动。以上种种努力，都进一步提高了电火花线切割加工的稳定性及自动化程度，工艺水平也有了突破性的进步。这个时期，电火花线切割的切割速度已提高到 325 m^2/min，最好表面粗糙度达 *Ra* 0.1 ~ 0.2 μm，加工精度提高到 ± 0.003 mm；低速走丝电火花线切割机也能切割 350 ~ 400 mm 的超厚工件，而中国则有 2 000 mm × 1 200 mm × 500 mm 和 1 000 mm × 630 mm × 1 000 mm 加工范围的超大型高速走丝电火花线切割机上市。

（2）电火花线切割加工技术原理。

电火花线切割加工技术的基本原理是利用移动的细金属导线（一般为钼丝、钨丝或铜丝）作为电极，对工件进行脉冲火花放电，利用数控技术使电极丝对工件做相对的横向切割运动。因其具有“以不变应万变”切割成型的特点，可切割成型各种二维、三维和多维表面。

根据电极丝的运行方向和速度，电火花线切割机床通常分为两大类：往复高速走丝（俗称快走丝）电火花线切割机床和单向低速走丝（俗称慢走丝）电火花线切割机床。其中快走丝速度一般为 8 ~ 10 m/s，慢走丝速度一般低于 0.2 m/s。

电火花线切割加工过程中，在电极丝和工件之间喷洒工作液，工作台在水平面两个坐标方向各自按预定的控制程序，根据火花间隙的状态作伺服进给移动，从而合成各种曲线轨迹，将工件切割成形。

电火花线切割加工主要用于加工各种形状复杂和精密细小的工件，例如冲裁模的凸模、凹模、凸凹模、固定板、卸料板等，成形刀具、样板、电火花成型加工用的金属电极，各种微细孔槽、窄缝、任意曲面等，具有加工余量小、加工精度高、生产周期短、制造成本低等突出优点，已在生产中获得广泛的应用，目前国内外的电火花线切割机床已占电加工机床总数的 60% 以上。

（3）电火花线切割加工技术的特点及应用。

线切割技术主要具有以下特点。

①加工中不存在显著的机械切削力，无论工件硬度和刚度如何，只要是导电或半导电的材料都能进行加工。但无法加工非金属导电材料。

②可以加工小孔和复杂形状零件，但无法加工盲孔。

③电极丝损耗小，加工精度高。

④加工时产生的切缝窄，金属蚀除量少，有利于材料的再利用。

⑤工件材料过厚时，工作液较难进入和充满放电间隙，会对加工精度和表面粗糙度造成影响。

⑥加工过程中可能会在工件表面出现裂纹、变形等问题，加工之前应适当热处理和粗加工，消除材料性能和毛坯形状的缺陷，提高加工精度。

⑦通过数控编程技术对工件进行加工，可对加工参数进行调整，易于实现自动加工。

电火花线切割加工为新产品试制、精密零件加工及模具制造开辟了一条新的工艺途径，它主要应用于以下几个方面。

①加工模具。适用于各种形状的冲模。模具配合间隙、加工精度通常都能达到 0.01 ~ 0.02 mm（快走丝线切割机床）和 0.002 ~ 0.005 mm（慢走丝线切割机床）的要求。此外还可以加工挤压模、粉末冶金模、弯曲模等，也可加工带锥度的模具。

②切割电火花穿孔成型加工用的电极。一般穿孔加工用的电极和带锥度型腔加工用的电极，以及铜钨、银钨合金之类的电极材料，用电火花线切割加工特别经济，同时也适用于加工微细、形状复杂的电极。

③加工零件。可用于加工品种多、数量少的零件，特殊难加工材料的零件，材料试验样件以及各种型孔、型面、特殊齿轮、凸轮、样板和成型刀具等。具有锥度切割功能的线切割机床，可以加工出“天圆地方”等上下异形面的零件，此外还可进行微细加工以及异形槽的加工等。

7.3 激光加工技术简介

7.3.1 激光加工技术发展概况

（1）激光的由来及发展。

激光的理论基础起源于物理学家爱因斯坦，1917 年爱因斯坦提出了一套全新的技术理论“受激辐射”。这一理论是说在组成物质的原子中，有不同数量的粒子（电子）分布在不同的能级上，在高能级上的粒子受到某种光子的激

发，会从高能级跳到（跃迁到）低能级上，这时将会辐射出与激发它的光相同性质的光，而且在某种状态下，能出现一个弱光激发出一个强光的现象。这就叫作“受激辐射的光放大”，简称激光。

根据原子理论，原子内电子会处于一些固定的能阶，不同的能阶对应于不同的电子能量。电子可以透过吸收或释放能量从一个能阶跃迁至另一个能阶。激光作为一种光，基本上就是由受激辐射所产生的。其过程就是光子射入物质诱发电子从高能阶跃迁到低能阶，经过自发吸收、自发辐射到受激辐射，然后释放光子。不同于普通光源，它自始至终都是由自发辐射产生的，因而含有不同频率（或不同波长、不同颜色）的成分，并向各个方向传播。激光则仅在最初极短的时间内依赖于自发辐射，此后的过程完全由受激辐射决定。正是这一原因，使激光具有非常纯正的颜色（单一性），几乎无发散的方向性，极高的发光强度。而正是这些神奇的特性，使激光在各个领域具有一系列令人难以置信的应用。

1958 年，美国科学家肖洛（Schawlow）和汤斯（Townes）发现了一种神奇的现象：当他们将氖光灯泡所发射的光照在一种稀土晶体上时，晶体的分子会发出鲜艳的、始终会聚在一起的强光。根据这一现象，他们提出了“激光原理”，即物质在受到与其分子固有振荡频率相同的能量激发时，都会产生这种不发散的强光——激光。他们为此发表了重要论文，并获得 1964 年的诺贝尔物理学奖。肖洛和汤斯的研究成果发表之后，各国科学家纷纷提出各种实验方案，但都未获成功。

1960 年 5 月 15 日，美国加利福尼亚州休斯实验室的科学家梅曼（Theodore H. Maiman）宣布获得了波长为 0.694 3 μm 的激光，这是人类有史以来获得的第一束激光，梅曼因而也成为世界上第一个将激光引入实用领域的科学家。1960 年 7 月 7 日，梅曼宣布世界上第一台激光器诞生。梅曼的方案是利用一个高强闪光灯管来刺激红宝石。由于红宝石在物理上只是一种掺有铬原子的刚玉，所以当红宝石受到刺激时，就会发出一种红光。在一块表面镀上反光镜的红宝石的表面钻一个孔，使红光可以从这个孔溢出，从而产生一条相当集中的纤细红色光柱，当它射向某一点时，可使其达到比太阳表面还高的温度。其中红宝石介质相当于光学谐振腔，闪光灯管就是激励能源，经过激励后，光线在谐振腔内多次反射，然后从孔中射出，形成单一方向的高能激光。

苏联科学家尼古拉·巴索夫于 1960 年发明了半导体激光器。半导体激光器的结构通常由 p 层、n 层和形成双异质结的有源层构成。除了具有激光器的共同特点，还具有以下优点：①体积小，重量轻；②驱动功率和电流较低；③效率高、工作寿命长；④可直接电调制；⑤易于与各种光电子器件实现光电子集成；⑥与半导体制造技术兼容；⑦可大批量生产。

1961 年 8 月，中国第一台激光器在中国科学院长春光学精密机械研究所研制成功。

1964 年，威利斯·尤金·兰姆（Willis Eugene Lamb）参与发现量子电子学与激光理论，导致激光的实现。

20 世纪 80 年代后期，半导体技术使得更高效、耐用的半导体激光二极管成为可能，这些在小功率的 CD 和 DVD 光驱和光纤数据线中得到使用。

1987 年 6 月，10^{12} W 的大功率脉冲激光系统（神光装置）在中国科学院上海光学精密机械研究所研制成功。

20 世纪 90 年代，高功率的激光激发原理得以实现，比如片状激光器和光纤激光器。后者由于新的加工技术和 20 kW 的高功率不断地被应用到材料加工领域中，从而部分替代了 CO_2 气体激光器和 Nd：YAG 固体激光器。

进入 21 世纪后，激光的非线性得以用来制造 X 射线脉冲（用来跟踪原子内部的过程）；另外蓝光和紫外线激光，二极管已经开始进入市场。2009 年，中国研制出一种名为氟代硼铍酸（KBBF）的晶体，可用于激发深紫外线激光，可令每张光盘的容量超过 1 TB，亦使半导体上可存储的电路密度大幅提高。

现在，激光已成为工业、通信、科学及电子娱乐中的重要设备。

（2）激光加工原理。

激光是一种经受激辐射产生的加强光，具有高亮度、高方向性、高单色性和高相干性的四大综合性能。如图 7–2 所示，通过光学系统聚焦后可得到柱状或带状光束，而且光束的粗细可根据加工需要调整。当激光照射在工件的加工部位时，工件材料迅速被熔化甚至气化。随着激光能量不断被吸收，材料凹坑内的金属蒸气迅速膨胀，压力突然增大，熔融物爆炸式地高速喷射出来，在工件内部形成方向性很强的冲击波。因此，激光加工是工件在光热效应下产生高温熔融和受冲击波抛出的综合作用的过程。

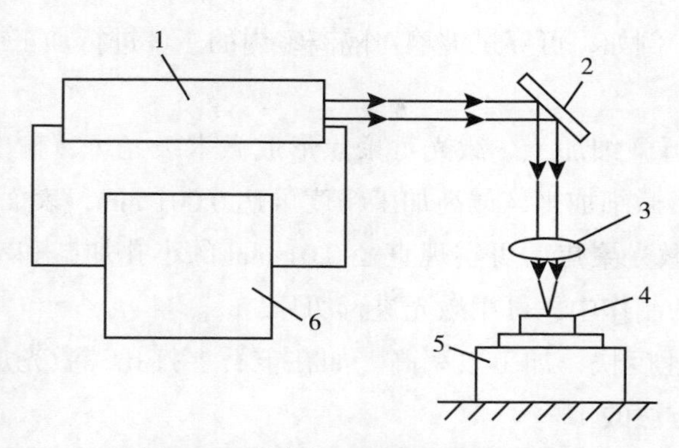

图 7-2　激光加工原理图示意图

1—激光发生器；2—反光镜；3—聚焦镜；4—工件；5—工作台；6—电源

激光加工利用高功率密度的激光束照射工件，使材料熔化、气化而进行穿孔、切割和焊接等的特种加工。早期的激光加工由于功率较小，大多用于打小孔和微型焊接。到 20 世纪 70 年代，随着大功率二氧化碳激光器、高重复频率钇铝石榴石（YAG）激光器的出现，以及对激光加工机理和工艺的深入研究，激光加工技术有了很大进展，使用范围随之扩大。数千瓦的激光加工机已用于各种材料的高速切割、深熔焊接和材料热处理等。各种专用的激光加工设备竞相出现，并与光电跟踪、计算机数字控制、工业机器人等技术相结合，大大提高了激光加工机的自动化水平和使用功能。从激光器输出的高强度激光经过透镜聚焦到工件上，其焦点处的功率密度高达 10^{10}（W/cm^2），温度高达 10 000 ℃以上，任何材料都会瞬时熔化、气化。激光加工就是利用这种光能的热效应对材料进行焊接、打孔和切割等加工的。通常用于加工的激光器主要是固体激光器和气体激光器。

7.3.2　激光加工的特点

激光加工的特点主要有以下几个方面。

（1）加工材料范围广。激光几乎对所有的金属材料和非金属材料都可进行加工，特别适于加工高熔点材料、耐热合金及陶瓷、宝石、金刚石等硬脆材料。

（2）激光加工属于非接触加工，无受力变形，受热区域小，工件热变形小，加工精度高。

（3）工件可离开加工机进行加工，并可通过空气、稀有气体或光学透明介质进行加工。例如，可穿过玻璃对隔离室内的工件进行加工或对真空管内的工件进行焊接。

（4）可进行微细加工。激光可聚焦形成微米级光斑，输出功率大小可调节，常用于精密微细加工，最高加工精度可达 0.001 mm，表面粗糙度 *Ra* 可达 0.4 ~ 0.1 μm。激光聚焦后可实现直径 0.01 mm 的小孔加工和窄缝切割。在大规模集成电路的制作中，可用激光进行切片。

（5）加工速度快，加工效率高。如在宝石上打孔，激光加工所用的时间仅为机械加工方法的 1%。

（6）不仅可以进行打孔和切割，也可进行焊接、热处理等工作。

（7）可控性好，易于实现自动化。

（8）能源消耗少，无加工污染，在节能、环保等方面有较大优势。

7.3.3 激光加工技术的应用

激光的空间控制性和时间控制性很好，加工对象的材质、形状、尺寸和加工环境的自由度都很大，特别适用于自动化加工。激光加工系统与计算机数控技术相结合可构成高效自动化加工设备，这已成为企业实行适时生产的关键技术，为优质、高效和低成本的加工生产开辟了广阔的前景。

激光加工应用可粗略分为热加工和冷加工，可应用在金属和非金属材料上。热加工在切割、打孔、刻槽、标记、焊接、表面处理等方面应用广泛。冷加工主要针对光化学沉积，例如激光增材制造技术、激光刻蚀、掺杂和氧化等。

（1）激光增材制造。

激光增材制造技术是随着激光技术不断进步发展而来的新型技术。其主要利用 CAD 技术依据用户不同需求构建三维实体模型，通过激光增材制造技术分解三维模型，通过数据驱动技术控制激光光束，利用激光光束扫射二维断面生成二维实体，最终合成三维实体。激光快速成型技术是利用离散堆积思想将计算机、激光、材料和数控相结合的高新技术。该技术是利用产品的 CAD 模型，通过激光扫射与计算机控制各材料的精确堆积获取最终产品原型或零件，可通过由点成面或由面成体的方法制作，是目前设计与制造行业常用的制造方法，其基本原理如图 7–3 所示。增材制造是制造技术在制造理念上的一次革命性的飞跃。作为一种先进的制造技术，由于其具有高效率、低能耗、高精度的优点，故其在出现后的短短数年，即得到了国际制造行业广泛的关注和认

同。未来，这种高新技术将会被迅速推广和普及，广泛应用于机械制造、工业造型、建筑、艺术、医学、航空、航天、考古、刑侦和影视等诸多领域，将会有着更为广阔的发展前景，必将创造更为可观的经济效益和社会效益。

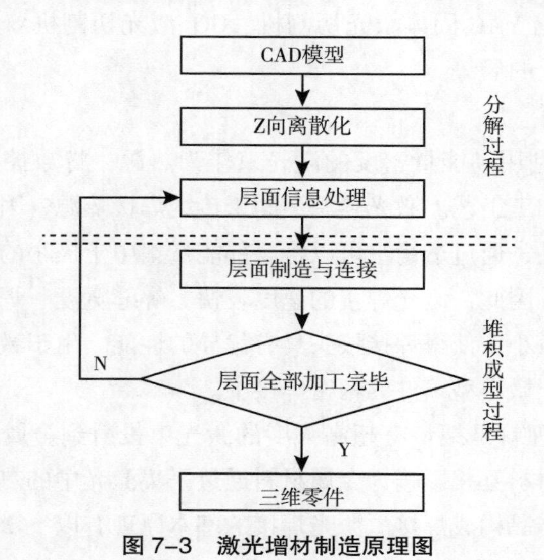

图 7–3　激光增材制造原理图

（2）激光切割。

激光切割加工是利用激光技术的一种新型加工技术，近几年在机械加工行业中被广泛采用。它是通过激光器产生激光束，激光束直接照射到加工材料上，将光能转化成热能对切割板材快速升温从而熔化和气化，同时利用带有一定压强的辅助气体把熔化的熔渣清理干净形成切缝。切割零件的形状和线路通过与切割设备相连的计算机预先画好图并设置好，激光切割头按照路径和设定好的速度进行均匀移动，最终切割出想要的零件形状和尺寸。激光切割加工中涉及很多方面的知识，如激光光束能量的产生，辅助气体的压强配合不同切割材料切割尺寸的变化，切割中切割材料的熔化和气化问题，以及熔化金属流动性以及切割能量梯度场的变化，等等。因此，想要获得良好的切割界面质量并不简单，需要各个情况都考虑仔细并且各个切割参数都设置合理适当才可以做到。

激光切割技术广泛应用于金属和非金属材料的加工中，可大大减少加工时间，降低加工成本，提高工件质量。脉冲激光适用于金属材料，连续激光适用于非金属材料，后者是激光切割技术的重要应用领域。但激光在工业领域中的应用是有局限和缺点的，比如用激光来切割食物和胶合板就不成功，食物被切开的同时也被灼烧了，而切割胶合板在经济上不合算。

随着激光产业的飞速发展，激光技术与激光产品也日趋成熟。在激光切割机领域。呈现出 YAG 固体激光切割机、CO_2 激光切割机双足鼎立，光纤激光切割机后来居上的局势。

（3）激光焊接。

激光焊接是利用高能量密度的激光束作为热源，将数控机床或者机器人作为运动系统的加工工艺。激光热源不同于传统焊接热源，因为激光具有良好的传输和聚焦特性，通过透镜组可以将全部能量集中于极小的作用点上，获得极高的能量密度。因此，激光焊接的速度较快，焊缝宽度、焊接热影响区宽度和焊接变形量均较小，使得焊接接头具有优异的性能。由于激光焊接独特的优点，已成功应用于微小型零件的精密焊接中。

激光焊接原理就是把带有超高强度的激光束投射到金属材料的外层，并使激光以及金属材料互相影响，金属材料通过采集激光中的热能，使自身发生熔化变形后冷却结晶构成焊接。激光焊接的基本原理有以下 2 种。

①热传导焊接。热传导焊接方式在加工过程中，经激光的辐射，金属材料表面一些激光被反射出去，一些激光被金属材料吸收，并将其中的光能转变为热能进而使金属材料发生熔化反应，金属材料外层的热通过传导的形式向材料内部进行传递，进而使得焊接元件连接。

②激光深熔焊。激光深熔焊是用辐射功率以及密度较高的激光辐射在金属材料外层，金属材料通过激光中的光能转变为热量，进而使得材料被热熔。在此过程中发散较多的金属蒸气，在蒸气形成过程中会有反作用力的出现，使得热熔的金属材料液体被挤压产生凹槽，在激光的持续辐射下，凹槽逐渐加深，在辐射完成时，凹槽四周的液体回溯，冷却后将焊件固定起来。

激光焊接技术作为一种绿色的再制造技术，国内外的研究机构都对此给予了较高的关注度，对激光焊接技术的未来具有十分深远的意义。

（4）激光雕刻。

激光雕刻加工是以数控技术为基础，以激光为加工媒介，加工材料在激光照射下瞬间熔化和气化，达到加工的目的。激光镌刻就是运用激光技术在物件上面刻写文字，这种技术刻出来的字没有刻痕，物体表面依然光滑，字迹亦不会磨损。

随着光电子技术的飞速发展，激光雕刻技术的应用范围越来越广泛，雕刻精度要求越来越高。影响激光雕刻的 4 个最根本的要素是：雕刻速度、激光功率、雕刻精度、材料。在特定材料上如要达到一定的雕刻效果，就要吸收一定能量的激光，这一能量应看作材料吸收的激光能量（激光功率除以雕刻速度）。简单地讲，就是要提高材料吸收的激光能量，就应提高激光功率或是降低雕刻速度，至于说最后采用哪种方法就要看材料和最终的雕刻效果。一般来讲，用户都不会降低速度，因为那样会降低生产效率。其实影响雕刻效率的不仅是雕刻速度，雕刻精度也对其有非常大的影响。

激光雕刻的优点有：应用范围广泛，安全可靠，精确细致，节约环保，高速快捷以及成本低廉。

激光几乎可以对任何材料进行加工，但受到激光发射器功率的限制，“镭宝”激光雕刻切割机可进行加工的材料主要以非金属材料为主，“光联”激光雕刻机主要以金属材料为主。

激光清洗，又名激光烧蚀或光烧蚀，是通过用激光束照射从固体（或液体）表面去除材料的过程。目前激光清洗设备功率为 100 ~ 1 000 W，非常适用于轮胎和钢铁，相对于传统的干冰、酸洗，激光清洗具有成本低、环保、投资回收周期短等优点，是工业干冰、酸洗的工艺升级。

7.4　其他特种加工技术简介

7.4.1　电解加工技术

电解加工是利用金属在电解液中发生阳极溶解反应而去除工件上多余的材料、将零件加工成形的一种方法。

加工时工件接在直流电源的正极（称为工件阳极），工具接在直流电源负极（称为工具阴极），两极之间的直流电压通常为 5 ~ 25 V，保持 0.05 ~ 1 mm 的间隙距离。电解液通常采用 10%~ 20%的 NaCl 或 NaOH 的水溶液，由电解液泵输送（压力为 0.5 ~ 2 MPa），从两极间隙中快速流过。此时，作为阳极的工件金属逐渐电解腐蚀，电解的产物被电解液冲走，被冲走的电解液集中后，经离心分离器、过滤器清洁处理后再使用。

电解加工开始时，因工件形状与工具形状不同，电极之间间隙不相等。

间隙小的地方电场强度高，电流密度大，电解液流速也高，工件在此处溶解速度快；而在工具与工件间隙较大处，加工速度就慢，工具电极不断向下进给，直到工具的形状复映到工件上，从而使工件达到要求的形状与尺寸。

电解加工是继电火花加工之后发展较快、应用较广的一项新工艺，目前已用于枪炮的膛线，航空发动机的叶片，汽车、拖拉机等机械制造业中的模具和难加工材料的加工。其应用表现在以下几个方面。

（1）电解穿孔加工。它可以方便地加工深孔、弯孔、狭孔和各种型孔。典型实例有：在耐热合金涡轮机叶片上，加工孔径 0.8 mm、长 150 mm 的细长冷却孔以及在宇宙飞船的引擎集流腔上加工弯曲的长方孔。与电火花加工相比，电解加工可以显著地缩短加工时间。

（2）电解型腔加工。生产中大多数模具的型腔形状复杂、工作条件恶劣、损耗严重，所以常用硬度、强度高的材料制成，此时若采用电火花加工，虽加工精度容易控制，但生产率较低。近年来，对于加工精度要求不太高的矿山机械、汽车、拖拉机所需锻模的型腔常采用电解加工。典型实例有：连杆、曲轴类锻件的锻模模膛，加工汽车零件用的压铸模膛以及生产玻璃用的金属模模膛等。

（3）电解成型加工。其典型实例有汽轮机叶片、传动轴与叶片一体的叶轮等。

早在 1929 年，W.Gussef 就进行了电解加工试验，这种利用电化学阳极溶解原理进行零件成型的加工方法作为一种工艺的真正确立是在苏联的炮管膛线加工中实现的。1956 年芝加哥工业博览会展出第一台电解加工机床，1959 年美国 Anocut 公司进行了商业化运作，电解加工才发展成为一个行业。至今，电解加工经历了曲折的发展过程，因为在高流速、大电流、小间隙的加工条件下，间隙电场、流场、电化学作用交互影响，难以得到均匀的间隙，阴极研制周期长，加工精度和加工稳定性差，参数自动控制困难，这些问题成为电解加工进一步推广的障碍，出现一些厂家上不去、下不来的情况，使电解加工的应用范围一度收窄。

半个世纪以来，国内外学者和业内人士不懈地在电解加工工艺、设备、测试方面进行了大量研究，技术逐渐提高和完善；随着材料科学和产品设计理念的发展，机械产品不断更新，零件的制造难度不断升级，使具有表面质量好、生产效率高，无工具损耗、无切削应力等优点的电解加工技术具备了重

新崛起的条件。

7.4.2　电子束加工技术

电子束加工就是在真空环境下，应用加热阴极来发射电子流，让电子流高速飞向阳极，并通过加速器进行加速，将能量密度高度集中起来，获取 $10^6 \sim 10^9$ W/cm^2 的能量密度，引起被冲击材料的气化与融化，是一种新型材料加工技术。电子束加工技术通过微小的电子光束对被加工材料进行精细化加工，电子束能够对细小微孔进行高密度化加工，加工过程中的定点温度甚至可以达到上千度，能够迅速地熔化材料，使得材料的加工点能够更加精细化地呈现出来，并且这样的熔化本身对材料不会产生伤害。电子束加工不会使得材料发生变形等，能够最大限度地保持材料的本来属性，并不会干扰材料的原有性能。电子束聚焦的细微化程度可以达到微米级，这一点是很多加工技术所难以企及的。电子束加工不是依靠机械力进行击打的一种加工技术，从这个角度上来说，电子束加工技术就不存在常规性的加工工具损耗问题，最大限度地提高了工具加工效率，更为重要的是能够提供高质量的加工效果，使得材料得到物尽其用。

电子束加工的原理。通过加热发射材料产生电子，在热发射效应下，电子飞离材料表面。在强电场作用下，热发射电子经过加速和聚焦，沿电场相反方向运动，形成高速电子束流。电子束通过一级或多级汇聚便可形成高能束流，当它冲击工件表面时，电子的动能瞬间大部分转变为热能。由于光斑直径极小（可达微米级或亚微米级），电子束具有极高的功率密度，可使材料的被冲击部位温度在几分之一微秒内升高到几千摄氏度，其局部材料快速气化、蒸发，而实现加工的目的。

电子束加工技术是一项高成本、高精密化的加工技术，通过利用电子束加工技术，能够实现材料的打孔、焊接等，同时也能够在材料的表面进行相关的光刻。电子束加工技术中的打孔、焊接等主要是通过其热效应来实现的，通过提高材料的局部温度来对其进行所需的加工操作，在很多高精密仪器中，通过电子束加工技术中的热效应来进行加工操作是比较常见的应用。这一操作主要是通过低功率密度电子束进行材料分子链的重新组合或者断裂，直接改变材料的表面属性，从而完成电子束的光刻。电子束本身的功用性极强，由于其本身能够扫描写图，使得其成为目前大规模的掩模或者基片光刻的主要设备。除此之外，电子束还可以以光源的形式进行相关的复印工作等，具有广泛的适应性。

电子束加工技术的应用是十分广泛的，其中电子束物理气相沉积就是一种通过电子束技术与物理气相沉积技术相结合所形成的一种加工技术，这样的加工技术对材料涂层有着极大的帮助，利用高能电子对材料的高温气化，使得材料的涂层具有良好的耐磨、防腐作用，这主要应用在航空航天发动机、防腐及耐磨涂层、制备微层材料等领域。电子束加工技术在这些领域的应用，极大地提高了材料的使用寿命，降低了材料使用成本，因而在高精密仪器设备的加工中受到欢迎。尽管电子束加工技术当前的成本较高，但其存在极大的发展潜力与空间。电子束技术本身在机械加工领域的优势是显而易见的，必然可以在各个领域中得到广泛的应用。

7.4.3 离子束加工技术

离子束加工的原理和电子束加工基本类似，也是在真空条件下，将离子源产生的离子束经过加速聚焦，使其撞击到工件表面。不同的是离子带正电荷，其质量比电子大数千、数万倍，如氩离子的质量是电子的7.2万倍，所以一旦离子加速到较高速度时，离子束比电子束具有更大的撞击动能，它是靠微观的机械撞击能量，而不是靠动能转化为热能来加工的。具有一定动能的离子斜射到工件材料（或靶材）表面时，可以将表面的原子撞击出来，这就是离子的撞击效应和溅射效应。如果将工件直接作为离子轰击的靶材，工件表面就会受到离子刻蚀作用，即离子束刻蚀，如图7–4（a）所示；如果将工件放置在靶材附近，靶材原子就会溅射到工件表面而被溅射沉积吸附，使工件表面镀上一层靶材原子的薄膜，即溅射镀膜或离子镀，如图7–4（b）和图7–4（c）所示；如果离子能量足够大并垂直工件表面撞击时，离子就会钻进工件表面，即离子的注入效应，如图7–4（d）所示。

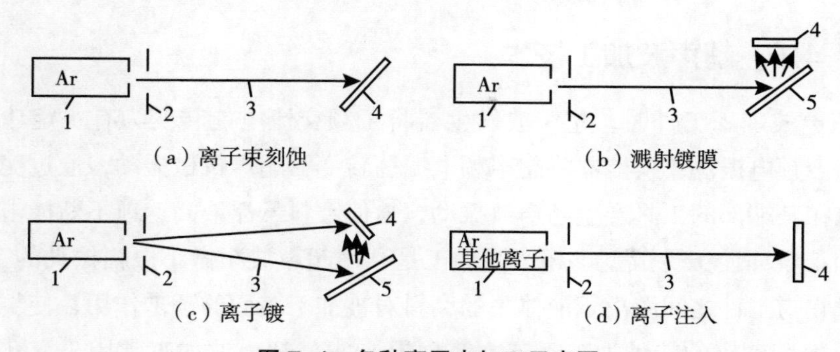

图 7–4　各种离子束加工示意图

1—离子流；2—吸极；3—离子束；4—工件；5—靶材

离子束加工的应用主要有蚀刻加工和离子束镀膜加工。刻蚀加工可以用于加工陀螺仪空气轴承和动压马达上的沟槽，分辨率高，精度、重复一致性好，还能用于刻蚀高精度图形，如集成电路、光电器件和光集成器件等电子学构件，以及制作穿透式电子显微镜试片。离子镀可镀材料范围广泛，不论金属、非金属表面上均可镀制金属或非金属薄膜，各种合金、化合物或某些合成材料、半导体材料、高熔点材料亦均可镀覆。

从离子束加工设备的发展来看，最初并没有专门针对光学表面进行加工的离子束加工系统，随着光学、离子学、机械、电子学等多个领域的发展，加工能力强、精度高、自动化程度高的针对光学表面进行加工的离子束加工设备陆续出现。

20 世纪 80 年代末 90 年代初，美国 Eastman Kodak 公司研制了 2.5 m 口径加工能力的离子束加工设备；NASA 在 Marshall Space Flight Center 建立了离子束加工设备，专门用于 Si 和 SiC 的离子束加工工艺研究。20 世纪末到 21 世纪初，意大利 Brera 天文台建立了有 500 mm 加工能力的离子束加工设备，比利时 CLS 空间中心建立了具有 200 mm 加工能力的离子束加工设备，同时两个国家又表示，已经准备研制下一代新型的具有更大加工能力的离子束加工设备。德国也于 20 世纪末就进行了离子束设备的研制工作，有着 30 多年离子束研究经验的 IOM 公司先后研制了多台离子束加工设备，并于 2003 年作为产品推出了“UPFA–1”离子束加工设备，相信离子束加工的发展会越来越好。

7.4.4 超声波加工技术

超声波加工工件时，超声波发生器将工频交流电能转变为有一定功率输出的超声频电振荡，换能器将超声频电振荡转变为超声机械振动，通过变幅杆使固定在其端部的工具产生超声波振动，迫使磨料悬浮液高速地不断撞击、抛磨被加工表面使工件成型。超声波加工是利用超声波频做小振幅振动的工具，并通过它与工件之间游离于液体中的磨料对被加工表面的锤击作用，使工件材料表面逐渐破碎的特种加工，英文简称为USM。超声波加工常用于穿孔、切割、焊接、套料和抛光。

传统超声波加工采用的是拷贝式加工法，即利用形状拷贝原理，通过磨料对工件的冲击将工具的形状复制在工件上。要得到一定三维形状的零件就需要制作与工件形状凹凸相反的工具，这使得加工周期变长、制造成本增加，而且工具损耗大。随着加工型腔面积和深度的增加，磨料悬浮液进入工具与工件间的难度增加且分布不均匀，这将造成成形精度差等问题。所以传统超声波加工一般只应用于深度小、面积小的简单型腔加工，很难用于复杂型腔的加工。

超声波加工主要用于各种硬脆材料，如玻璃、石英、陶瓷、硅、锗、铁氧体、宝石和玉器等的打孔（包括圆孔、异形孔和弯曲孔等）、切割、开槽、套料、雕刻、成批小型零件去毛刺、模具表面抛光和砂轮修整等方面。超声波打孔的孔径范围是 0.1 ~ 90 mm，加工深度可达 100 mm 以上，孔的精度可达 0.02 ~ 0.05 mm。表面粗糙度在采用 W40 碳化硼磨料加工玻璃时可达 1.25 ~ 0.63 mm，加工硬质合金时可达 0.63 ~ 0.32 mm。

超声波还能用于研磨。超声波精密研磨加工是指在普通的机械研磨基础上加入超声波技术，这种加工方法可以有效提高工作效率和加工元件的质量，主要应用于硬脆材料加工领域，加工出来的材料表面光洁度高、损伤小。除此之外，超声波还可以应用于医学 B 超、超声波清洗机清洗元件、测距离和杀菌消毒等领域。大量研究表明，在机械研磨中加入超声波技术，能减少研磨时出现的问题，多个国家都在应用该技术。

超声波加工技术不断取得新进展，比如微细超声波加工、数控超声波加工技术等。这些技术的研究促进了对新材料的研究，又反过来促进技术的发展，这使得超声波加工技术不断发展与完善。超声波加工不仅仅是在工业上得到了应用，而且还在医学、生活中得到了应用。在生活中得到广泛应用的就是

超声波清洗技术，它帮助人们解决了对一些物品清洗困难的问题，比如抽油烟机、手表整体机芯、表带等。

7.5　本章小结

特种加工技术已经成为在国际竞争中取得成功的关键技术。在发展尖端技术中，在国防工业、微电子工业等的发展中，都需要特种加工技术来制造相关的仪器、设备和产品。我国对特种加工技术既有广大的社会需求，又有巨大的发展潜力。目前，我国特种加工的整体技术水平与发达国家还存在着较大的差距，需要我们不断地拼搏和努力，加速开展在这些方面的研究开发和推广应用等工作。特种加工主要用于航空航天、军工、汽车、模具、冶金、机械、电子、轻纺、交通等工业中。例如，航空航天工业中各类复杂深小孔加工，发动机蜂窝环、叶片、整体叶轮加工，复杂零件三维型腔、型孔、群孔和窄缝等的加工。在军事工业中，尤其对新型武器装配的研制和生产中，无论飞机、导弹，还是其他作战平台，都要求减小结构重量及燃油消耗，提高飞行速度，增大航程，达到战技性能高、结构寿命长、经济可承受性好的目的，在这些领域，特种加工发挥着极其重要的并且是不可替代的作用。

7.6　思考题与项目作业

7.6.1　思考题

7–1　什么是电火花加工？电火花加工是怎样被发明的？要实现电火花加工需要具备什么条件？

7–2　电火花加工及其工艺有何特点和优缺点？

7–3　电火花线切割加工与电火花成形加工比较，有何异同？

7–4　电火花线切割常用的电极丝材料有哪几种？为什么镀锌电极丝能大幅度提高切割效率又可以降低断丝概率？

7–5　电火花线切割加工的工艺指标主要包括哪些内容？

7–6　比较“高速往复走丝电火花线切割”与“低速单向走丝电火花线切割”的性质差异。

7-7　激光产生的原理是什么？如何实现激光的单一性及高能量？

7-8　激光加工的原理是什么？简述有哪些应用？

7-9　电子束、离子束、激光束三者相比，哪种束流和相应加工工艺能聚焦得更小？更小的焦点直径大约是多少？

7-10　电子束、离子束、激光束加工相比各自的适用范围，三者各有什么优缺点？

7-11　请说明电解加工的原理、特点及应用。

7-12　阳极钝化现象在电解加工中是优点还是缺点？试举例说明。

7-13　超声波加工的特点是什么？

7.6.2　项目作业

作业题目：特种加工技术的概况及应用研究

作业形式：研究报告

作业要求：（1）分组，每组总人数不超过 5 人。

（2）每人提交一份研究报告，中英文均可，中文不低于 1 500 字，英文不少于 1 000 单词，按照研究论文格式进行撰写。引用部分必须标明出处。

（3）每组提供一份 PPT，选择 1 ~ 2 人进行讲解。PPT 讲解时间控制在 20 min 以内，以 15 页左右为宜。

作业内容：选择电火花成形加工、电火花线切割、激光加工、电解加工、高能粒子束加工、超声波加工中的一种进行论述，主要针对其概况、结构、应用、研究进展等方面进行阐述。

举例：激光加工技术的概况及应用研究

提纲：1. 激光加工的定义及特点；

2. 激光加工的国内外产业发展状况；

3. 激光加工的应用实例（激光打孔）；

4. 激光加工的最新研究进展。

第8章 机械领域与其他学科的交叉

8.1 学科交叉的概念

学科交叉是伴随社会和学科自身发展需求而出现的一种综合性科学活动。关于学科交叉的概念并没有形成统一的定义，伍德沃斯（Woodorth）最早于1926年提出“interdisciplinary（跨学科）”一词，认为跨学科是超越一个已知学科的边界而进行的涉及两个或两个以上学科的研究领域。20世纪七八十年代，学科交叉的研究有了较大发展，其研究目的是突破学科间障碍，促进学科间交流合作。许多研究者从科研活动的角度对各种跨领域科学联系和科学活动进行概括，认为学科交叉特指研究主体根据学科间的内在联系，创造开发跨学科知识产品的特殊科研活动。杨永福等则认为学科交叉的本质是一种科研行为，从“交叉”活动的方式、过程和结果来看，发生在学科之内或者学科之间，对象只涉及这一学科群的“交叉”活动，可称之为“学科交叉”，而形成交叉学科的狭义途径就是学科交叉。

与学科交叉相近的概念还有多个，如交叉学科、多学科、边缘学科、超学科及跨学科等，尽管这些概念在广义上存在共同之处，但它们分别涉及了学科不同的发展过程和演变结果。莫里洛（Morillo）和罗森菲尔德（Rosenfield）等人阐述了学科交叉、跨学科和多学科等的概念差异，对多学科、跨学科和超学科合作之间的区别进行了辨析。中国科学院院士路甬祥也曾指出：科学交叉的方式多种多样，跨度日益增大，层次不断加深。学科交叉是众多学科之间的相互作用，而交叉形成的理论体系构成交叉学科，众多交叉学科构成了交叉科学。百度百科对边缘学科的介绍如下：边缘科学（又称“交叉科学”）是在两个或两个以上不同学科的边缘交叉领域生成的新学科的统称。边缘学科的生成一般有两种情况：一种是某些重大的科研课题涉及两个或两个以上学科领域，在研究过程中，便在这些相关领域的结合下产生了新兴学科。另一种情况是运用一种学科的理论和方法去研究另一学科领域的问题，也会形成一些边缘学科。之所以称之为边缘学科，是从传统主流学科分类角度出发，这些交叉学科最初位于传统学科的边缘，即非传统学科的核心研究领域，因此从其处境上讲交叉学科如果不能持续良好发展，一直处于“边缘”研究的境地，而不能发展壮大成为新的重要研究领域，就成为真正的边缘学科，以至于消亡。

8.2 机械学科交叉的发展状况

多学科交叉融合具有重要的作用，具体而言包括以下几个方面。首先，加快企业发展。多学科交叉融合人才培养可以使学生掌握不同学科知识，拓展学生思路，完善学生知识体系，为企业发展提供人才支持，促进企业发展。其次，促进学生个人发展。多学科交叉融合人才培养可以使学生掌握更多的专业知识，培养跨学科人才，增强学生的综合能力，提升学生竞争力。最后，加快高校发展。多学科交叉融合人才的培养可以扩大高校的影响力，使更多的学生报考高校，扩大生源，加快高校发展。所以，机械与其他学科的交叉是一种大势所趋。面对更加精确、更大的产量、更极端的使用环境、更加个性化的需求，传统的纯机械学已经不足以解决问题，在其他学科上寻求出路就水到渠成地进行了机械与其他学科的交叉，形成了机械工程学。这种交叉打破了单一学科的桎梏，让机械学重新焕发活力。

8.2.1 与工艺交叉

当机械专业与工艺相交叉，就催生出更高性能的复合机床、全自动柔性生产线，更先进的快速成型工艺。这样的机床能迅速将多种工艺融为一体，用于齿轮磨削或滚齿，凸轮轴的磨削、车削 / 铣削或钻孔机床、自动化装配站和其他过程。还涉及计算机领域，简单流畅的界面使得现场调试更快，更容易进行交叉培训。刚性生产线如果零件稍有变化，则必须对线上的设备进行调整改造，否则就无法加工。如今，产品日益更新，品种日增而批量减少，这种刚性生产线就无法适应这些变化，需要机械与工艺的深度结合催生柔性生产线解决其不足。目前，适合陶瓷材料快速成型的设备大多需要激光成型，制造成本较

高，并且设备昂贵，或者对材料性能要求较高，很难达到经济的目的。而与机械交叉产生的新型快速成型工艺，适用于以陶瓷为成型材料、石蜡为支撑及黏结材料的快速成型制造，具有很好的工业应用价值。

机械还能与传统工艺相结合，将传统工艺用现代机械来实现，传承了传统工艺，同时也带来了经济效益。如与茶结合，通过机械进行筛分，将采摘的鲜叶按不同的品种、不同的等级、不同的采摘时间进行分类分等，剔除异物，分别摊放；杀青时，机械杀青宜采用适合制作名优绿茶的滚筒杀青机，使用时，点燃炉火后即需开机启动，使转筒均匀受热，待筒内有少量火星跳动即可；开动输送带送叶，根据温度指示进行投叶，不同等级的鲜叶或含水量不同的鲜叶要求温度不一。将机械生产与传统制茶工艺结合，设计的微波杀青设备扩大了茶叶的产量，效率远远不是人工炒茶可以比拟。无独有偶，机械还能和木工技术相结合，出现了传统榫卯工艺结合现代机械设备。实木家具的“灵魂”是榫卯，随着对工艺要求的提高，对榫卯这一连接方式的质量和结构设计也提出了新的要求。传统的榫卯加工靠手工制作，效率低，用时长，随着需求的不断发展，越来越依靠先进的加工设备。机械还能与传统的陶瓷制造相结合。与现代烧瓷技术相比，古窑烧瓷没有严密的流程和参数，都是靠个人的经验，成败在于人和物之间长期达成的一份默契。古窑每次烧窑，准备时间需要三个月，准备匣钵上千件、柴火数万斤。开窑前在窑头祭灶点火，祈祷窑神护佑，表达人们对赖以生存的土地和火种的敬畏。烧窑时需要多人两边看火，连续工作 40 h 以上，费时费力。并且温度对制造陶瓷很重要，以前为制造好的陶瓷需要在特定的地方才能找到满意的地点，而现代化的机械制造可以不受地点的影响就能获得持续稳定的高温，大批量的制造，降低了成本。

而在快速成型方面，3D 打印是快速成型的一种。它通常是采用数字技术材料打印机来实现的。3D 打印常在模具制造、工业设计等领域被用于制造模型，后来逐渐用于一些产品的直接制造，采用这种技术打印而成的零部件已经实际使用。该技术在珠宝、制鞋、工业设计、建筑、工程和施工（AEC）、汽车、航空航天、牙科和医疗产业、教育、地理信息系统、土木工程、枪支以及其他领域都有所应用。

8.2.2　与信息技术交叉

当机械与信息技术结合，出现了更高级的数码产品、智能设备，并催生

产品协同设计和制造技术、数控制造。市场需求的快速变化和全球经济一体化，极大地拓展了制造活动的深度和广度，推动了制造业朝着自动化、智能化、集成化、网络化和全球化的方向发展。与此同时，制造环境的改变导致了制造价值结构的变化，产品成本中直接劳动成本所占比例不断下降，而管理成本急剧上升，产品的生产成本和响应速度主要受到制造信息的制约。信息要素正在迅速地上升为制约现代制造系统的主导因素。经济竞争的实质表现为知识的竞争，美国下一代制造（NGM）项目指出："在快速变化的环境中，需要越来越多的基础制造知识，而这种制造知识仅依靠经验的积累和传递是不够的，未来的制造需要科学化的制造知识。"并且信息在制造过程和制造系统中占有越来越重要的位置，现代产品的信息含量在产品价值中的比重不断增加。在信息时代，产品的生产成本主要受到制造信息的制约。制造过程主要是信息在原材料（毛坯）上的增值过程。许多现代产品的价值增值主要体现在信息上。因此，制造过程中信息的获取和应用十分重要。21 世纪是信息世纪，网络是获取信息的重要手段。信息化是制造科学技术走向现代化和全球化的重要标志。与制造有关的信息主要有产品信息、工艺信息和管理信息。这一领域有如下主要研究方向和内容。

（1）制造信息的获取、处理、存储、传输和应用，海量制造信息的管理及其向知识和决策的转化。

（2）非符号信息的表达，制造信息的保真传递，非完整制造信息状态下的生产决策，虚拟制造，基于网络环境下的设计与制造，制造过程和制造系统中的控制科学等问题。这些内容是制造科学与信息科学基础融合的产物，在信息科学中独具特色，构成了制造科学中的新分支——制造信息学。而且，还逐渐形成了制造信息学的理论体系，如图 8–1 所示。

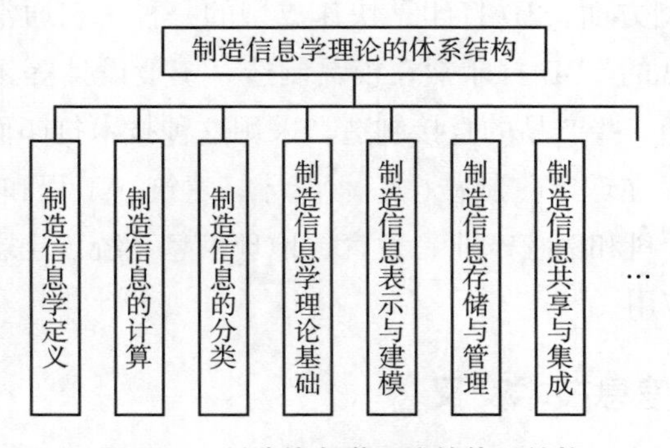

图 8–1　制造信息学理论的体系结构

现代产品的附加值主要体现在信息的获取和应用上。产品建模采用产品模型数据交互规范（STEP）标准，并将信息分为全局数据和领域应用数据分别存储，使用Internet技术进行设计与制造，通过Web服务器和浏览器的接口机制进行数据访问。而访问与提供制造信息的双方构成了客户－服务器结构，其交换的数据应当符合STEP的语义，软件系统的互操作性则应符合公共对象请求代理体系结构（CORBA）规范。这样可实现从制造信息表示与建模、存储与交换以及制造信息系统互操作的全面集成。

制造信息学研究为分析制造系统及其本质提供了一种新方法，如何及时地将诸多变化来源的无序数据和制造信息转换成有用的知识和有效的决策是制造信息学所面临的挑战。知识创新已成为制造业的灵魂，而创新能力的获得需要信息共享。信息化是制造科学走向全球化、智能化、网络化、虚拟化、绿色化、自动化和现代化的重要标志。在我国，只有工业化与信息化的相结合才能实现现代化。因此，制造信息学研究还有很多可以耕耘的地方。

不断迭代的手机、计算机、洗衣机都越来越高级，性能越来越高，更加智能。现今受追捧的新能源汽车就是其集大成之作，汽车作为传统的工业制品有着悠久的历史，当其搭载5G通信技术，让汽车更加智能，有很多互联网大厂也纷纷加入智能汽车领域，为实现汽车的无人驾驶而奋斗。在制造方面，当信息技术与机械深度结合诞生了自动加工。自动化机器可以帮助人们工作，人们不用再从事一些危险的工作，完全可以交给机器完成，解放了人类。自动化生产车间，提高了生产效率，减少了人们的劳动强度，让人们脱离乏味的重复劳动，可以从事更有创造性的工作。机械与信息的结合最直观的体现就是数控机床了，数控机床是数字控制机床（computer numerical control machine tools）的简称，是一种装有程序控制系统的自动化机床。该控制系统能够逻辑地处理具有控制编码或其他符号指令规定的程序，并将其译码，用代码化的数字表示，通过信息载体输入数控装置，经运算处理由数控装置发出各种控制信号，控制机床的动作，按图纸要求的形状和尺寸，自动地加工零件。机床的本体及其硬件部分是传统的机械模块的高度集成，是机械综合智慧的体现，而其操作系统就是信息学的体现，它的伺服与测量反馈系统就是收集信息、反馈信息，可提高加工精度、能加工更复杂的零件、降低控制硬件的成本、显著改善控制的可靠性。

8.2.3 与新材料交叉

机械与新材料的融合。机械制造离不开加工材料，不同的材料有着不同的加工工艺，新材料的出现可以带来不一样的制造新体验和新工艺。根据对大量出土文物的考证，我国早在4 000年前就已开始使用天然存在的红铜，到公元前16世纪的殷商时代开始在生产工具、武器、生活用具及礼器等方面均大量使用青铜（铜锡合金）。如重达832.84 kg的后母戊鼎，不仅体积庞大，而且花纹精巧，造型美观，充分反映出当时高超的冶铸技术和艺术造诣。到春秋时期，我国已能对青铜冶铸技术做出规律性的总结，如《周礼·考工记》中的“六齐”规律（青铜各组成元素的6种配比），是世界上最早的合金工艺总结。

我国还是生产铸铁最早的国家，早在2 500年前的周代就已发明了生铁冶炼技术，开始用铸铁制作农具，如河北武安出土的战国期间的铁锹，经过相关检验证明是可锻铸铁。随后出现了炼钢、锻造、钎焊和退火、正火、淬火、渗碳等热处理技术。出土的文物如西汉的钢剑、书刀等，经过相关检验发现其内部组织接近于现代淬火马氏体和渗碳体组织，说明我国在西汉时已相继采用了各种热处理技术并已具有相当高的水平。明代科学家宋应星所著《天工开物》一书，详细记载了冶铁、铸造、锻造、淬火等各种金属加工制造方法，是举世公认的世界上最早涉及材料及其成形方法的科学技术著作之一。在陶瓷及天然高分子材料（如丝绸）方面，我国也曾远销欧亚诸国，踏出了举世闻名的“丝绸之路”，为世界文明史书写了光辉的一页。19世纪以来，机械工程材料获得了高速发展。到20世纪中期，金属材料的使用达到鼎盛时期，由钢铁材料所制造的产品约占机械产品的95%。

1903年世界上第一架飞机所用的主要结构材料是木材和帆布，飞行速度仅16 km/h；1911年硬铝合金研制成功，金属结构取代木布结构，使飞机性能和速度获得一个飞跃；喷气式飞机超过音速，高温合金材料制造的涡轮发动机起到了重要作用；当飞机速度达到2～3倍音速时，飞机表面温度会升到300 ℃，飞机表皮材料只能采用不锈钢或钛合金；至于航天飞机，机体表面温度会高达1 000 ℃以上，只能采用高温合金材料及防氧化涂层。目前，玻璃纤维增强塑料、碳纤维高温陶瓷复合材料、陶瓷纤维增强塑料等复合材料在飞机、航天飞行器上已获得广泛应用。

新型材料有工程陶瓷、工程塑料、聚合物或涂敷料。我国工程塑料的应用数量与国外相比差距很大，例如国外汽车工业工程塑料应用占 6%，我国仅不到 2%。影响工程塑料在机械工业中广泛应用的关键因素有材料质量、价格及设计人员对工程塑料的应用还不够了解，没有设计准则和方法可循等，如果这些问题能完善解决，就能使工程塑料的发展速度更快。而且工程塑料是制造机械传动结构零部件的理想材料，是一种能在各工业部门用来代替各种金属的理想耐腐蚀材料。它成型简便，不需要像加工金属零件那样经过车、铣、刨、磨多道工序，一般采用注塑法成型工艺即可完成，只需 1 ~ 2 min 就可生产一个零件，生产效率高。因此，在机械制造中大批量生产的产品推广应用工程塑料是实现节能和提高经济效益的重要途径，是提高我国机械制造工艺水平带有根本性的技术政策之一。

工程陶瓷材料在机械方面也有着重要作用，如用陶瓷材料制造的切削刀具。在金属材料机械加工中，切削加工是最基本、最可靠的精密加工手段，刀具材料的性能对切削加工效率、精度、表面质量、刀具寿命有着决定性的影响。在现代切削加工中，陶瓷刀具材料以其优异的耐热性、耐磨性和化学稳定性，在高速切削领域和切削难加工材料方面扮演着越来越重要的角色。陶瓷刀具材料主要包括氧化铝、氮化硅及赛隆系列。其他陶瓷材料，如氧化锆、硼化钛陶瓷等作为刀具材料也有使用。还可以用陶瓷材料制造轴承，传统的轴承多采用金属制成，用油作为润滑介质，但在使用中有许多缺点，如不适用于高温、高速、有化学腐蚀的场合，油润滑易泄漏污染环境等。采用陶瓷材料制造轴承可以弥补金属轴承的不足。还能用陶瓷材料制作铸型，用陶瓷材料制作喷砂嘴、泡沫陶瓷过滤器、陶瓷泵等。

新材料可使液压元件质量提高、成本降低，如陶瓷、聚合物、润滑耐磨梯度材料，以及新的表面处理方法，将改善摩擦副的工作性能，提高滑动表面的值，使泵、阀、缸、电动机向高参数发展，促进液压技术新的发展。采用新型磁性材料，可以提高磁通密度，增大阀的推力，进而增大阀的控制流量，使系统响应更快，工作更可靠。采用菜油基、合成酯基或者纯水等降解迅速的工作介质替代矿物液压油，已受到美国、日本等国家及欧盟的高度重视。铸造工艺的发展，对优化液压元件内部流动，减少压力损失和降低噪声，实现元件小型化、模块化，都有良好的促进作用。

与新材料交叉同时也带来了新的工艺。随着工业现代化的发展，对各种机械设备、零件的表面性能要求越来越高。一些在高速、高温、高压、腐蚀介质等条件下工作的零件，大多数是从表面局部损坏或表面损伤开始，然后扩展为整个零件的失效，进而导致整个机械产品的故障。因此，机械与新材料的深度合作，催生了表面成形及强化技术的新的生产工艺。

运用表面成形及强化技术能够在各种金属和非金属材料表面制备具有各种特殊功能的表面层，如抗磨、抗疲劳、耐蚀、耐热、耐辐射以及光、热、磁、电、视觉等特殊功能，从而提高产品质量，延长使用寿命。并且用极少量的材料就可起到大量、昂贵的整体材料所难以起到的作用，从而极大地降低产品成本。

表面成形及强化技术按提高材料表面性能的本质可分为表面涂层技术和表面改性技术两大类。表面涂层技术是在零部件的材料表面制备一层与基体材料性能不同的、能满足特定使用要求的材料覆盖层。常用的表面涂层技术包括原子级微粒子沉积技术（如气相沉积、电镀和化学镀等）和宏观颗粒沉积技术（如热喷涂、喷塑等）。表面改性技术是通过改变基体材料表面层的成分及组织结构而改变材料表面性能。常用的表面改性技术包括表面相变热处理、表面化学热处理、表面合金化、表面熔凝处理、表面熔覆等。

8.2.4 与生物技术交叉

机械与生物技术融合，形成了生物制造，实现结构、功能和性能耦合。生物制造（Bio-manufacturing）技术是先进制造技术的一个分支，是传统制造技术与生命科学、信息科学、材料科学等多领域技术的交叉融合，是采用生物形式实现制造或以制造生物活体为目标的一种制造技术。生物制造工程的体系结构如图 8-2 所示。生物制造目前尚无统一的定义，狭义的概念是指运用现代制造科学和生命科学的原理和方法，通过单个细胞或细胞团簇的直接或间接受控组装，完成具有新陈代谢的生命体成形和制造，所制造的生命体经培养和训练，可用以修复或替代人体受损组织和器官。广义的生物制造概念包括仿生制造、生物质和生物体制造，即涉及生物学和医学的制造均可视为生物制造。随着生命科学和制造科学的迅速发展，尤其是快速成形技术在生命科学领域的日益广泛应用，生物制造工程的概念也逐渐清晰明确起来。生物制造主要分为仿生制造和生物成形制造两大类。

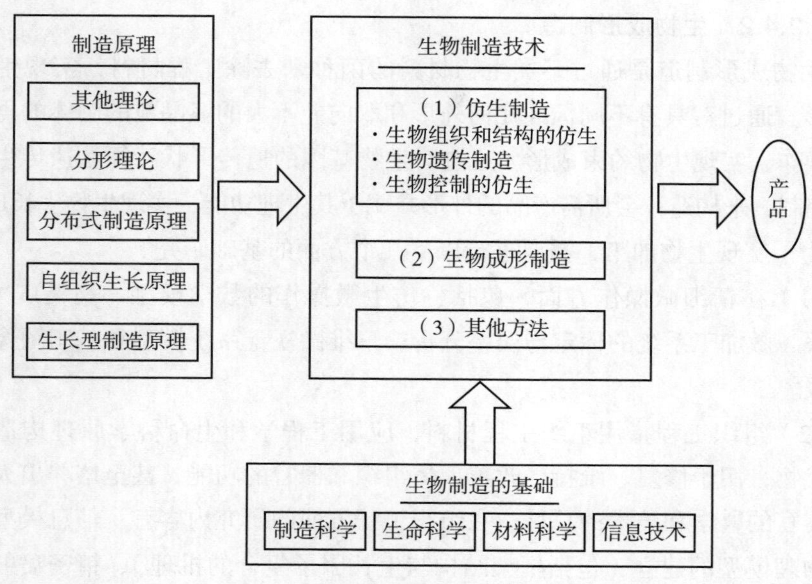

图 8–2　生物制造工程的体系结构

8.2.4.1　仿生制造

仿生制造包括生物组织和结构的仿生、生物遗传制造和生物控制的仿生这 3 个方面。

生物组织和结构的仿生原理是：选择一种能与生物相容，同时又可以降解的材料，用这种材料制造出一个器官的框架，在这个框架内加入可以生长的物质，使其在这个器官框架内生长，实现器官的人工工程化制造。用高分子材料可以制造出像人的肌肉一样的生物肌肉。通过生物分子的生物化学作用，可制造具有类似人脑功能的生物计算机芯片。

制造基于生物 DNA 分子的自我复制能力，人或动物的骨骼、器官、肢体，以及生物材料结构的机器零部件等可通过生物遗传来实现。通过人工控制内部单元体的遗传信息，能使生物材料和非生物材料有机结合，直接生长出任何人们所需要的产品。

生物具有的功能比任何人工制造的机械的功能都优越得多，生物体的结构与功能在机械设计、控制等方面给了人类很大的启发。生物控制的仿生是应用生物控制原理来计算、分析和控制制造过程，得到各种计算、设计、制造方法。通过这些方法设计制造先进的设备为人类服务。

8.2.4.2 生物成形制造

生物成形制造是通过某类生物材料的菌种来去除工程材料，实现生物去除成形。通过对具有不同标准几何外形和取向差不大的亚晶粒的菌体的再排序或微操作，实现生物约束成形。通过对生物基因的遗传形状特征和遗传生理特征的控制，来构造社会所需产品的外形并赋予其生理功能，实现生物生长成形。

为了实现生物加工，需要进行以下几个方面的基础研究。

（1）在精细微操作方面，包括：仿生微操作的数学模型、高精度力/位置伺服、微加工系统的标定与误差分析、三维微视觉系统模型和基于图像的视觉伺服。

（2）组织工程指用组织工程材料，应用工程学和生命科学原理构造出活的替代物，用于修复、维持、改善人体组织和器官的功能，甚至培养出人体组织和器官的科学和技术的总称。在组织工程方面的研究内容有：信息模型的建立、物理模型的建立（包括框架结构与生长因子复合的机理）、精密喷射成形方法、材料活性的保持、成形件活性及降解速度、信息/物理过程的结合（包括成形过程的仿真、降解过程仿真）等。

（3）在生物信息控制方面，包括：仿生体系统的运动控制，如结构动力学智能控制、运动协调控制、系统辨识与故障诊断等；模糊神经元网络控制及遗传算法、仿生体控制决策，如自适应与自学习方法、多传感器融合等；生物体行为控制原理及受控生物体仿生控制器的设计与实现。

（4）在仿生体系统集成方面，包括：高效能源及微集成驱动控制器、多传感器及其集成与融合、机构—驱动—传感—控制 4 个因素一体化设计及其体系结构和可靠性、仿生体人机环境交互、自主与遥控、多自主体的群控。

生物成形制造的应用非常广泛。下面列举一些例子加以说明。

①生物计算机。大规模集成电路的应用，大大缩小了计算机的体积并减轻了其重量，但也引发了难以解决的散热问题。采用生物芯片取代硅芯片可以解决此类问题。可用于制造生物计算机的生物材料有细胞色素 C、细胞视紫红质、DNA 分子、导电聚合物。

②眼镜芯片。美国已研制成功可使盲人重见光明的“眼镜芯片”，它由一个无线录像装置和一个激光驱动的、固定在视网膜上的微型计算机芯片构成。其工作原理为：装在眼睛上的微型录像装置拍摄到图像，并把图像进行数字化处理之后发送到计算机芯片，计算机芯片上的电极构成的图像信号刺激视网

膜神经细胞，使图像信号通过视神经传递到大脑，这样盲人就可以看到这些图像了。

③定制化人工假体。人体骨骼是维持人类身体结构与运动的物质基础，一旦发生大面积的缺失，如由于肿瘤或车祸等造成截肢或颜面部的缺陷等，如果没有相应的骨骼替代物进行补充修复，会造成畸形甚至残疾。骨与关节的外形结构复杂，特别是关节连接如同零部件的装配，需要结合件的结构相配，以实现身体或面部外形及骨骼生理功能。尽管人工关节等产品已经被广泛应用于关节的功能重建，但仍不能满足颅颌面修复、脊柱病变、青少年保肢手术等更为特殊的形体恢复或骨重建要求。

④髋膝关节。随着关节病患者的日益增多，人工关节的需求量也在不断增加，延长人工关节的使用寿命是人工关节研究的目标和难题。在人工髋关节的研究中，通常对髋臼 / 股骨头及股骨柄单独进行研究，而且在研究手段上以静态分析为主，较少涉及动态分析和疲劳分析。我国研究人员利用中国人髋关节生物力学特征，设计出了符合大多数人体解剖结构和生理功能的股骨柄和髋臼假体，并建立了人工髋关节耦合系统模型。通过分析该系统在静、动态条件下的生物力学效应，结合影像测量等实验研究，可研究人工髋关节的结构优化设计方法。

⑤人工椎体与脊柱侧弯矫正。脊柱椎体或椎间盘的畸形或变异会造成脊柱变形，甚至功能损失。目前国内外常采用人工椎体置换术来填充骨缺损、重建脊柱稳定性。目前已有研究人员根据脊柱生理结构和手术要求设计并完成了自固定式人工椎体。该椎体采用自攻螺纹的套筒连接加上横向锁钉固定，不需使用脊柱内固定器，就能保证脊柱的即时稳定性。根据 X 光片修正模型对患者脊柱进行快速建模，并在快速模型的基础上构建生物力学模型和手术方案优化方法，利用该方法构建的椎骨几何和位置精度均足够（偏差小于 5%），且建模时间只有建立 CT 模型所需时间的 1/10，也大大减少了 CT 方案带给病人的辐射和成本等的影响。矫形优化方法的提出可便于医生为病人提供个性化的手术方案和进行治疗效果的预测，并可降低手术风险，提高手术成功率。

⑥冠状动脉支架。冠状动脉粥样硬化会导致冠状动脉狭窄甚至阻塞，从而引发冠心病。20 世纪 80 年代初，一位阿根廷医生设想用支架撑开硬化、狭窄的心脏冠状动脉。1984 年，我国北京阜外心血管医院开展了第一例心脏支架介入手术。冠状动脉支架是一种可被球囊扩张开的起支撑作用的管状物，它

附着在球囊的表面，由输送系统送至血管病变处释放，针对各种类型的冠心病，如稳定型心绞痛、不稳定型心绞痛、心肌梗死等，冠状动脉支架植入术完全解决了冠状动脉球囊扩张术术后血管弹性回缩、负性重构所引起的再狭窄，使术后再狭窄率降低了20%～30%。该技术不用开刀，手术时间短，疼痛小，是冠心病患者的最佳选择。冠状动脉支架经历了金属支架、镀膜支架、可溶性支架的研制历程。其中可溶性支架可以在人体内自行溶解，被机体吸收。这种新型支架在动脉狭窄时可以起到扩张血管的作用；在急性期过去、支架作用完成，血管重新塑形后，它可以溶解、消失，从而可避免发生局部炎症反应的不良后果。

未来，机械与生物制造技术还会有更深层次的结合，将会朝以下方向发展。

将生物感知、生物动力和生物智能技术运用在机器人、微机电系统、微型武器等方面，使其具有人或动物的特性和能力；在纳米技术方面，实现纳米尺度裁剪或连接DNA双螺旋，改造生命特征，实现各种蛋白质分子和酶分子的组装，构造纳米人工生物膜；在医疗方面，复制人体的各种器官，使人类的寿命得以延长；在生物加工方面，通过生物方法制造微颗粒、微功能涂层、微管、微器件、微动力、微传感器、微系统等。

8.2.5 与纳米技术交叉

机械与纳米技术的融合，催生了纳米制造。纳米制造是人类对自然的认识和改造从宏观领域进入微观领域的前沿科学技术。它泛指纳米级（0.1～1.0 nm）尺度的材料制备、零件及系统的设计、加工制造、测量和控制的相关科学和技术。纳米制造技术研究涉及材料科学、信息科学、物理科学、光学、生物学和制造科学等。它不仅导致制造科学向微观领域扩展，而且对国家未来的科技、经济和国防事业的强大具有战略意义。例如，在宏观研究中常用的物理量（如弹性模量、密度、温度、压力等），在微观尺度领域可能要重新定义；经典的牛顿定理、欧几里得几何、热力学、电磁学、流体力学可能不再适用，需要重新定义和描述；而量子效应、物质的波动性、原子力等微观物理特性却要起重要的作用。人们已经发现，有的宏观脆性材料在纳米尺度时具有很强的塑性；流体在微管流动中，液体的表面张力和对管壁的附着力已不可忽略；在纳米加工及表面质量分析中，必须考虑原子间的结合力并应用微观物理的知识。所有

这些，都必须依靠大力发展纳米科学来加以解决。

一个国家的制造水平是其综合国力的重要标志之一，纳米制造在过去的 20 多年里，依靠各国政府的政策支持和研发投入，已经在多个行业为社会创造了巨大经济效益。国家自然科学基金委员会已实施“纳米制造的基础研究”的重大研究计划，实施周期为 8 年（2010—2017 年），总经费为 1.9 亿元人民币，共支持集成项目 4 项、重点支持项目 24 项、培育项目 121 项和战略研究项目 4 项。该项目目标是瞄准学科发展前沿，面向国家发展的重大战略需求，针对纳米精度制造、纳米尺度制造和跨尺度制造中的基础科学问题，探索制造过程由宏观进入微观时能量、运动与物质结构和性能间的作用机理与转换规律，建立纳米制造理论基础及工艺与装备原理。很多发达国家一直以来也十分重视纳米技术的研发，持续进行充足的经费支持。2020 年 10 月 27 日，美国国家纳米技术计划（NNI）公布了 2021 财年预算，向国会申请 17.23 亿美元拨款。韩国在“第 4 次纳米技术综合发展计划”中将政府对纳米技术的研发投入从 2014 年的 5 313 亿韩元增加到 2025 年的 8 800 亿韩元，占政府研发总投入的比重从 3% 提升至 4%。

纳米技术与机械领域的交叉主要集中体现在以下两个方面。

8.2.5.1　纳米精度制造

（1）纳米切削。在过去的几十年里，制造过程中材料去除量从微米到亚微米，再到纳米量级。纳米精度制造主要包括纳米切削、纳米磨削、纳米抛光等加工形式。纳米切削作为纳米精度加工最主要的技术之一，以超精密数控车床为基础，采用天然金刚石刀具，在对加工环境精确控制的条件下，加工出纳米量级精度器件的方法。美国劳伦斯利弗莫尔（LLNL）国家实验室 1984 年研制成功的 LODTM-3 超精密金刚石车床可加工直径达 2 100 mm、重 4 500 kg 的工件，加工精度可达 0.25 μm，表面粗糙度达 *Ra*0.007 6 μm。随着慢刀伺服和快刀伺服的发展，基于金刚石刀具的自由曲面加工能够实现纳米量级的表面精度和粗糙度，被视为最高效的加工方法之一。适合金刚石纳米切削的主要材料有：有色金属（如铝、铜等），部分晶体材料（如单晶锗、硫化锌、硒化锌等），以及聚合物类材料。部分硬脆材料，如碳化钨、碳化硅、氮化硅等的金刚石纳米切削，刀具会快速磨损，实现不了大面积、纳米级精度、高表面质量的加工，但市场对硬脆材料加工需求较为旺盛。

（2）纳米磨削。

①超精密磨削技术，该技术是硬脆材料纳米加工的有效手段，借助高性能机床、良好的工具、完善的辅助技术和稳定的环境条件，加工精度可控制在 0.1 μm 级以下、表面粗糙度 *Ra* 达 10 nm。

②纳米磨削技术，相对纳米切削过程复杂，加工确定性较低，加工时磨削力大、磨削温度高、磨削效率低，砂轮极易因钝化、堵塞而造成工件加工损伤，产生裂纹与残余应力集中，较难满足高精度、高效率的加工要求。

③金刚石砂轮在线电解修整（ELID）技术，已应用于多种光学元件及模具的纳米精度加工，专用 ELID 纳米级磨床也已研制成功。

④机械磨削（CMG）技术是应用于脆性材料光学表面纳米级磨削加工的一种超精密加工技术。已有研究者在研究软磨料砂轮技术材料去除机理模型的基础上，采用硬度低于硅的 MgO 和 Fe_2O_3 作为主磨料设计制作软磨料砂轮，以表面粗糙度、材料去除率、加工电流、亚表面损伤深度为指标，获得加工表面粗糙度分别为 RSM 0.57 nm 和 Rq 0.55 nm，磨削后的工件亚表面损伤深度接近零，达到了化学机械抛光的加工效果。

（3）纳米抛光。纳米切削与磨削过程易于造成加工表面损伤，且加工表面存在刀痕。为消除加工表面损伤和刀痕，实现超光滑表面及纳米量级精度的加工，纳米抛光技术应运而生。纳米抛光的工艺手段较多，但是实用化的主要有以下几种。

①化学机械抛光（CMP）技术，该技术是晶圆制造的必需流程之一，对高精度、高性能晶圆制造至关重要。CMP 最早在 20 世纪 80 年代被引入半导体制造中，用于减少晶片表面的不均匀性，几乎所有生产特征尺寸小于 0.35 μm 的半导体制造厂均采用了该工艺。随着芯片制程不断缩小，需要的 CMP 抛光步骤就越多，14 nm 制程需要 22 次 CMP 抛光，7 nm 制程则需要高达 29 次 CMP 抛光。芯片制程的不断推进将推动抛光材料的需求增长。

②磁流变抛光技术最早出现在 1974 年，苏联传热质研究所的科尔登斯基（Kordonski）将磁流变液用于机械加工，20 世纪 90 年代初，他与美国罗切斯特大学光学制造中心的雅各布斯（Jacobs）等人，提出确定性磁流变抛光技术。磁流变抛光技术是利用磁流变抛光液在磁场中的固液转化、流变特性，形成凸起缎带对加工表面进行抛光。

③离子束抛光主要采用离子束溅射去除表面多余材料，首先将惰性气体

等离子体化，并用加速电极加速引至高真空加工室，采用静电透镜汇聚离子束，冲击工件表面，从而将工件表面原子或分子打出，形成纳米量级超光滑加工表面。离子束抛光技术与磁流变抛光技术相结合，被视为加工极紫外光刻光学元件的关键技术。

④水射流抛光是加工脆性材料光学零件的又一有效方法，该技术将混合有抛光磨料的抛光液在一定压力的作用下喷射到工件表面，利用磨粒对工件材料的冲蚀作用去除材料。水射流抛光与磁流变抛光技术相比，不受抛光头尺寸的限制，对环境要求不高，在加工内凹曲面、高陡度的光学表面具有明显的优势。

8.2.5.2 典型的纳米尺度制造方法

纳米尺度的制造方法主要涉及高能束加工技术。该方法包括聚焦激光束、聚焦离子束、聚焦电子束纳米尺度制造。具体的方法如下。

（1）激光制造。现有纳米尺度制造技术中，激光制造技术近年来得到快速发展。激光具有高亮度、高方向性、高单色性、高相干性，可选择范围宽，波长可从红外到X射线，脉冲宽度从连续激光到飞秒甚至更小，瞬时功率密度较高。激光这些特征使其既可以满足宏观尺度制造需求，又能实现微纳量级的制造需求，其中飞秒激光直写技术主要利用材料与飞秒激光相互作用产生对光子的非线性吸收，使得材料只有在焦点附近很小的体积范围内才能吸收足够的能量，减小了两者相互作用范围，以提高加工分辨率。

（2）聚焦离子束（FIB）技术。该技术是面向纳米尺度制造的一项重要技术。它是利用电场加速液态离子源后，经过静电透镜的聚焦，得到非常小的离子束束斑，最小直径可达10 nm以下。利用纳米量级高能离子束轰击材料，使得离子与材料原子间发生相互碰撞。高能离子与固体表面相互作用时，离子射入固体表层，与表层原子发生级联碰撞，与周围晶格发生能量传递。当表层原子获得足够离开材料表面的能量，则材料表层原子被轰击出材料表面，产生材料的溅射去除。利用此现象可实现纳米结构的高精度加工。随着对纳米加工需求的不断增加，聚焦离子束加工技术已广泛应用于纳米尺度制造。在集成电路研发和生产过程中，利用诱导沉积和溅射切割功能，聚焦离子束可实现集成电路芯片的诊断、修补以及光学掩模修补等。聚焦离子束加工对提高集成电路研发效率、减小研发生产成本等，起到至关重要的作用，是不可或缺的核心环节。目前，纳米结构阵列的密集化、纳米结构特征尺寸的小型化和纳米结构形状的复杂化成为FIB纳米加工的3个发展趋势。场发射透射电子显微镜中高能聚焦电子束可用于纳米尺度结构的制造，例如诱导沉积制备纳米线、纳米点、纳米树等各种纳米结构。除此之外，高能聚焦电子束还可实现纳米线的诱导修饰，例如实现纳米线的切割、打孔、焊接，以及长度、直径、弯曲度等形貌的改变，而且还可以在纳米线表面诱导沉积其他元素的纳米结构，从而改善其物理、化学性能。

8.2.6 与文化的交叉

机械与文化的交叉可以使冷冰冰的机器具有温度。机器一直以来都被定义为技术的代表，它具有用钢铁制作的手足和肌肉，以原动机和电动机为心脏，可用作交通工具、调节室温、浇灌林木和生活计时等。一言以蔽之，机械可以使生活现代化，在一定程度上组成我们的文明和文化。但这种的结合是人在适应机器，而在文化的深度融合下，机器变得更智能，充分考虑使用者的需求，做到机器去适应人。

现在如果给机械增添一个计算机这种小“头脑”，计算机在使其性能无限提升的同时，还会显示出对社会和家庭的广泛用途。微型机从人的理智到意识，进而深入到感情的世界。虽然尚不能与人的大脑相提并论，但是现在的计算机也已经可以作曲、创作诗句和下围棋了，可以为人们提供个性化的服务。这种具有小头脑的机械与以前那种毫无情感机能的机械相比，给予人类社会的贡献是完全不同的。也就是说，超越出现代化文明的范围，今后的机械将与文化密切相关。

如今，技术越来越向高精度发展并进入成熟期，开始带有一个国家独特的特性，即在工业产品上开始表现出该国的风土特性。例如，日本的小型、肌理细腻、精致的技术工艺就在电视、磁带录像机、照相机、电子计算机等方面发挥出来。这可以说，有些产品一眼就能看出是日本文化的产物。为此，技术和文化的关系也将成为越来越受关注的领域。

与文化的结合还推动机械向着个性化的定制制造的方向发展，充分展现人文属性。在过去的工业化时代里，企业以生产制造为核心，产销模式建立在规模经济之上，消费者需付出很高的成本和代价才能获得个性化的产品和服务，因而那时的个性化需求很难得到满足。现如今，随着消费者整体消费水平的提高、消费能力增强以及消费偏好升级，他们对传统制造业所提供的标准化

产品的满意度逐渐降低，更加追求多样化、个性化的产品或服务。随着互联网信息技术的发展，生产方式得到改变，互联网时代下的智能工厂以其柔性化的制造方式，可以实现小批量、多品种的生产，很多个性化商品开始被更多的消费者所接受，有了一定的市场规模。越来越多拥有个性化需求心理的消费者开始觉醒，他们更加重视精神上的满足，关注自己的真实需求，关注产品服务，消费观念也逐渐从“物美价廉，节衣缩食”发展到个性消费、体验消费和享受消费。

传统的商业模式为“先制造，后销售，再消费”，企业为消费者提供产品，消费者则是被动的产品接受者。但在制造与人文融合的时代背景下则呈现一种新型商业模式，即“先个性化定制，再制造，后消费”，用户先提出个性化需求，企业再为用户提供个性化服务，这样可以极大地提高用户的参与度，也能使得制造业真正地去理解和思考用户的需求。在这种制造的生产方式下，产品设计流程的主要步骤是“需求，设计，销售，生产”，用户希望通过定制平台自行设计或是选择所需要的产品，不愿接受没有选择性的设计方案。这一过程可以实现的基础在于 3 点：一是用户提出产品的设计需求，交由设计师来完成；二是用户根据设计师提供的产品设计方案，自行选择以满足设计需求；三是对成型的设计产品进行选择，获取设计方案。用户通过企业的定制平台参与产品的设计、生产和交付的全流程，通过对不同的产品模块进行选择与组合，构建出属于自己的个性化特色产品。

这种制造背景下的个性化定制，需要提前了解客户对产品的需求信息，然后整理分析客户对产品外观需求及功能需求，进而预置产品的通用零件和模块零件供用户选择。需求获取对产品的设计与研发有着重要的应用价值，如何在产品设计早期充分考虑用户需求，已成为决定产品能否具有市场竞争力的关键因素。

总体来说，新时代背景下的产品的制造需要满足客户个性化、多样化、模糊性、动态性、隐蔽性的需求特点而开展设计，这样才能实现软硬件技术与人文艺术、用户需求和体验的深度融合。

8.2.7　与管理科学的交叉

制造生产模式是管理科学、社会人文科学与制造科学的交叉。事实已经证明，中国制造的产品如果要在国际市场具有竞争能力，中国的制造商如果要想成为国际名牌企业，除了要拥有世界一流的制造技术，更重要的是要有世界一流的组织管理模式和管理水平。当然，其先决条件是企业内外必须建立起比较完善的市场竞争机制。

制造生产模式是制造业为了提高产品的竞争能力而采取的一定的组织生产模式。工业化时代大批量生产模式以提供廉价的产品为主要目的，柔性生产模式以满足顾客的多样化需求为主要目的，敏捷生产模式以向顾客及时提供所需求的产品为主要目的，绿色制造以产品在整个生命周期中有利于环境的保护为主要目的。制造模式主要研究企业高效经济运筹、生产组织和管理、企业间合作、质量保障体系、人－机－环境关系等。人是制造过程和制造系统中的决定性因素。因此，制造系统、制造过程和生产模式中人的思想行为、人机关系、人际关系、企业社会环境、人在制造中的积极作用就成为制造科学与社会科学、人文科学交叉的主要研究内容。生产管理几乎贯穿了生产制造过程中产品策划、概念设计、详细设计、样件、小批及量产的全过程，通过管理系统能够随时了解生产情况、库存情况，自动生成生产配料单，跟踪整个生产过程，科学管理生产物料，同时还可以帮助企业管理者有效控制生产成本，及时了解产品产量及库存的业务细节，发现存在的问题，避免库存积压，做到快速地响应市场变化。

目前，管理系统很好地应用在智能车间的运转中，很大程度上提高了生产效率，节约了生产成本。通过网络及软件管理系统控制数控自动化设备（含生产设备、检测设备、运输设备、机器人等所有设备）实现互联互通，达到感知状态（客户需求、生产状况、原材料、人员、设备、生产工艺、环境安全等信息），实时数据分析，从而实现自动决策和精确执行命令的自组织生产的精益管理境界的智能车间。

中国现行的科学研究体制和教育体制中有不利于学科交叉的因素。在美国，制造专业一般设在工业工程系，制造科学和工业管理经过长期的交叉融合，已经自成一体。中国在 20 世纪 80 年代以前没有管理专业，管理也没有被认为是科学。此后，虽然设立了管理专业和人文专业，但多数仍然与制造专业分家，造成了教育体制上管理和制造的分离状态，不利于学科交叉。如今，中国的市场经济正处在发展过程中，制造技术和制造管理的交叉融合将与企业市场竞争机制的深化改革和完善并驾齐驱，管理技术和制造技术之间也将相互融合，相互促进共同发展。

8.3　本章小结

综上所述，学科交叉是未来研究的最根本的特征。它涉及的课题及研究内容、研究主题大多是总体的、复杂的、多系统的问题。它的研究以问题为核心，需要依靠跨学科、多学科的专家智慧来解决。从研究方法及分析技术体系看，它基本上采用跨学科和多学科的研究方法和手段。纵观诺贝尔奖的获奖成果，20 世纪 50 年代前，大部分成果都是本学科的，之后，大部分成果是交叉性的。在生理学或医学奖中，有 2/3 和化学有关，在物理学奖中有 1/3 和化学有关。著名的 DNA 双螺旋模型的建立开创了分子生物学、分子遗传学等新兴学科，阐明了困扰生物学家几百年的遗传本质，然而它的发现者获得的是诺贝尔化学奖。机械与其他学科的交叉也会有更深层次的发展，以及和更多新学科的融合发展，促进机械学科不断向更新、更广、更深的领域继续推进。

8.4　思考题及项目作业

8.4.1　思考题

8–1　试解释学科交叉的概念。

8–2　多学科交叉融合具有哪些重要的作用?

8–3　机械学科与工艺交叉体现在哪些方面？并列举一个实例加以说明。

8–4　机械学科与信息技术交叉体现在哪些方面？并列举一个实例加以说明。

8–5　机械学科与新材料交叉体现在哪些方面？并列举一个实例加以说明。

8–6　机械学科与生物技术交叉体现在哪些方面？并列举一个实例加以说明。

8–7　机械学科与纳米技术交叉体现在哪些方面？并列举一个实例加以说明。

8–8　机械学科与文化的交叉体现在哪些方面？并列举一个实例加以说明。

8–9　机械学科与管理科学的交叉体现在哪些方面？并列举一个实例加

以说明。

8-10　机械学科与多学科交叉的重要意义有哪些？

8.4.2　项目作业

作业题目：机械学科与 × × 学科交叉的现状及发展趋势分析

作业形式：研究报告

作业要求：（1）分组，每组总人数不超过 5 人。

（2）每人提交一份研究报告，中英文均可，中文不低于 1 500 字，英文不少于 1 000 单词，按照研究论文格式进行撰写。引用部分必须标明出处。

（3）每组提供一份 PPT，选择 1 ~ 2 人进行讲解。PPT 讲解时间控制在 20 min 以内，以 15 页左右为宜。

作业内容：选择机械学科与工艺、信息技术、新材料、生物技术、纳米技术、文化、管理科学中的某一个方面的交叉进行阐述，分析学科交叉现状，并分析最新发展趋势。

举例：机械学科与新材料学科交叉的现状及发展趋势分析。

提纲：1. 机械及新材料学科的发展概况；

2. 机械学科与新材料学科交叉的现状；

3. 机械学科与新材料学科交叉的典型实例分析；

4. 机械学科与新材料学科交叉的发展趋势分析。

第9章 制造强国的重要意义

9.1 制造强国的背景及重要意义

9.1.1 制造强国的背景

9.1.1.1 制造强国的国际环境

“一个国家要生活得好，首先必须生产得好。”美国作家沃麦克（Womack）在其畅销书《改变世界的机器》中一语道破了制造业对于一个国家的重要性。如果说中国改革开放40多年的发展实践，是从正面对这一观点给出的最有力的印证，那么2008年国际金融危机中暴露出来的西方一些国家过度“去工业化”所引发的恶果，则是最典型的反面例证。金融危机之后，多个发达国家“拨乱反正”，纷纷制定以重振制造业为核心的再工业化战略，制造业再次成为全球经济竞争的制高点。与此同时，一些发展中国家也在加快谋划布局，积极参与全球产业再分工，中国制造业陷入了“前有堵截，后有追兵”的“夹击”之势。更大的挑战在于，多年来，“大而不强”的阴影始终笼罩在中国制造的头上：创新能力整体偏弱；基础配套能力不足，先进工艺、关键材料、核心零部件成为瓶颈；部分领域产品质量可靠性亟待提升，产品档次低，技术缺乏……这些已经严重阻碍了中国制造业竞争力的提升，也给某些别有用心的国家打压与围剿中国制造提供了机会。制裁涉军企业、断供华为芯片等手段的频频出现，一定程度上暴露出我国制造业所存在的短板与不足。中国社会科学院经济研究所所长黄群慧就提出警告，中美经贸摩擦所引发出的许多问题，再次提醒我们推进制造业转型升级的必要性和紧迫性。工业和信息化部部长苗圩曾将全球制造业分为4个梯队：第一梯队是以美国为主导的全球科技创新中心；

第二梯队是高端制造领域，包括德国、日本；第三梯队是中低端制造领域，包括中国、韩国、法国、英国；第四梯队主要是资源输出国，包括OPEC（石油输出国组织）、非洲、拉美、印度等。制造业作为立国之本、兴国之器、强国之基，这样的地位，显然与实现中华民族的强国复兴目标不相匹配。“世界强国的兴衰史和中华民族的奋斗史一再证明，没有强大的制造业，就不可能成为经济强国。”中共中央党校（国家行政学院）经济学教研部主任韩保江谈到，在国际竞争加剧的背景下，中国制造业如果不能尽快建立起新的竞争优势，就会如同逆水行舟。

目前，全球制造业的发展格局正处在深刻变革阶段。近年来，全球经济与贸易环境发生了很大的变化，大国参与全球产业分工，对全球产业链、价值链的争夺全部聚集在了制造业领域。一方面，2008年国际金融危机过后，美国、德国、日本等发达国家提出了“再工业化”战略，比如美国提出了“先进制造伙伴计划”，德国提出了“工业4.0战略”，等等，以期在国际竞争中抢占制高点。另一方面，印度、越南等新兴经济体也利用自身劳动力成本低、土地成本低等优势加速了工业化进程。另外，全球正在开展的新一轮产业革命与技术革命也使全球分工格局深受影响。在云计算、新材料、数字信息技术、3D打印技术等新技术的作用下，传统分工格局（发达国家提供技术、高收入国家提供市场、发展中国家提供劳动力）被彻底打破，智能制造、全球化营销、分散化生产、制造业服务化成了新的发展趋势，美国、日本、英国、德国等处在制造业高端的国家具有非常明显的相对竞争优势。

在此情况下，我国经济发展必须找到一条全新的道路，形成经济增长新动力，构建新的经济增长优势以参与国际竞争。在这个过程中制造业是重点，也是难点。换句话说，对于我国综合国力的提升、国家安全的保障、世界强国的建设、“两个一百年”奋斗目标的实现来说，推动我国制造业不断调整、发展、创新意义重大。

9.1.1.2 制造强国的国内环境

当前，我国经济发展进入了新常态，变化速度越来越快，结构有所调整，发展动力有所转变。我国经济发展的这一转变趋势与追赶型后发经济体的一般发展规律相符。现阶段，我国尚未完全实现工业化、城市化，正在从中等收入国家向高收入国家转变，工业化进程正在努力向后期阶段迈进，而经济新常态就是这一发展形势的直接体现。我国经济要想向分工更复杂、形态更高级、结

构更合理的阶段转变，就要适应经济新常态的要求。需要注意的是，经过 40 年的高速发展，我国经济增长的基本动力发生了巨变。过去，我国经济发展依赖于廉价且优质的劳动力、规模庞大的内部市场、国外先进技术的引进、政府推动及资源动员能力。当前，我国的经济发展形势发生了改变，供需情况、约束条件发生了明显的变化，在这种形势下，经济要想实现持续、稳定的发展就必须转变经济增长动力及发展方式。其中经济增长动力要从要素驱动增长转变为创新驱动增长；经济发展方式要从规模速度型粗放增长转变为质量效率型集约增长。在经济新常态下，我国经济能否提升发展水平、迈进更高的发展阶段，新旧发展动力能否顺利、平稳地实现对接是关键。

经过几十年的发展，我国已成为全球第一制造业大国，但当前我国制造业的增速逐渐放缓、增长动力明显不足。导致这种情况出现的原因有两点：一方面，随着劳动力数量的减少，生产要素的成本越来越高，资源环境约束越来越强，导致我国资源密集型、劳动密集型等低端制造业的增长乏力，使得我国工业整体增长速度越来越慢；另一方面，随着经济增长速度放缓及全球产业变革的推进，我国经济快速发展积累的矛盾与风险逐渐显现了出来，比如产能过剩，为了解决产能过剩问题对经济结构进行调整、对资产进行重组又会诱发一系列问题，如部分企业倒闭、部分员工转岗或失业等。当然，虽然经济增长速度越来越慢，但经济增长的质量效益还有很大的提升空间。从全要素生产率的来源结构方面看，制造业的质量效益比农业、服务业都要高，生产性服务业比其他服务业高，可贸易部门比不可贸易部门高。因为几乎工业生产各部门产品的销量比发达国家的平均水平要高，所以我国的产业升级空间及生产率提升空间都比较大。换句话说就是，在结构调整、产业转型升级方面，我国制造业的发展机遇还有很多。随着经济发展进入新常态，我国经济仍处在大有可为的重要战略机遇期，经济总体发展态势仍一路向好，只不过重要战略机遇期的内涵与条件、经济发展方式与结构有所改变。经济结构调整过程中难免会遇到诸多问题，但一旦经济结构得以成功调整，资产质量与全球竞争力都会大幅提升，我国经济就会真正实现稳定、可持续的发展。

我国工业竞争力的提升、产业空心化现象的预防、中等收入陷阱的跨越等都离不开产业转型升级。以长远目光来看，我国制造业要想长期维持全球竞争优势，就必须加快制造业转型升级的步伐。要想实现制造业结构转型升级，就必须先明确结构调整的目标和方向。我国制造业结构调整要以建立更加均衡的结构关系为目标、方向，要有效平衡国内需求与国外需求、投资与消费之间的关系，推动高端制造业、传统产业、现代服务业实现均衡发展，平衡实体经济与虚拟经济之间的关系，使技术进步、劳动力素质提升成为经济增长的主要驱动力，推动我国经济朝形态更高级、结构更优化、分工更复杂的方向发展。

在经济新常态环境下，面临着转变经济增长方式、调整经济结构、推动经济实现稳定增长的重大任务，制造企业必须科学把握三者之间的关系，推动其实现平衡发展，在经济结构调整的过程中推动经济实现较快增长，同时在保持经济平稳增长的过程中也要对经济结构进行有效调整。当然，除此之外，还要推动科技进步，实现创新驱动，培养新的经济发展动力，全面深化改革，构建与结构调整目标和任务相符的体制机制，加快对外开放步伐，提升自己在国际分工中的地位，在更大空间范围内配置资源，推动我国制造业和经济发展迈进中高端行列。制造强国建设不仅是时代赋予的历史使命，还是适应国情的战略选择。

9.1.1.3 制造强国的迫切性及对策

要想从制造大国转变为制造强国，在战略、政策方面必须做出以下安排。在过去几十年间，中国制造业的发展重点在拓展规模方面，经过不懈努力我国成为世界第一制造大国。接下来，我国制造业必须从“大”向“强”转变，发展先进制造业，提升我国传统优势产业的核心竞争力，从制造大国向制造强国转变。那么这里的“强”要如何理解呢？要达到什么标准才是制造强国呢？简单来说，从制造大国迈向制造强国有 3 个非常重要的转变：①从中国制造转变为中国创造；②从中国速度转变为中国质量；③从中国产品转变为中国品牌。

具体来看就是，我国从制造大国转变为制造强国，一是要提升传统产业的竞争力，推动传统产业从底层加工制造环节向两端的产品研发、设计、投融资、品牌构建、物流体系等环节延伸发展；二是要掌握核心技术，推动制造业向产业链的高端领域发展，促使加工贸易的附加值得以切实提升。图 9–1 所示为制造强国的主要标志。

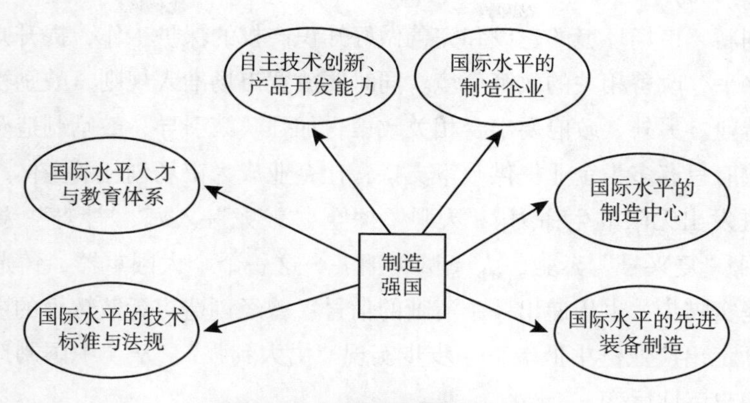

图 9–1　制造强国的主要标志

只有处在价值链高端地位及产业链的核心环节，中国企业才能切实提升自己的核心竞争力。纵使在这个过程中会淘汰一大批制造企业，但存活下来的制造企业更强，如此我国才能完成制造强国的建设。新中国成立特别是改革开放以来，中国工业取得了举世瞩目的成就，建立了门类齐全的现代工业体系，其规模连续多年保持世界第一，支撑我国实现了从贫穷落后的农业国到现代化工业国这一伟大转变。尤其是党的十八大以来，以习近平同志为核心的党中央高度重视实体经济，针对我国工业“大而不强”的局面，扎实推进工业转型升级和制造强国建设。从谋划顶层设计，到加快结构调整；从加大创新力度，到加强人才培养；从发展新兴产业，到推进两化融合……中国特色新型工业化发展取得重大成就，为经济社会稳定发展和综合国力稳步提升提供了重要支撑。2015 年 5 月，国家正式提出中国制造由大变强的“三步走”战略目标：到 2025 年迈入制造强国行列；到 2035 年我国制造业整体达到世界制造强国阵营中等水平；到新中国成立一百年时，综合实力进入世界制造强国前列。

在我国的国民经济中，工业是基础，是未来经济发展的支柱。中国制造强国、经济强国的构建离不开强大的工业体系和具有国际竞争力的企业。我国具有世界影响力、竞争力的企业太少，因此为了实现成功转型，我国必须构建一批具有国际竞争力及影响力的企业。

环境创造是我国制造业发展的核心，在环境创造的过程中必须做好知识产权的保护工作。今后，制造业无法再凭借“山寨”方式获得长期发展。进入新的发展阶段之后，中国制造企业必须形成自己的核心竞争力，必须通过制度体系的创新、市场环境的建设和完善做好知识产权的保护工作，提升知识创新的保护水平，改善相关的政策环境。同时要放宽市场准入规则，鼓励社会资本进入制造业。另外，政府要出台相关政策，加强政策引导，鼓励制造企业创新发展。政府只有多为企业提供政策支持，让企业成为市场创新的主体，市场经济才能迸发出无限的生命力。“天眼”探空、“蛟龙”入海、“神舟”飞天、“北斗”组网、“复兴号”奔驰、大飞机翱翔……这一个个大国重器，铸造着中国前行的坚实脚步，也传递出一个清晰的信号：曾经创造出无数辉煌的中国工业正在逐渐走出产业链中低端，一步步实现“由大到强”、从“中国制造到中国创造”的史诗性巨变。

中国工程院战略咨询中心、机械科学研究总院装备制造业发展研究中心和国家工业信息安全发展研究中心共同发布了《2019 中国制造强国发展指数报告》。表 9–1 所示为 2019 年世界各国制造强国发展指数。由表 9–1 可知中国的制造强国综合指数已由 2012 年的 92.31 提升至 2019 年的 110.84，显著缩小了与排名前三的美、德、日三国的差距。

表 9–1　2019 年世界各国制造强国发展指数

梯队	第一梯队	第二梯队		第三梯队				第四梯队	
国家	美国	德国	日本	中国	韩国	法国	英国	印度	巴西
指数值	168.71	125.65	117.16	110.84	73.95	70.07	63.03	43.5	28.69

中国能迈步制造强国，人力方面的优势也是重要原因，具体有如下方面。

（1）人力资源丰富。2021 年 5 月全国总人口达到 14.11 亿人，15 ~ 59 周岁劳动年龄人口 8.9 亿，相当于欧洲劳动年龄人口的 2 倍，比发达国家劳动年龄人口之和还要多。庞大的人口既为制造业发展提供了充足的人力资源，而且持续快速增长的 10 亿人口级的国内市场也为制造业发展提供了有力支撑。

（2）人力资源素质较高。2012 年，我国全面普及九年义务教育，青壮年文盲率下降到 1.08 %。2020 年，高中阶段教育毛入学率为 91.2%，高于中高收入国家平均水平；高等教育毛入学率为 51.6%，超过中高收入国家平均水平，主要劳动年龄人口中受过高等教育的比例达 17.4%。2020 年世界卫生统计显示，中国人均预期寿命 76 岁，居民健康水平总体处于中高收入国家水平。以新生代进城务工人员为代表的新增劳动力仍然是吃苦耐劳的一代。《2018 年全国农

民工监测调查报告》显示，日从业时间超过8小时的进城务工人员占40.8%，周从业时间超过44小时的进城务工人员占85.4%。

（3）高层次人才资源充足。根据有关部门统计，公开数据显示，2020年我国服务业占GDP比重达54.5%，新兴服务业就业需求明显增加。我国进城务工人员从事第二产业的比例从2013年的56.8%下降到2019年的48.6%；而从事第三产业的比例从2013年的42.6%增长到2019年的51%。随着全球化深入发展，越来越多的高端人才加速向我国流动，留学回国人员总数从2004年的2万多人增加到2019年的59.03万人。此外，还有大量的国外专业技术人才和管理人才在华工作，许多外资企业在华开展研发活动，有力提升了本地研发人力资源的质量与水平。

（4）人力资源配置效率不断提高。市场在人力资源配置中的基础性作用不断加强，劳动者择业、迁徙自由度大大提升，人力资源逐步向城镇、要素优势地区、非农产业快速聚集，带动劳动效率大幅提高。第一产业就业比重不断下降，2014年三次产业就业比重为29.5∶29.9∶40.6。城乡间、区域间人口流动日趋活跃，2020年城镇化率达63.89%。

（5）收入、卫生、社会保障等人力资源发展的保障条件不断改善。就业人员工资不断增长，2018年城镇非私营单位在岗职工、私营单位就业人员年平均工资分别为82 461元、49 575元，比2017年年增长11.0%、8.3%。2014年年末，9.99亿人参加基本养老保险，企业退休人员基本养老金自2005年的700元/月连续上调11年，达到2014年的2 000元/月，到2016年不再另外限定最低退休费数额。医疗卫生资源总量不断增加，每千人口床位数由2019年的6.3张增长到2020年的6.46张，基本医疗保险参保率达到95%，政策范围内住院报销比例达到70%以上。社会保障体系的完善有利于改善劳动关系，为企业和劳动者提升人力资本创造了有利条件。

同时也存在一些不利因素，若加以改进，探索到解决途径，就能更快地实现制造强国的期盼。而不利因素具体有以下几个方面。

（1）劳动供给总量存在减少的趋势。随着人口快速老龄化，我国出现了劳动年龄人口绝对数和比例下降的趋势。2012年至2014年，15～59周岁劳动年龄人口三连降，年净减少345万、244万、371万，劳动年龄人口占总人口比重从2012年的69.2%下降到2014年的67%。国际经验表明，劳动年龄人口净减少是人口结构深刻调整的必然结果，是不可逆转的过程。此外，尽管近年来我国劳动参与率在上升，但是随着高等教育普及、收入水平提高，加上企业退休年龄偏低和非正常提前退休，劳动供给很快就要达到峰值，在全社会受教育水平短期内稳定的情况下，将减慢人力资本总量改善速度，对制造业转型升级产生不利影响。

（2）制造业从业人员人力资本素质不适应。制造业从业人员主要接受的是初等教育和中等教育，他们较少参加职业技能培训，技能提高主要通过实践中学习和熟练程度提高来实现，这种素质结构与劳动密集型岗位是匹配的，但不能适应产业结构向高端转变的需要。我国高等教育长期专注培养学术型人才，应用型人才培养不足，职业教育虽然发展很快，但是由于培养成本昂贵，其实是以低质量发展为代价的，导致技术技能型人才供给严重不足。此外，我国基础教育缺乏对学生的职业道德教育和职业意识教育，对学生创新精神、实践能力培养不足，不利于制造业技术创新和品牌培育，制造业升级急需的拔尖人才欠缺。

（3）教育与人力资源开发存在许多问题。首先，公共教育体系公平性不足，城乡间、区域间、学校间教育差距大，不利于知识和科技在不同收入阶层间的扩散，阻碍劳动生产率在全社会范围的提升。其次，依靠低劳动力成本竞争的发展模式还有生存空间，加上劳动关系不稳定，许多企业倾向于短期盈利行为，不愿意投资员工人力资本。再次，21 世纪以来，制造业从业人员工资不断上涨和局部劳动力短缺造成劳动者接受教育的机会成本上升，加上日益严重的大学生就业难，不利于劳动力自觉提升人力资本。最后，社会保护体系不健全，制造业从业人员必须花更长的时间工作维持生活，用于技能培训、继续教育、医疗保健、培养子女的人力投资活动受到限制。

（4）人才培养脱离实际。20 世纪 90 年代的院校调整使行业企业基本退出了办学，社会办学动力弱，以教育部门为主的行政化办学方式与产业升级的市场化导向存在矛盾，导致人才培养规格与制造业需求严重脱节。

新生劳动力的劳动态度、社会心理呈现新的特征。新生劳动力在职业选择时，除了看重岗位的工资水平，也很看重工作环境和职业前景，更倾向于选择体面、安全和有发展机会的工作岗位。他们不再像老一代员工那样省吃俭用和逆来顺受，平均消费倾向普遍较高，平等意识和权益意识强，维权态度趋向积极，对企业忠诚度、对工作的重视程度有所下降。这些特征有一些不利于形成精益求精的工匠精神的因素，也对企业人力资源管理提出了挑战。处理得

好，可能倒逼企业加大人力资本和员工福利投入，形成和谐的劳动关系，推动企业做大做强；处理不当，则可能恶化劳动关系，从而难以夯实产业内涵并推进产业升级。

社会用人体制和研发机制存在许多弊端。学历资格与职业资格不衔接，社会用人中“唯学历”论倾向严重，职业资格准入制度管理粗放，未发挥应有作用，导致技能型人才对新生劳动力的吸引力不强，也不能激励从业人员开展继续教育。改革开放初期，制造业平均工资接近全国平均工资，之后差距不断扩大，加上户籍制度、行政性垄断制度以及碎片化的公共服务体系，在制造业企业和其他从业人员之间形成了隐性的身份制度，不仅限制了劳动力流动，也不利于激励高质量的人力资源投身制造业。

9.1.2　制造强国的重要意义

在全球各国重视制造业发展的背景下，建设制造强国是实现中国科学发展的必由之路。从国际金融危机爆发的源头来看，西方各国家在发展经济中的去实体化，是导致经济增长难以持续的重要成因。衍生金融工具过度繁荣导致金融链吞蚀整个社会利润，债务杠杆化导致金融监管十分困难，房地产泡沫化导致相关产品价格大幅上升，贫富不均使得社会公平正义遭受广泛质疑。实体经济的相对萎缩，使得就业率下降、制造业竞争力下降，导致西方整体经济竞争力滑坡。因而，美国前总统奥巴马曾一再强调发展和振兴制造业，实现美国经济的恢复性增长。而据有关权威机构对英国企业家的调研发现，多数英国企业家称英国经济需要降低对服务业的依赖性，并倾向于发展制造业。

中国制造业已经走出了符合国情与自身特点的独特路径，成为世界上规模最大的制造国家。中国经济总量已经跃居世界第二位，中国货物贸易进出口规模从 2001 年的 5 098 亿美元增长到 2020 年的 4.64 万亿美元，成为世界第一大出口国（图 9–2 为 1995—2020 年进出口总额）。支撑中国经济总量和出口规模扩大的最重要的部门是制造业。中国制造业的规模居于世界第一，有 200 多种工业品生产总量居于世界第一，是名副其实的工业大国。中国制造业能够取得成功，与以下因素有关。一是改革取向。由于体制改革，使劳动力、资本、资源等生产要素都在寻求最大化增值方向，推动了要素的有效流动与合理重组。政府管理体制的改革，也使政府由全能性政府向服务性政府转变，为制造业领域的要素流动创造了条件。二是发展导向。始终坚持以经济建设为中心，把解放生产力与发展生产力有效结合起来，循序渐进地推动结构调整和产业升级。三是积极开放。在发展制造业上统筹国内资源与国际资源，尤其是实现了开放条件下对国际资本与国际市场的有效利用。四是大国国情。中国的人口众多、国土辽阔，提供了丰富的劳动力，也提供了巨大的市场。中国有巨大的发展空间，可以进行广大土地上工业布局的合理推进，也可以在较大范围引导资本进入和分工。此外，园区经济、产业集群、配套服务和快速反应是中国制造的鲜明特色，同时具有这样的特征即使在许多先行发达国家也比较少见，对中国推进制造强国有着非常大的助力。

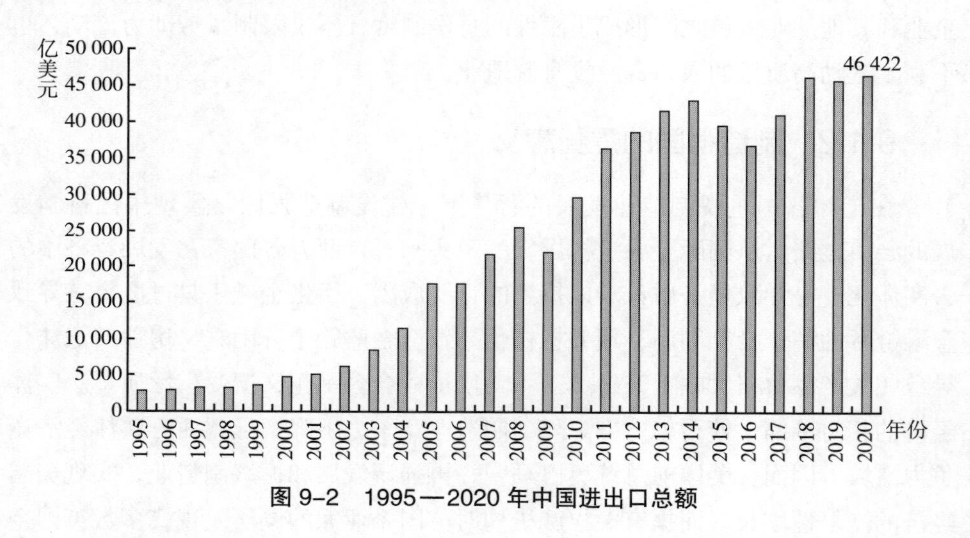

图 9-2　1995—2020 年中国进出口总额

在中国增强经济发展实力和参与全球竞争中，制造业的作用无可匹敌。而且，在中国的现代产业体系建设中，制造业起到了重要的支撑作用。中国的发展现实是人多地少，农业不具有较强的国际竞争力，服务业的大发展要在经济发展到高水平阶段才能够实现。因而，现在乃至今后相当长时期里，制造业都是推动国民经济发展的重点支撑，而制造业的做大做强与转型升级对整个产业体系建设都起着推动作用。事实上，制造业在就业和增长带动方面的效果要优于其他产业部门。陶氏杜邦公司对美国的相关研究表明，制造业最终制成品销售中的 1 美元可支撑经济中 1.4 美元的产出，而服务业部门的最终销售中的 1 美元仅仅支撑 0.71 美元的产出。制造业技术提高到一定程度，能够支撑、推动农业技术进步和农业机械化水平的提高，而制造业发展能力的提高，也影响

和推动商业、物流、运输、金融等服务业的新发展。另外，由于市场约束和资源环境约束，倒逼制造业转型升级的市场与社会基础客观存在，有助于制造业更快地摆脱高投入、高消耗、高污染的低水平发展状态，走向高端化、高技术化与高收益化的新发展形态。推动战略性新兴产业的快速发展，推动传统产业的技术改造，限制“两高一资”产品的出口，都是制造业做大做强与转型升级的具体表现。

制造强国，是主动应对新一轮科技革命和产业变革的重大战略选择。当前，新一轮科技革命和产业变革蓄势待发，特别是新一代信息通信技术与制造业深度融合，正在引发影响深远的产业调整，形成新的生产方式、产业形态、商业模式和经济增长点。发达国家纷纷实施“再工业化”战略，试图重塑制造业竞争优势。一些发展中国家也在加快谋划和布局，积极参与全球产业再分工，谋求新一轮竞争中的有利位置。面对全球产业竞争格局的新调整和抢占未来产业竞争制高点的新挑战，我们必须前瞻部署、主动应对，在新一轮全球竞争格局中赢得主动权。

制造强国，是在经济发展新常态下实现提质增效的客观要求。我国经济发展已进入新常态，实现发展调速不减势、量增质更优，重点在制造业，难点在制造业，出路也在制造业。“十二五”以来，我国制造业稳步发展，综合实力和国际竞争力显著增强，稳居世界第一制造大国之位。但也应看到，我国制造业大而不强，自主创新能力弱，产业结构不合理，信息化水平不高，能源资源利用效率低，企业全球化经营能力不足，与先进国家相比还有较大差距。我们必须坚持调结构、转方式不动摇，加快发展先进制造业，促进产业迈向中高端水平，以制造业提质增效升级保证经济实现中高速增长，推动国家竞争力整体提升。

制造强国，是实现“两个一百年”奋斗目标和中华民族伟大复兴中国梦的战略支撑。制造业是实现经济发展、改善人民生活、参与国际竞争和保障国防安全的基础所在。世界强国的兴衰史和中华民族的奋斗史一再证明，没有强大的制造业，就不可能成为经济大国和强国，制造业是国家富强、民族振兴的根本保障。我们必须牢牢把握制造业这一立国之本、兴国之器、强国之基，深入实施制造强国战略，为实现“两个一百年”奋斗目标、实现中华民族伟大复兴中国梦提供强有力的战略支撑。

9.2 机械工程专业与制造强国的紧密联系

9.2.1 “中国制造 2025”离不开机械工程

制造强国对制造业高端人才提出了新要求。“中国制造 2025”以满足经济社会发展和国防建设对重大技术装备需求为目标，对我国制造业转型升级和跨越发展作了整体部署，其主线是加快新一代信息技术与制造业融合，主攻方向是推进智能制造，实现战略目标的关键在人才，特别是高端人才至关重要，这对肩负着培养制造业高端人才使命的机械工程专业提出了新挑战。

机械行业作为制造业的基础，应当作为制造强国建设的先锋，从软件、硬件等方面全面提升制造水平。制造强国应在以下几个方面具备国际先进水平。具体而言，一个制造强国应具备强大的产品自主开发能力和技术创新能力，拥有大批自主知识产权的重要产品和国际领先的重要制造技术，拥有众多国际知名品牌；一个制造强国应拥有一批具有国际竞争力的制造企业及强大的经营网络，还拥有一批具有工程总承包能力的设计和工程公司；一个制造强国应拥有一支具有国际竞争力的技术人才，既包括创新开发的科技人才，经营管理的营销管理人才，还包括技师和技术工人，应拥有培养、训练这类人才的教育、培训体系，保证国际竞争力人才的可持续发展；一个制造强国应形成国际先进水平的技术标准和法规体系，并能在一些重要领域引领国际标准的制定及全球范围内的应用；一个制造强国应形成若干在国际上知名、各具特色的制造业聚集地或制造中心；一个制造强国应拥有强大的装备制造业，能够及时提供各行各业所必需的、具有国际竞争力的、技术先进的装备。这些都需要机械工程专业人才参与其中，承担主要的任务，没有哪个环节是不需要机械工程人员参与就能很好完成的，所以制造强国的建设离不开机械工程专业人员的深度合作。

中国制造强国建设有三步路要走，而这三步路也都离不开机械工程。

第一步，增强制造产业基础能力，提升产业链水平，机械技术人员从事基层工作，为制造强国夯实基础。纵观世界制造业历史，可以得出产业基础能力是打造制造业强国的前提这个结论，美国如此，德国、日本也是如此。中国有着全球门类最全、布局合理、规模最大的制造业，能否在未来 5 年内超过日本和德国，要从 3 个优势抓起，进行产业基础能力建设，分类施策。一是发挥

政府的制度化优势，采用集中力量办大事的方式，集中突破一批“卡脖子”短板项目。二是强化政府和市场相结合的优势，加大力度持续推进工业强基工程，形成长效政策机制。三是坚持发挥庞大的工程师和熟练工人队伍的优势，培养一大批专、精、特的“世界隐形冠军”企业和龙头企业。

第二步，依托城市群建设加快高端制造业的产业布局，让更多的机械工程专业人员支持起更大的局面，加快制造强国建设。未来世界的竞争不是单个城市的竞争，而是城市群的竞争。当前，高端智能装备、新一代信息技术、新材料、新能源汽车等新兴产业兴起，一批制造业重大项目即将迎来建设高峰期，这需要建设好充满活力的世界级城市群。综观东京大湾区等世界城市群的制造业的快速发展，无一不是中心城市带动周边一批城市，打造出一批优势互补、共同发力的城市，而不是我们常见的同质竞争、相互抵消的城市群。城市之间的相互合作才能更好地促进城市中相关人员的相融和合作，更好地做大做强。因此，要坚持世界眼光、国际标准、中国特色、高点定位，齐头推进京津冀、长三角、粤港澳大湾区城市群建设，形成以龙头城市为核心、周边城市群产业配套的国内制造业高端集群。同时，还需要机械工程专业人员建设生产性服务业，包括联手打造创新中心、资讯中心、绿色发展中心、金融中心、法律和仲裁中心、航运中心、贸易中心、专业服务中心等综合服务体系。由此，牢牢把握制造业强国方向不动摇，以城市群为依托打造世界一流制造业集群。此外，要加快东北老工业基地的振兴发展。

第三步，发挥我国现有的机械人才创新优势，通过数字技术提升机械制造技术。数字技术与当代产业发展结合是当务之急，急需机械工程专业的人才进行研发和创新并应用于实践当中，发挥创新优势。应利用数字技术推进供需对接，特别是充分发挥人工智能、大数据分析提高消费者多元化偏好与企业柔性生产能力的匹配度，构建数字技术支撑的制造业产业链、供应链和价值链。

9.2.2　制造强国离不开机械工程专业人才

机械专业的人才在前述三步中都有参与，和制造强国联系得非常紧密。另外，与传统技能人才相比，机械工程专业人才有其自身的特点。年轻的机械工程专业人才因其具有学习能力强、接受新事物能力强的特点，在进行技能和理论的学习和应用创新上有着独特优势，是制造强国事业的中坚力量。习近平总书记指出：“要发展集战略性新兴产业和先进制造业于一身的高端装备制造业，培育新兴装备制造产业集群。要大力培育支撑中国制造、中国创造的高技能人才队伍。”他希望机械工程专业人才坚定创新超越、产业报国的远大志向，为发展壮大实体经济多作贡献。习近平总书记的谆谆教诲充分体现了对新时代机械工程专业人才的殷切期望，制造强国需要这样的机械工程专业人才完成中国制造的事业，制造强国呼唤技能水平卓越的机械工程专业人才。

机械工程专业人才的核心支柱在于精湛的技能，囊括了创新能力、操作能力、管理能力三位一体的职业技能素质。其中高水平的技能操作能力是区别于一般技能人才和学术人才的重要标准，制造业转型升级使得技能操作的技术含量越来越高，加工设备越来越智能化，这就要求机械工程专业人才能够熟练掌握操作规范和复杂的工艺。创新能力是机械工程专业人才的核心竞争力，产业结构转型升级同时意味着高技术人才自身的技术水平同样需要升级和改造，对引进的新技术、新工艺进行消化和吸收。机械工程专业人才的创新能力影响着新产品创造和新工艺的提出，关系到技术创新和科技成果的转化落地，是制造强国战略对机械工程专业人才的必然要求。具备管理能力是机械工程专业人才适应制造流程改变的诉求，制造强国战略的实现，离不开管理流程的优化和创新。全社会尊重人才的氛围为机械工程专业人才的自我实现提供了良好的环境，他们不仅是拥有高水平技术的操作者，也是生产的管理者。新时代机械工程专业人才不仅要技能过硬，同样也应有较强的管理能力，以管理技术的提升带动生产效率的提升，应对技术创新所带来的管理创新。

制造强国呼唤志向信念坚定的机械工程专业人才。以自身技能为中国制造业的蓬勃发展、为实体经济的振兴贡献力量，应是全体机械工程专业人才应有的初心。我们生活在中华民族伟大复兴的光辉事业中，时代的发展对机械工程专业人才提出了新的要求。一方面，高技能人才应当心系祖国发展。当前制造强国事业的推进为广大技能人才提供了广阔的发展空间和光明的成长前景，技能人才的发展路径不断拓展，待遇水平不断提高，各类技能大赛蓬勃发展，增加了技能人才的获得感和荣誉感。技能人才应该抓住机会乘势而上，磨炼自身的技术，为国家建设事业贡献自己的一份力量。另一方面，机械工程专业人才应当坚定产业报国的远大志向。当前制造业高技能人才的总量和结构性矛盾要求更多的学生选择技能成才、技能报国的道路，这不仅需要国家在技能人才培养的环节和氛围上发力，广大技能青年更应当以国家复兴为己任，积极响应“技能成才、技能报国”的号召。中国特色新型工业化道路亟待一批具有高度

国家荣誉感的青年技能人才涌现，秉持以技能提升助推制造业发展和以技能创新助力国家复兴的理想信念，不断磨炼技艺提升素质，以坚定的理想信念帮助个人成才、产业发展和国家复兴。

9.2.3　制造强国离不开“工匠精神”

制造强国呼唤秉承工匠精神的机械工程专业人才。工匠精神是中国技能人才的优良传统，新中国成立以来，以“铁人”王进喜、“焊接巧匠”高凤林和“创新楷模”王洪军等人为代表的技能楷模锐意进取，是中国工匠精神的具体体现。制造强国需要“青年工匠”，广大机械工程专业人才不仅要有高超精湛的技艺，更要传承中华传统工匠精神，为中国制造注入“中国魂”。爱岗敬业是青年工匠的基本素质。让中国制造走向世界舞台，需要青年技能人才扎根生产一线，深耕制造基层，秉持“岗位可能平凡，人生不能平淡”的理想信念，把职业作为奋斗终生的事业，用光辉的业绩实现个人价值。“精益求精”应当是青年工匠的价值追求。大国重器需要大国工匠，青年工匠作为工匠精神的传承者和继承人，应当坚持质量为先的价值导向，以质量之魂塑造中国制造之基，以极致精神凝聚制造业的中国力量。只有精益求精的工匠精神在机械工程专业人才队伍中不断凝聚，才能够使得中国制造的活力和创造力进一步迸发。

由此可以看出，在制造强国的建设过程中机械工程专业人才发挥着不可替代的作用。机械工程的进步可以推动制造强国的建设，国家制造强大了，可以反过来带动机械工程的发展，互相促进，加快国家制造业的蓬勃发展。

9.3　制造强国在机械专业人才培养中的重要地位

从“用工荒”到“技工荒”，是我国工业现代化、走向制造强国之路所必经的阵痛。中国制造业技术工人特别是高级技工严重匮乏，这是一个沉重而且并不新鲜的老话题。从我国现实看，制约中国制造转型升级的瓶颈主要是人才短板。早在 21 世纪初，据劳动力市场信息反馈，按照日本、德国等发达国家企业高级技术人才占比计算，我国整个产业工人队伍的高级技工短缺大约 1 000 万人。如今 10 多年过去，情况并没有明显好转，相关资料表明，全国高级技工缺口仍然是近 1 000 万人，这成为我国实现从制造大国向制造强国华丽转身的一个突出问题。政府、企业、职业院校以及全社会都要行动起来，高度重视，多方施策，加快培育大批具有专业技能与工匠精神的高素质劳动者和人才。如何解决目前的制造业转型中存在的专业人才不足的问题，作者提出了以下几点建议。

（1）从政府入手，努力营造良好的政策环境。进一步解放思想，创新政策措施，制定并落实高技能人才培养、评价、竞赛、选拔、激励等方面的政策措施。①改革评价体系。评价体系如同指挥棒，传统的人才评价体系不改革，职业技能证书的含金量不提高，无法吸引年轻人主动学技能、安心钻研技能。健全专业技术人才评价发现机制，全面推进职称制度改革，大力推动社会化职业技能鉴定、企业技能人才评价、院校职业资格认证为主要内容的多元评价工作。2018 年 10 月 29 日，习近平总书记在同中华全国总工会新一届领导班子成员集体谈话并发表重要讲话时指出，“要加强产业工人队伍建设，加快建设一支宏大的知识型、技能型、创新型产业工人大军。劳动模范是民族的精英、人民的楷模，大国工匠是职工队伍中的高技能人才”。再一次强调了新时代产业工人队伍建设的深刻意义。国家一直重视高素质产业工人队伍建设，近几年政府工作报告一再强调弘扬“工匠精神”，打造更多的“大国工匠”。②加大培训支持。以高级技师为重点，大力开展高技能人才培训，重点加大房屋和土木工程建筑业、交通运输设备制造业、通用设备制造业等行业（领域）高技能人才培训力度，对参加急需、紧缺行业（领域）高技能培训的人员，可按规定给予培训补贴。特别是要重点帮扶中小企业进行技工培训，通过中小企业服务中心、人社部门、就业指导中心等机构，整合职业培训师资力量，集中培训中小企业职工。2017 年以来，中共中央、国务院接连印发《新时期产业工人队伍建设改革方案》《关于提高技术工人待遇的意见》《国家职业教育改革实施方案》等文件，多措并举，不断推进深化复合型技术技能人才培养培训模式改革。③提高待遇水平。有序推进企业收入分配制度改革，推动知识、技术、管理、技能等生产要素按贡献参与分配，使技能人才获得与其能力、业绩、贡献相适应的工资待遇，并加大对优秀技能人才的表彰奖励力度。④深化复合型技术技能人才培养模式。中共中央政治局会议已明确提出“要把推动制造业高质量发展作为稳增长的重要依托”，因此亟须培养和造就一支数量充足、结构合理、素质优良、充满活力的制造业技术技能人才队伍。需要进一步推动落实健全完善《职业教育法》，为技术技能人才培养提供重要的制度保障。尤其要

按照《国家职业教育改革实施方案》中“职业教育二十条”的内容，尽快启动“学历证书+若干职业技能等级证书”制度试点，打破“唯学历、唯成绩”的人才评价标准，发掘劳动者创新创造潜能，为技术人才储备奠定基础，让制造业更多的复合型技术技能人才脱颖而出。

（2）要从企业入手，培养好、使用好技能人才。企业是技能人才的培养和使用主体，技能人才的成长和发挥作用主要在企业。鼓励各类企业更加重视培养技能人才，真正做到“寻觅人才求贤若渴、发现人才如获至宝、举荐人才不拘一格、使用人才各尽所能”。要工作不断、培训不停。推动企业将员工培训与企业生产相结合，大力推行现代企业职工培训制度、企业新型学徒制度和技能人才校企合作培养制度。要“使用、敢用、重用、管用”，企业要转变技工是普通工人的观念，树立“重能力而不是学历”的人才观念，充分发挥技能人才在生产一线岗位上的重要作用。鼓励企业吸纳生产一线的高技能人才参与重大生产决策、技术革新和技术攻关，发挥技能人才在技术、管理创新中的重要作用，进一步推行技师、高级技师聘任制度，探索建立企业首席技师制度，发挥高技能人才在技能岗位的关键作用。要让技工有待遇、有前途、有发展。企业要充分利用技能鉴定体系，完善用工制度，使技工的劳动报酬和他们的劳动技能挂钩，建立职工凭技术技能得到使用、凭业绩贡献确定收入分配的企业用人制度，调动工人学习技术、钻研技术的积极性。发挥好经济利益和社会荣誉双重激励作用，畅通技能人才职业生涯发展通道，让技工有存在感、价值感，促进企业技工的不断发展壮大。

（3）要从教育入手，发挥好职业院校特别是技工院校培养后备技术工人的主力军作用。职业院校是技能人才的摇篮，职业院校必须担当起为社会培养“高级蓝领”的责任。一是围绕市场需求办学校。把校企合作作为基本办学制度，校企双方从人才需求预测、专业设置、课程开发、师资培养、教学组织、内部管理、质量评估、就业服务等环节入手，形成联合培养机制，推动校企双方形成利益共同体，探索适应市场需求的多种校企合作模式，实现企业得人才、职工得技能、学生得就业、学校得发展的多赢目标。二是根据产业发展设专业。专业设置是人才培养体系建设的前提，根据人力资源需求预测情况、产业发展需求趋势设专业，不断优化专业结构，强化品牌意识，鼓励职业院校打造品牌专业、特色专业，将院校向“专、精、细”化发展，切忌做“大而全”的职业高校。三是按照岗位要求搞教学。产业的升级和调整，对高技能人才要求更加全面，对职业素养、知识结构、职业能力均提出了更高要求。四是深化教学改革。以教学管理为平台，构建科学的课程体系，积极探索一体化课程改革模式，将理论教学和实践学习融通合一，着力培养全面发展的高技能人才。

（4）要从观念入手，营造“崇尚一技之长、不唯学历凭能力”的良好社会氛围。良好的社会环境和氛围是技能人才成长的根本基础。多年前掏粪工时传祥、售货员张秉贵、“铁人”王进喜、技术革新能手王崇伦等，都是家喻户晓的全国劳动模范，是众人瞩目、景仰、学习的榜样。工厂的八级技工，是企业的“牛人”、众人眼中的能人，其经济、社会地位之高，足以证明“劳动光荣”绝非虚言。“劳动者最光荣”“三百六十行，行行出状元”不能仅停留于口号，必须外化于相关制度、内化于人们的行为中，大力弘扬工匠精神、破除观念桎梏。诚实劳动、敬业爱岗、专心致志、追求极致的工匠精神，是任何时代、任何行业的发展之基。以工匠精神为引领，进一步解放思想，坚决破除那些不合时宜、束缚技能人才成长的观念和体制机制阻碍，真正让技能人才想干事有机会、能干事有平台、干成事有回报、干好事有发展。加强表彰和宣传引导、传播正能量，加大对高技能人才的表彰力度，对一些国际大赛获奖选手和作出突出贡献的技术团队，给予表彰和奖励，形成正确价值导向，扩大社会影响力。广泛利用各种媒体，开展多种形式的宣传活动，大力宣传优秀技能人才的典型事迹、劳动价值和社会贡献，进一步提高高技能人才的社会地位，提升高技能人才的职业荣誉感，营造劳动真正光荣、工匠受尊崇的良好社会氛围。树立技能报国的爱国精神，广大高技能人才自身也要树立技能报国的理想与信念，在平凡的岗位上做出不平凡的业绩，在普通的工作中实现人生的价值。瞄准国际先进的技术标准，潜心钻研技术，勇于创新发明，着力提高技能水平，实现岗位成才。同时，坚持传技带徒，教学相长，推动技术技能不断积累，实现代际传承，带动整个技术工人队伍不断从优秀走向卓越，不断提高中国制造的质量水平，提升我国产品和服务在全世界的影响力。

机械工程师为制造强国战略提供持续的发展动力。实现我国从制造大国向制造强国的伟大跨越需要人才结构队伍的优化升级，以人才培养体系的创新带动高素质人才的创设，以人才机制体制的升级带动制造强国的实现。机械专业人才对制造强国战略的实现存在着“机械专业青年—高技能人才队伍—制造强国”的传导路径。首先，高技能机械人才是高技能人才队伍的重要组成部

分。高技能机械人才为我国高技能人才队伍的可持续发展提供了重要支撑，只有源源不断的人才进入制造行业，不断磨炼技能、提升水平，成为青年工匠，才能够扩充制造业高技能人才队伍，实现技术传承和技艺创新。其次，机械人才队伍是制造强国战略的根本。素质优良、结构合理的制造业人才队伍，将有效提升我国制造业整体水平和创新能力，只有高技能人才在制造业不断聚集，大国工匠不断涌现，中国制造才能够真正屹立于世界制造业之林。最后，机械人才的集聚效应为制造强国的战略目标的实现提供智力支撑。机械人才只有心怀伟大梦想才能成为优秀的青年工匠，青年工匠只有投身于制造强国的伟大事业才能够实现自己的人生理想。制造强国事业对人才的需求，不仅体现在对高质量人才队伍的需求上，更体现在对高技能机械学子源源不断的需求上。机械学子只有进入制造强国人才队伍当中才能够更好地实现自身价值，让自身的技能与制造强国战略更加契合；而制造业对人才的需求最终导向到对机械学子的需求，只有机械学子不断进入制造业当中，实现技能报国，我国的制造业整体水平和创新能力才能得到长足的进步。

制造业人才供需矛盾对机械人才产生了更深层次的要求。据统计，我国高技能人才就业者仅 4 700 多万人，占技能劳动者就业总人数的 24% 左右，仅占就业人口总数的 6% 左右。实施制造强国战略以来，我国对技能劳动者尤其是高技能人才的需求与日俱增。制造强国战略的稳步推进带来了更多新的技术要求，未来制造强国谁来创造？当然是技能学习和接受新知识的、能力更强的机械技能人才。制造业机械技术人才不足将会导致国家制造业活力不足等问题，高技能青年的素质和规模决定了技术创新的速率和创新发展的活力。高技能机械学子越多，中国制造越有力量，中国创造越有希望。推进产业结构优化升级，提高国家制造业创新能力，全面提升我国企业核心竞争力，迫切需要推进人才供给结构的改革。加快转变经济发展方式和调整优化经济结构，实现制造业人才供给的均衡发展，对高技能人才的规模提出新要求。推进制造业人才供给结构改革，根本在于劳动者素质的提高，这就需要补足高素质技能人才的总量，推进高技能人才的有效供给。高技能青年的高超技能、良好的理论和专业技术素养将会成为未来高技能人才队伍的需求主体，为中国由制造大国向制造强国转型、制造向智造转型提供重要支撑。解决当前制造业人才供需矛盾问题，需要吸引更多的技能青年投身制造行业，培养更多的青年成长成才，解决当前高技能人才总量规模不足的问题。高技能机械人才不仅是制造者，更是技艺的传承者，只有高技能机械人才队伍不断壮大，中国制造才能够得以传承。

我国制造业人才培养规模位居世界前列，在校大学生数量位居世界第一，而且制造业人才结构也得到逐步优化，人才发展环境有了很大改善。但是，客观地说，我国与美、日、德等世界制造强国相比依然有不小的差距。而差距的背后，实际上就是人才的短缺和结构的不合理。换句话说，中国制造大而不强，核心是创新能力不强，实质是人才不强。从数量上看，根据教育部门和人社部门的预测，到2020年，我国制造业人才总的缺口为1 900多万人，而到2025年，总缺口将近3 000万人。从结构上来看，无技能、低技能人员众多，比如处于制造业一线的大多数都是高中及以下学历的进城务工人员，高技能的人才十分短缺。事实上，在很长的时间里，是平均素质较低的进城务工人员支撑起了中国的制造业。与此相对应的就是，中国制造的产品总是被国外贴上廉价、低质量的标签。不仅如此，由于技术水平不高，还造成了严重的环境污染，形成了高投入、高污染、低效益的发展模式。

因此，在教育部、国家人社部、工业和信息化部等部门2017年共同编制的《制造业人才发展规划指南》中，明确指出了大国工匠和创新型技术领军人才、技能紧缺人才是未来制造业人才需求的核心。具体任务包括：到2020年，制造业从业人员平均受教育年限达到11年以上，其中受过高等教育的比例达到22%，高技能人才占技能劳动者的比例达到28%左右。

需要特别提出的是，优化制造业人才培养和发展的环境，完善人才的使用、流动、评价、激励机制，是吸引人才、造就人才的重要环节。这既需要政府不断加大人才培养的投资力度，加快教育体制改革的步伐，也需要企业树立“以人为本”的理念，不断优化内部激励机制。只有多方共同努力，尽快造就一支数量庞大、结构合理、质量合格的人才队伍，才能顺利实现制造强国的“中国梦”。

9.4 本章小结

习近平总书记多次提到，实现中华民族伟大复兴，是中华民族近代以来最伟大的梦想。走过“雄关漫道真如铁”的昨天，跨越“人间正道是沧桑”的今天，中国梦正指引当代中国向着“长风破浪会有时”的明天迈进。中国梦振奋着每一个中国人的心，激励着每一个中国人奋发图强，为实现中国梦而努力奋斗。

工业强国战略是中国梦的微观载体，工业是培育国家价值链、引领全球价值链的微观基础。2013 年《政府工作报告》中提到“中国制造业规模跃居全球首位，高技术制造业增加值年均增长 13.4%，成为国民经济重要先导性、支柱性产业”。新中国成立 70 多年，中国制造起步于一穷二白、筚路蓝缕、从小到大，建立了门类齐全的现代工业体系，规模跃居世界第一，支撑我国实现了从贫穷落后的农业国到现代化工业国，再到具有全球影响力的经济大国的转变。在新的历史时期，以习近平同志为核心的党中央以全球视野和战略眼光，立足治国理政全局，提出实施制造强国战略。作为未来 30 年引领全体工匠实现制造强国梦想的纲领性文件,《中国制造 2025》全面开启了中国制造由大变强之路。

十年树木，百年树人。我们要清醒地认识到，制造业是国民经济的主体，是立国之本、强国之基，制造业的强弱是一个国家综合实力和核心竞争力的集中体现，中国要成为制造强国不是一个口号，而要有具体的内涵，并清楚自己的现状短板，进而明确发展方向和路径。在实施制造强国战略进程中，相比技术研发、产品创新等，建设一流的技术技能型人才队伍显得更加紧迫、更加重要。政府部门、企业界、教育界要有足够的定力和耐心，努力为培养各类专门技术人才创造环境、筑牢根基，共同迎接制造强国的到来。

总之，中国能否由制造大国走向制造强国，从中国制造走向中国创造，实现制造强国的战略目标，需要全国所有高校的机械制造类人力资源作为支撑。伴随科技的发展和技术的进步，企业对人才质量的知识技能和素质要求也会在实践中不断升级，高校必须紧跟时代发展需求，准确定位高职制造类人才培养目标，并在此目标下进行机械制造类专业的教学改革，培养具有工匠精神的复合型、创新型人才，这是高校应有的社会担当。

9.5　思考题及项目作业

9.5.1　思考题

9-1　试分析制造强国的国际背景。

9-2　试分析制造强国的国内背景。

9-3　在制造强国过程中我国存在哪些优势？

9-4　在制造强国过程中我国存在哪些劣势？

9-5　制造强国对于我国现代化建设的重要意义有哪些？

9-6　机械工程专业与制造强国的紧密联系体现在哪些方面？

9-7　工匠精神的含义是什么？请结合自己的专业谈一谈作为机械类专业学生如何践行工匠精神。

9-8　如何解决目前的制造业转型中存在的专业人才不足的问题？

9.5.2　项目作业

作业题目：机械类专业学生如何践行工匠精神

作业形式：研究报告

作业要求：（1）分组，每组总人数不超过 5 人。

（2）每人提交一份研究报告，中英文均可，中文不低于 1 500 字，英文不少于 1 000 单词，按照研究论文格式进行撰写。引用部分必须标明出处。

（3）每组提供一份 PPT，选择 1 ~ 2 人进行讲解。PPT 讲解时间控制在 20 min 以内，以 15 页左右为宜。

作业内容：爱岗敬业是青年工匠的基本素质。精益求精应当是青年工匠的价值追求。大国重器需要大国工匠，青年工匠作为工匠精神的传承者和继承人，应当坚持质量为先的价值导向，以质量之魂塑造中国制造之基，以极致精神凝聚制造业的中国力量。机械类专业学生作为新一代工匠，如何践行工匠精神，结合自己对专业认知、职业生涯规划等方面进行阐述。

举例：机械工程专业学生的工匠心

提纲：1. 工匠精神的含义及时代背景；

2. 机械工程专业与工匠精神的天然联系；

3. 机械工程专业学生践行工匠精神的途径；

4. 践行工匠精神的重要意义。

参考文献

[1] 任声策．从美国智库报告看美国科技创新战略新趋势［J］．上海质量，2021（01）：13-16.

[2] 黄军英．从特朗普政府 2020 财年研发预算指南看美国科技创新走向［J］．科技中国，2019（03）：17-19.

[3] 纪峰．供给侧结构性改革视角下传统制造业现状与转型对策研究［J］．经济体制改革，2017（03）：196-200.

[4] 李宏，惠仲阳，陈晓怡，等．美国、英国等国家科技创新政策要点分析［J］．北京教育（高教），2020（09）：58-63.

[5] 宋瑶瑶，刘肖肖，杨国梁．美国创新战略分析及其对我国科技规划的启示［J］．全球科技经济瞭望，2018，33（09）：9-14+35.

[6] 董洁，李群．美国科技创新体系对中国创新发展的启示［J］．技术经济与管理研究，2019（08）：26-31.

[7] 王雯祎．美国科技创新政策动向及创新政策科学计划资助情况分析［J］．世界科技研究与发展，2019，41（02）：211.

[8] 刘海英．美国政府如何引导科技创新［J］．理论导报，2019（03）：50-51.

[9] 郭进．全球智能制造业发展现状、趋势与启示［J］．经济研究参考，2020（05）：31-42.

[10] 王媛媛，张华荣．全球智能制造业发展现状及中国对策［J］．东南学术，2016（06）：116-123.

[11] 原帅，何洁，贺飞．世界主要国家近十年科技研发投入产出对比分析［J］．科技导报，2020，38（19）：58-67.

[12] 徐则荣，郑炫圻，陈江滢．特朗普科技创新政策对美国的影响及对中国的启示［J］．福建论坛（人文社会科学版），2019（02）：18-26.

[13] 孟凡婷．我国科技经费投入实现新突破［J］．中国经济周刊，2020（17）：7.

[14]方红军．中国高端装备制造业的现状及发展问题研究[J]．现代经济信息，2019（23）：301-302.

[15]胡庆宇．中国加工贸易和制造业发展现状分析[J]．广西质量监督导报，2020（06）：73-74.

[16]曹琴，玄兆辉．中国与世界主要科技强国研发人员投入产出的比较[J]．科技导报，2020，38（13）：96-103.

[17]赵奚．中国制造业发展现状及问题研究[J]．现代交际，2018（14）：44-46.

[18]郭赐东，邹毅．中国智能化制造现状与发展前景[A]．湖南省株洲市石峰区人民政府、机械工业信息研究院（China Machinery Industry Information Institute）．"田心杯"轨道交通金属加工技术征文大赛论文集．机械工业信息研究院金属加工杂志社，2019：4.

[19]马鸿芸，刘凯俐，崔家滢，等．从工程传统、创新及阶梯式发展看工程演化[J]．工程研究：跨学科视野中的工程，2018，10（05）：511-517.

[20]张策．机械工程史[M]．北京：清华大学出版社，2018.

[21]张柏春．他们这样回答中国古代科技"有什么""是什么"和"为什么"[N]．中国科学报，2020-12-24（5）.

[22]黄慧萍．基于知识点重构的跨学科机电类课程教学设计与实施：以"从古代机械到创新黑科技"课程为例[J]．当代教育实践与教学研究，2019（04）：109-110.

[23]孙正坤．刘仙洲中国古代机械史学思想初探[D]．太原：山西大学，2017.

[24]严鹏．战略性工业化的曲折展开：中国机械工业的演化（1900—1957）[D]．武汉：华中师范大学，2013.

[25]刘娇，郭生华．中国机械发展[J]．科技资讯，2012（34）：72.

[26]于亮．我国现代机械制造技术的发展趋势研究[J]．农业技术与装备，2021（01）：85-86.

[27]朱君．机械智能化现状及发展趋势[J]．内蒙古煤炭经济，2020（15）：185-186.

[28]俞经虎，彭威，孙明，等．机械工程专业课程目标的设定与评价：以"现代设计方法学"课程为例[J]．工业和信息化教育，2021（07）：44-49.

[29] 吴庆军. 现代农业机械设计与制造质量控制方法探究 [J]. 南方农机, 2021, 52 (10): 76-77+96.

[30] 赵强. 现代设计方法在机械设计制造及其自动化专业教学中的应用分析 [J]. 中国设备工程, 2021 (05): 187-188.

[31] 李金龙. 研究现代机械设计的创新设计理论与方法 [J]. 科技创新导报, 2020, 17 (12): 55-56.

[32] 刘嘉璐. 现代机械设计的创新方法研究 [J]. 内燃机与配件, 2020 (04): 222-224.

[33] 马力戈. 现代机械设计的创新设计理论与方法研究 [J]. 价值工程, 2020, 39 (01): 280-281.

[34] 张成文. 现代机械设计方法研究与创新 [J]. 科技创新导报, 2019, 16 (27): 80+82.

[35] 杜东平. 浅谈现代机械设计方法与未来机械设计 [J]. 中国设备工程, 2019 (12): 168-170.

[36] 崔玉洁, 石璞, 化建宁. 机械工程导论 [M]. 北京: 清华大学出版社, 2018.

[37] 周重军. 现代机械设计理论与方法最新进展 [J]. 内燃机与配件, 2018 (20): 208-209.

[38] 韩超. 先进机械制造技术及几种特种机械制造加工方法 [J]. 内燃机与配件, 2021 (08): 106-107.

[39] 王振忠, 施晨淳, 张鹏飞, 等. 先进光学制造技术最新进展 [J]. 机械工程学报, 2021, 57 (08): 23-56.

[40] Stornelli Aldo, Ozcan Sercan, Simms Christopher. Advanced manufacturing technology adoption and innovation: A systematic literature review on barriers, enablers, and innovation types [J]. Research Policy, 2021, 50 (6).

[41] 张万雷, 许金伟. 拥抱先进制造, 掌握先进制造技术 [J]. 教育家, 2021 (05): 70.

[42] 孙凯. 浅谈我国现代机械制造技术的发展趋势 [J]. 南方农机, 2021, 52 (02): 29-30.

[43] 张小红. 先进机械制造技术及特种机械制造加工方法研究 [J]. 造纸装备及材料, 2020, 49 (06): 10-12.

[44] 冯春丽．先进机械制造技术的特点及发展趋势［J］．现代工业经济和信息化，2020，10（09）：14–15.
[45] 郭娟．先进制造技术与机械制造工艺［J］．湖北农机化，2020（18）：157–158.
[46] 丁洪朋，高广慧，崔建军．先进制造技术与机械制造工艺［J］．湖北农机化，2020（15）：126–128.
[47] 朱承亮．中国 R&D 经费投入现状及 2035 年预测［J］．科技与经济，2021，34（03）：46–50.
[48] 贾娜，吴丹丹．人力资本、研发支出与企业自主创新：基于中国制造业的实证研究［J］．求是学刊，2013，40（02）：52–59.
[49] 柳香如，邬丽萍．全球价值链嵌入与制造业国际竞争力提升分析：基于创新型人力资本的作用效应［J］．金融与经济，2021（02）：53–62.
[50] 周霞，张骁，李梓涵昕．高研发强度企业一定有更多的探索性创新吗?［J］．中国科技论坛，2018（08）：42–48.
[51] 中华人民共和国国家统计局．中国统计年鉴：2018［M］．北京：中国统计出版社，2018.
[52] 中华人民共和国国家统计局．中国统计年鉴：2019［M］．北京：中国统计出版社，2019.
[53] 中华人民共和国国家统计局．中国统计年鉴：2020［M］．北京：中国统计出版社，2020.
[54] 周济．智能制造是第四次工业革命的核心技术［J］．智能制造，2021，3：25–26.
[55] 王桂莲，张立艳，郭靖．先进制造技术（AMT）应用对企业创新的影响研究：基于分层回归的实证分析［J］．工业技术经济，2021，40（05）：65–74.
[56] 杨叶．先进机械制造技术的发展现状和发展趋势［J］．现代制造技术与装备，2019（11）：140–141.
[57] 李萍，罗云，杜宁宁．中国传感器的创新发展［J］．华东科技，2021（06）：70–75.
[58] 张弛，杨晓亮，唐瑞，等．微机电系统温度传感器研究进展及产业现状综述［J］．科技与创新，2021（04）：83–85.

［59］郄军建．我国 MEMS 麦克风行业专利态势分析与对策研究［J］．电子元器件与信息技术，2021，5（02）：223-224.

［60］维卡斯·乔杜里，克日什托夫·印纽斯基．微机电系统（MENS）：元器件、电路及系统集成技术和应用［M］．北京：机械工业出版社，2020.

［61］陈舒．多单片微机系统在工业中的应用［J］．数字技术与应用，2020，38（05）：17+32.

［62］蒋庄德．MEMS 技术及应用［J］．机械设计与研究，2020，36（02）：220.

［63］张旭，李春雨．微机电系统（MEMS）的简介及应用［J］．科技经济导刊，2019，27（22）：43.

［64］马福民，王惠．微系统技术现状及发展综述［J］．电子元件与材料，2019，38（06）：12-19.

［65］薛淞元．微机电系统科学与技术发展趋势［J］．数字技术与应用，2018，36（11）：211+213.

［66］刘洋．微机电系统发展现状及关键技术分析［J］．新材料产业，2019（03）：51-55.

［67］崔玉洁，石璞，化建宁．机械工程导论［M］．北京：清华大学出版社，2018.

［68］秦海楠．基于用户体验的商场导购服务机器人设计研究［D］．长春：长春工业大学，2021.

［69］钱宇晴，骆诗其，陆政安，等．财务机器人在企业管理中的应用探析［J］．广西质量监督导报，2021（04）：217-218.

［70］徐洋，郭刚花．工业机器人自动焊接生产线及调试分析［J］．内燃机与配件，2021（13）：224-225.

［71］郭岩宝，王斌，王德国，等．焊接机器人的研究进展与发展趋势［J］．现代制造工程，2021（05）：53-63.

［72］曹祥康，谢存禧．我国机器人发展历程［J］．机器人技术与应用，2008（05）：44-46.

［73］李欣．美国工业机器人产业发展及相关政策研究［D］．呼和浩特：内蒙古师范大学，2018.

［74］前瞻性产业研究院．中国工业机器人行业市场需求现状分析［J］．电器

工业，2021，6：44–47.
[75] 数字化企业网．中国工业机器人产业发展与应用观察［J］．企业管理，2021，4：19–23.
[76] 陈永平，徐丽红．工业机器人应用虚拟仿真实验开发探索与实践［J］．微型电脑应用，2021，37（07）：44–47.
[77] 郭峻．工业机器人在汽车总装车间的应用［J］．内燃机与配件，2021，13：228–229.
[78] 蒋菡．去年机器人产业规模达 1000 亿元［N］．工人日报，2021–07–19（4）.
[79] 韩鑫．全国机器人产业规模去年达千亿元［N］．人民日报（海外版），2021–07–16（3）.
[80] 任乃飞，任旭东．机械制造技术基础［M］．镇江：江苏大学出版社，2018，12：285.
[81] 范植坚，杨森，唐霖．电解加工技术的应用和发展［J］．西安工业大学学报，2012，32（10）：775–784.
[82] 张发鸿．电子束加工技术在工业中的应用分析［J］．大科技，2016（29）：329.
[83] 王细祥．现代制造技术［M］．北京：国防工业出版社，2017：155.
[84] 肖克．CO_2 激光切割机在工业企业的应用前景［J］．光机电信息，2004，1：13–15.
[85] 李明辉，杨晓欣．数控电火花线切割加工工艺及应用［M］．北京：国防工业出版社，2010：16–18.
[86] 范春卫．光纤激光切割机的运动控制方法研究与应用［D］．上海：东华大学，2014.
[87] 杨洪，孙志伟．基于形态优化的激光快速成型产品设计系统［J］．激光杂志，2020，41（03）：156–159.
[88] 刘晓兰．简述激光焊接工艺［J］．南方农机，2019，50（15）.
[89] 王新明，马晓欣，刘丽娟．优化激光切割截面质量的研究［J］．河北建筑工程学院学报，2018，36（01）：115–118.
[90] 曹伟．特种加工技术［M］．北京：北京理工大学出版社，2017：196–197.

[91] 曹国强. 工程训练教程 [M]. 北京：北京理工大学出版社，2019：176–177.

[92] 许海云，董坤，隗玲. 学科交叉主题识别与预测方法研究 [M]. 北京：科学技术文献出版社，2019，1：7.

[93] 章永胜. 可组成新型柔性生产线的数控加工单元 [J]. 机床，1991，11.

[94] 赵云龙. 先进制造技术 [M]. 西安：西安电子科技大学出版社，2006：164.

[95] 徐荣. 机械工程材料 [M]. 北京：中国矿业大学出版社，2018：2.

[96] 任小中，贾晨辉，吴昌林. 先进制造技术第 3 版 [M]. 武汉：华中科技大学出版社，2017：182.

[97] 房丰洲. 纳米制造基础研究的相关进展 [J]. 中国基础科学，2014，5.

[98] 王秀彦，费仁元. 先进制造技术的发展趋势综述 [J]. 锻压机械，2002，1.

[99] 王国彪，邵金友，宋建丽，等. “纳米制造的基础研究”重大研究计划研究进展 [J]. 机械工程学报，2012，26：2.

[100] 杨江帆. 武夷茶大典 [M]. 福州：福建人民出版社，2018：397.

[101] 黄英，钟德强. 智能制造下的用户个性化需求分析 [J]. 机械工程，2018，26.

[102] 侯书林，徐杨. 工程材料及成形技术基础 [M]. 北京：中国农业出版社，2010：292.

[103] 豆大帷. 新制造“智能 +”赋能制造业转型升级 [M]. 北京：中国经济出版社，2019：4–7.

[104] 罗哲. 制造强国建设为什么亟需高技能青年 [J]. 人民论坛，2020，2.

[105] 莫洁. 制造强国需要更多技能人才 [J]. 人才资源开发，2019，19.

[106] 毕经毅，彭景春. 面向“中国制造 2025”的地方工科院校工匠精神培育研究 [J]. 湖北农机化，2019，19.

[107] 微言. 培养人才“智造”2025 [J]. 中国人力资源社会保障，2015，4.

[108] 刘晓庄. 筑牢“制造强国”的人才根基 [J]. 中国政协，2019，11.

[109] 王思童. 用微笑托起制造强国的中国梦 [J]. 电器工业，2013，5.

[110] 宾鸿赞. 机械制造强国及其技术内涵 [J]. 黄石理工学院学报，2005，3.

[111]宋全成，甘月童．劳动年龄流动人口就业状况及其影响因素研究［J］．社会科学辑刊，2021，4.
[112]路甬祥．同心同德奋力创新建设制造强国［J］．机械制造，2003，1.
[113]魏建国．走好制造强国“三步棋”［J］．全球化，2019，11.